福島原発事故に対する省察

科学技術社会論研究

12

科学技術社会論学会
2016.5

■科学技術社会論研究■ 第12号（2016年5月）

■目次■

特集＝福島原発事故に対する省察 …… 7
- 福島原発事故に対する省察——特集にあたって …… 神里 達博, 寿楽 浩太 9

事故を見つめる目 …… 13
- 福島事故から4年半——日本は失敗から学べているか？ …… 鈴木 達治郎 15
- 福島原発事故のいっそうの教訓化を求めて …… 伴 英幸 27
- 原発過酷事故に如何に対処するか …… 吉岡 斉 37

技術者からの問いかけ …… 49
- 原子力研究者の一人としての問い——STS研究者へ …… 北村 正晴 51
- 不確かであっても安全が保たれているということ …… 山口 彰 59
- 原子力技術者は倫理を持ち得るか——技術士「原子力・放射線部門」の10年 …… 桑江 良明 68

「立場」をめぐる議論 …… 79
- 福島第一原発過酷事故による被害とリスク・コミュニケーション
  ——被災地からの視点 …… 八巻 俊憲 81
- 東日本大震災として考えるということ——「原発事故」が奪っていったもの …… 標葉 隆馬 96
- ただ「加害者」の傍らにあるということ
  ——福島第一原子力発電所事故とJR福知山線事故 2つの事故の経験から …… 八木 絵香 106

法と制度 …… 115
- 原子力の専門分化による全体性の喪失——法学的視座から …… 交告 尚史 117
- 3.11と第四期科学技術基本計画の見直し …… 小林 傳司 125
- 原子力安全規制の課題と対応 …… 城山 英明 139
- 『通商産業政策史』にみる原子力技術 …… 塚原 修一 149

内省するSTS …… 155
- 学者としての責任とSTS …… 藤垣 裕子 157
- 優先順位を間違えたSTS——福島原発事故への対応をめぐって …… 佐倉 統 168
- STSと民主主義社会の未来——福島原発事故を契機として …… 佐藤 恭子 179
- STSと感情的公共圏としてのSNS——私たちは「社会正義の戦士」なのか？ …… 田中 幹人 190
- わが国STSの四半世紀を回顧する——科学技術社会論はいかにして批判的機能を回復するか
  …… 中島 秀人 201

原著論文 ……………………………………………………………………………………… 213
　テクノ・パブリックの自律──福島原発事故再考 ………………………… 本田康二郎　215
　科学の不定性と専門家の役割──原子力施設の地震・津波リスクと放射線の健康リスクに
　　関する専門家間の熟議の試みから ……… 土屋　智子，上田　昌文，松浦　正浩，谷口　武俊　227
　Risk Governance Deficits in Japanese Nuclear Fraternity　………… TANIGUCHI, Taketoshi　242

学会の活動 ……………………………………………………………………………………… 261
投稿規定 ………………………………………………………………………………………… 263
執筆要領 ………………………………………………………………………………………… 264

Journal of Science and Technology Studies, No. 12
(May, 2016)

Contents

Special Issue: Reflection on the Fukushima Nuclear Disaster 7
Prefatory Note on the Special Issue: .... KAMISATO, Tatsuhiro; JURAKU, Kota   9
Perspectives on the Accident 13
    4 1/2 years after the Fukushima Nuclear Accident: Has Japan learned lessons from
       the failure? .... SUZUKI, Tatsujiro   15
    Seeking further learning from the Fukushima Daiichi nuclear disaster .... BAN, Hideyuki   27
    On the Measures for Reduction of Damages by Nuclear Disasters .... YOSHIOKA, Hitoshi   37

Questions from Engineers 49
    Inquiry from a Nuclear Researcher to STS Community .... KITAMURA, Masaharu   51
    Ensuring Safety with Intrinsic Uncertainties and Unknowns .... YAMAGUCHI, Akira   59
    Possibility of Engineering Ethics in the Nuclear Field .... KUWAE, Yoshiaki   68

Discussion on "Standpoints" 79
    Damages and Risk Communication emerged by the Severe Accident of the Fukushima Daiichi
       Nuclear Power Station: A View Point from the Disaster Area .... YAMAKI, Toshinori   81
    We should not only focus on the nuclear accident, but also consider the 3.11 as the triple disasters:
       what was deprived by the nuclear power plant accident? .... SHINEHA, Ryuma   96
    Staying Beside Persons Identified as Responsible for Preventing Accidents:
       Case Studies on the Fukushima Nuclear Power Plant Accident and the JR Fukuchiyama Line
       Train Derailment .... YAGI, Ekou   106

Legal and Institutional Frameworks 115
    Necessity of questing for the best mix of knowledge in the field of nuclear safety
       .... KOKETSU, Hisashi   117
    Revision of the fourth Science and Technology Basic Plan after Fukushima 2011
       .... KOBAYASHI, Tadashi   125
    Nuclear Safety Regulations Issues and Actions taken by the Government
       .... SHIROYAMA, Hideaki   139
    Nuclear Technology in History of Japan's Trade and Industry Policy .... TSUKAHARA, Shuichi   149

Self-reflection on STS 155
    Social Responsibility of Scientists and STS .... FUJIGAKI, Yuko   157
    STS Erred in Prioritizing after the Accidents of Fukushima Nuclear Plants ... SAKURA, Osamu   168
    STS and the Future of the Democratic Society: Post-Fukushima Reflections .... SATO, Kyoko   179
    STS and Affective Publics on SNS: Are we "social justice warriors"? .... TANAKA, Mikihito   190

A retrospect of 25 years of Japanese STS: How should Science and Technology Studies retrieve its critical function? ·················· *NAKAJIMA, Hideto* 201

Original Articles ········· 213
    Autonomy of the Techno-public-Fukushima Nuclear Accident Revisited ········ *HONDA, Kojiro* 215
    Scientific Uncertainty and the Roles of Professionals: Deliberations on the Seismic and Tsunami Risks for Nuclear Facilities and Radiation Health Risks
    ············ *TSUCHIYA, Tomoko; UEDA, Akifumi; MATSUURA, Masahiro; TANIGUCHI, Taketoshi* 227
    Risk Governance Deficits in Japanese Nuclear Fraternity ··············· *TANIGUCHI, Taketoshi* 242

Reports of the Society ········· 261
A Brief Guide for Authors ········· 263

特集=福島原発事故に対する省察

福島原発事故に対する省察

特集にあたって

神里 達博[*1], 寿楽 浩太[*2]

　東日本大震災・福島原発事故の発生から丸5年を迎えた．本誌ではすでに前号(第11号)において，「科学の不定性と東日本大震災」と題した特集を組み，特に地震・津波に関する理学的な研究と社会の関係について，震災が与えたインパクトを踏まえた諸論考を提示した．そこでは，地震・津波研究の第一線で活躍してきた研究者の方々からのご寄稿も賜り，科学技術社会論分野における中心的論点のひとつでもある「科学の不定性」が災害・科学・社会の界面に及ぼす影響やその含意を，自己言及的に検討することを試みたところである．

　今号では，「3.11」というできごとのもう一つの大きな側面である，福島第一原子力発電所における事故に対する「reflection」，すなわち「特に明確に自己言及を意識した省察」を募り，特集とすることとした．

　本学会員のなかには，事故の発生からこれまでの間，関係するさまざまな活動に参画してきた方も少なくない．しかし学会総体としての，この問題との向き合い方は，果たして十分であったといえるだろうか．我々はここで，自らの軌跡も対象に含めつつ，新たな歴史を刻んでいくための過不足無い論考をしっかりと記録し，世に問うことが求められるのではないだろうか．

　このような問題意識から，本特集を企画することとなったが，率直に言ってその作業は必ずしも容易なことではなかった．

　まず，原子力という技術とその利用をめぐっては，言うまでもなく，いまだにこの社会を二分する議論があり，政治的にきわめてセンシティブなテーマである．たとえアカデミックな場での発表であっても，そうした文脈での「政治性」から逃れることは難しい．むろん，まさに科学技術社会論のフィールドにおけるこれまでの議論が示す通り，政治性を一切帯びないアカデミズムは現実には存在しないのも確かである．それでも，「3.11後」に原子力をテーマとして取り上げ，寄稿を依頼することには，やはり他のテーマに関する特集とは異なるレベルでの大きな緊張感を伴うこととなった．

　また，どのような分野の研究者に依頼することが公平なのか，という点でも編集委員会は大いに悩んだ．たとえば本学会員だけを見ても，原子力という技術に対して福島原発事故以前から原子力に関わりを持ってきた研究者もいれば，同事故をきっかけに新たな関わりを持った方もいる．原子力利用における主要な利害関係主体との間の距離感，関与のあり方もさまざまである．そのような

2016年3月15日受付　2016年3月30日掲載決定
[*1] 千葉大学国際教養学部教授，Kamisato@chiba-u.jp
[*2] 東京電機大学未来科学部助教，juraku@mail.dendai.ac.jp

状況において，いかなる方針で執筆依頼をするのがバランスのとれた方法なのか．繰り返すが，原子力技術に関する議論は，推進と反対の断絶は深く，他の議論の場においても，その公平性が問われることが非常に多い．難問である．

さらに，本学会の会員のみに依頼すべきなのか，専門性等の観点から本学会員以外にも対象を広げるべきなのか，という点についても議論が重ねられた．もっぱら会員，特にエネルギーやリスク問題のSTS的検討を中心的なフィールドとする研究者に絞る，という考え方もあり得た．しかしそれでは範囲が狭すぎて容易に原稿が集まらないのではないか，との意見も多かった．またそもそも，「3.11」という歴史的な状況に際して，学会員以外の識者の声を聞くことなく特集を組むことが，科学技術社会論という分野の性格に照らして適切なのか，という声も委員からは出た．

実際，特集担当編集委員の神里は諸事情から8年にわたって，編集委員を務めてきたが，正直なところ，今回の特集ほど扱いが難しいものはなかったのではないかと感じている．

以上の難しい状況に対して，編集委員会での議論の末，最終的には以下のように対応することとなった．まず，執筆を依頼する方については，特集担当者が仮に用意した候補者リストをベースに，編集委員会での自由なブレーンストーミングによって追加や削除を複数回行い，リストを練り上げる．また候補者の範囲としては，狭義の科学技術社会論に限らず，原子力技術，原子力政策，それらに関する諸研究に対して，さまざまな意味での関わりを持つ人物，また当事者性を強く持つ人物に対し，学会内外・国内外を横断して幅広く寄稿を依頼することとした．すなわち，できる限りオープンにし，また公平性については編集委員会の「集合知」に恃む，という方向性である．むろん，他にもやり方はあったと考えられるが，現実の制約条件のなかで考えられる，ベストを尽くしたつもりである．今回の教訓を踏まえ，本誌「特集」のあり方については，今後より広く検討されることを期待したい．例えば，一部の他学会に見られるように，テーマと期間を定めて特集原稿を公募する，というやり方も考えられよう．

また，このテーマに関わる問題域が広範囲にわたることに加え，緊張感の高いテーマだけに原稿が集まりにくいのではないか，という予想があったこともあり，編集委員会では通常の特集に比べてかなり多くの執筆候補者をリストアップすることとした．幸いにしてその懸念は杞憂となり，ありがたいことに25名もの方に執筆を快諾いただけた．最終的に諸事情で4名の方が辞退されたが，ここに21本の非常に重要な論考を掲載させていただくことができたことは，編集委員一同，大変に嬉しく感じるところである．本特集の執筆者はいずれも，「3.11」以降，さまざまな方面での役割を期待され，現在も依然として多忙を極めている方ばかりである．本誌のためにご執筆くださった皆さんに対し，ここに深く御礼を申し上げる次第である．

以上の経緯から，当初の予想に比して，ページ数が大幅に膨らむことになったが，これは編集委員会としてはいわば「嬉しい誤算」であったといえるだろう．そのため本号は，本誌としては異例な対応である，「特集のみから構成される号」となったことをお許しいただければ幸いである．

また，多様な論考をそのまま示すべきという考え方もあろうが，読者の利便性を考え，ごく簡単な整理をし，以下のカテゴリーに分けることにした．すなわち，「事故を見つめる目」，「技術者からの問いかけ」，「『立場』を巡る議論」，「法と制度」，「内省するSTS」，そして「原著論文」の六つである．

なお本特集では，冒頭で述べた通り「特に明確に自己言及を意識した省察」を募ることとしたため，個々の執筆者に対しては，一般的な学術論文の形式にとらわれることなく，自由に執筆していただくようお願いした．このため，今回収録したうちの多くの論考は，主観的な一人称による記述も含む自由なエッセーとしてご執筆いただいたこともあり，「総説」として受理させていただいた．

一方で，学術論文としての傾きが強いと考えられる論考も三点含まれていたことから，編集委員会での議論を経て，これらについては特に「原著」の区分とさせていただいた次第である．

　本特集においてご寄稿いただいた多様な知性が，この5年目という時点において，それぞれ何を振り返り，省み，語るのか．この幅広いreflectionから，科学技術社会論が改めて切り込むべき視角・視座が浮き彫りにされることが期待される．加えて，本特集が社会のさまざまな人々のもとに届き，できることならば，今も「3.11」と向き合う多様な分野の人々を結びつけ，またエンカレッジする触媒となること，そして科学技術社会論というフィールドが持つ潜在的な力を，この社会のメンバーのみなさんに，広く感じ取っていただく機会となることを，ここに切に望む次第である．

事故を見つめる目

総説

福島事故から4年半

日本は失敗から学べているか？

鈴木 達治郎*

1. はじめに

　東京電力福島第一原子力発電所事故からちょうど4年5ヶ月後にあたる2015年8月11日，九州電力川内原子力発電所が再稼働を開始した．ほぼ2年間の空白期間を経て，日本に原子力発電が再び帰ってきたのである．しかし，再稼働問題自体の是非を議論するのが本論の目的ではない．この再稼働に際して，もう一度再確認すべき問いをこの小論は追求してみたい．それは，「日本社会（個人，組織，コミュニティ，政府）は福島原発事故の失敗から本当に学んだのだろうか？」という問いであり，この問いに正面から取り組むのが本論の狙いである．それは，研究者としての取り組みでもあると同時に，原子力に従事してきた個人としての思いも含めた，この事故の教訓を生かすための試みでもある．

　「失敗を本当に学んだか？」この問いに対して，本論は次の3つの問いに答えるべく論考を加える．(1)原因究明；事故の原因は本当に究明されたか．(2)対策の確立；根本的対策は明確になったのか．(3)対策の実行；事故の教訓を踏まえた改革は実行されたか．これら3つの問に「イエス」と答えられない限り，あるいは社会がそのように認識を共有していない限り，筆者は社会が原発事故の教訓を真に学んだとはいないと判断する．それでは，一つずつその問いに向かってみよう．

2. 事故原因は究明されたか：「構造災」に注目せよ

2.1 事故報告書及び関連研究の成果

　福島事故の調査については，その深刻さからこれまでに前例のない多くの組織が取り組んだ．ここでは，特に画期的ともいえる国会事故調査委員会[1]，並びに民間の独立事故調査委員会（日本再建イニシャティブ）[2]を特に取り上げる．なお，政府の事故調査委員会も重要な意味を持つが，主に技術的側面の分析に終始しており，本論では科学技術と社会の関係に焦点をあてた上記二つの事故調査に注目したい．また，いわゆる事故調査委員会ではないが，事故以降に出版された学術書や一般書からも筆者が注目したものとして，添田孝史「原発と大津波：警告を葬った人々」[3]，松

2015年8月31日受付　2016年2月20日掲載決定
*長崎大学核兵器廃絶研究センターセンター長・教授，〒852-8521　長崎県長崎市文教町1-14

本三和夫「構造災」[4]，も取り上げたい．

国会事故調査委員会で，最も注目されたのが，「規制の虜」(regulatory capture)という記述である．これは，本来事業者を独立した立場から審査すべきである規制当局が，現実は被規制者である事業者から強い影響を受けて独自の判断や行動ができなくなっていた状況をさしている．

今回の事故調査ではその実態が明らかにされた．国会事故調のみならず，民間事故調でもその実態は明らかになったが，最も顕著な事例として大津波の警告を黙殺し続けさせた事業者と規制当局の実態を明らかにしたのが添田であった．規制当局は独立性が担保されない限り，規制は機能しないことが明らかになったのである．

一方，独立性のみだけが原因ではない．規制当局の「能力欠如」も大きな課題として注目された．これも，福島原発事故以前から指摘されていたことであり，今回の事故では，事故直後の混乱時に規制当局として機能しなかった実態も，当時の関係者からの証言で明らかにされている．これは，規制当局ばかりではない．事業者がメーカーに依存し過ぎていた実態も明らかになっている．安全を確保すべき主要組織である規制当局と電力事業者の「能力欠如」と「癒着」が今回の事故の原因として再確認されるべきであろう．

しかし，電気事業者や規制当局のみに事故原因を押し付けるわけにはいかない．民間事故調では，「ガバナンスの欠如」というより大きな社会構造の問題をとりあげている．これに近い視点だが，国会事故調査委員会の黒川清委員長は，報告書の英文序文にて，責任をとらない意思決定構造を「日本文化の一つ」として取り上げた[5]．しかし，日本文化の一つという見方は，あくまでも黒川個人の記述であり，国会事故調報告にはそのような分析もされていないし，津波への対応について電力会社間で異なることを考えれば，筆者は「日本文化」を事故原因として取り上げることはしない．

しかし，その言わんとしているところは，科学・技術の問題だけではなく，社会・政治・経済面も含めた，制度や慣習なども含め構造的要因を見逃すな，という指摘であろう．この指摘をまさに正面からとりあげた分析が「構造災」である．松本によると「構造災」とは，端的にいうと「科学と技術と社会のあいだの界面(インターフェイス)で起こる災害」[6]と呼んでいる．より詳しくいえば，「科学と技術と社会をつなぐ複数の様々なチャネルの制度設計の在り方や，そこに登場する複数の異質な主体がおりなすしくみの機能不全に由来する失敗」[7]ということになる．似たような指摘は他の事故調査委員会でもされているが，筆者にとって，この分析，説明が最も腑に落ちるものであった．「構造災を見逃すな」．これが，福島原発事故原因究明で，最も重要な指摘ではないか．

2.2 福島廃止措置と原因究明

福島の廃止措置は，事故収束と安全確保という当初の課題から，除染・廃炉へと移りつつある．しかし，当初より，福島廃止措置の重要な使命のひとつに「原因究明」への貢献があげられていた[8]．その背景には，地震直後から炉心溶融に至るまでの過程で，いったい何が起きたのかについて，いまだ全容が掴めていない，という事実から来ている．

例えば，国会事故調査委員会と政府事故調査委員会，民間事故調査委員会の結論で相違点として注目されているのが，「地震による損傷が過酷事故につながったか」という問いに対する検証である．国会事故調は「その可能性は否定できない」としたが，他の2つの事故調は「過酷事故につながるような大きな損傷はなかった」と判断した．この分析結果の最終的な結論は，やはり現地での検証がもっとも説得力を持つだろう．

問題は，これらの情報が廃止措置の過程でも，事故を起こした東京電力の管理下に置かれている，という事実である．情報公開は以前に比べれば飛躍的に進んでいると考えられるが，この情報公開

のやり方について検証が難しいというのも事実である．国会事故調査委員会のメンバーが現場へのアクセスを否定された事実は，どれほど妥当性があったのか．その検証は現場に第三者のアクセスがないと困難である．

2.3 総合評価

以上を総合して，これまでの事故原因追求を評価すると，科学・技術と社会との関係でいえば，規制や安全にかかわるガバナンスに焦点が当たっているが，構造災という視点からの分析が十分ではない．他の分析は，どちらかというと原子力技術はそれを取り巻くコミュニティの特殊性に焦点があたり，いわゆる「原子力ムラ」の閉鎖性や国策民営による「無責任体制」が原因として挙げられている．しかし，構造災は，原子力のみならず，科学と技術と社会のかかわりで，陥りやすい罠として，原子力以外の技術についても起こりうる失敗として分析している点が大きく異なる．これは，今後の対応策を考える意味でも重要な意味をもつ．端的に言えば，「脱原発」にすれば解決する問題ともいえないし，また規制改革や「ムラの解体」といった，原子力の特殊性に焦点を当てた改革でも解決しない可能性が残るからだ．そういった意味で，「構造災」という考え方に基づく原因追求が今後は求められる．

3. 対策は明確になったか：まだ事故は続いている

3.1 不十分な社会的対策：損害賠償・健康対策，除染・復興対策

原因究明が不十分ではあっても，わかりうる範囲で事故防止策や安全対策はとることができるし，取らなければならない．今回の事故の直接的原因といわれる「大津波」と「全電源喪失」については，事故直後から徹底的な対策が取られてきた．

しかし，一方の社会的損害についての対策は，決して十分に進んでいるとはいいがたい．とくに，現在も避難生活を余儀なくされている10万人以上の住民の方々に対する対策は，上記技術的対策の万全さに比べれば，大きく見劣りするものである．

まず，損害賠償対策であるが，2015年8月21日現在で，すでに約5兆円に上る金額が支払われている[9]．請求件数を見ると，個人が約80万件，事業者等が35万件，自主避難されている個人から130万件の請求がなされている．これに対し全体でも賠償件数は全体で約80％近くとなっており，20％近い方々が未だに賠償問題で十分な対応がされていないことになる（表-1）[10]．

さらに重要な問題が，住民，特に若い世代の将来の健康に与える影響や，目標を失った方々の精神状態への影響である．福島県では，2015年3月末現在で，自殺やその他の病死など関連死が1,914人と，全国震災関連死3,331人の約6割を占めている[11]．2014年8月には，自殺した女性の遺族に対し，福島地裁が「自殺と原発事故との間には相当因果関係がある」と認定し，東電に対し4900万円の支払いを命じる判決を下した[12]．このような避難住民の心のケアは福島事故以降の大きな課題となりつつあり，県や政府，そして東京電力はより真摯にこの問題に取り組む必要がある．

除染・復興問題でも問題は深刻である．幸い，除染作業の努力の結果，自然減衰の効果もあって，地域の放射線レベルは明らかに改善の方向を示しており，放射線リスクという観点からだけ見れば，住民帰還の条件が予想以上に早く実現する可能性が出てきている．しかし，リスクが下がったからといって，すぐに帰還というわけにはいかない．下水道は復活してはいるものの，快適に生活を過ごせる環境にはまだ至っていない．今後は，こういった社会環境の改善が大きな課題となるだろう．

一方，除染活動の限界が明白で，20～30年以上の長期にわたって帰還が不可能と思われる地域

も明らかになってきている．この地域の住民に対し，早く将来の選択肢を提示する責任が政府にはあるはずだ．これと関連して，汚染土壌の中間貯蔵，そして将来の廃棄物処分計画の見通しも明確にされるべきだ．政府側は，用地買収や補償額の説明を中心に行ったが，住民側としては，むしろ計画の中身についての詳細な説明がほしい，とすれ違いが続いている．

表-1 原子力損害賠償のご請求・お支払い等実績

2015年8月21日現在

	個人	個人(自主的避難等に係る損害)	法人・個人事業主など
ご請求について			
ご請求書受付件数(延べ件数)	約792,000件	約1,306,000件	約354,000件
本賠償の状況について			
本賠償の件数(延べ件数)	約709,000件	約1,294,000件	約302,000件
本賠償の金額 ※	約2兆3,131億円	約3,535億円	約2兆3,889億円
これまでのお支払い金額について			
本賠償の金額 ※			約5兆0,555億円 ①
仮払補償金			約1,530億円 ②
お支払い総額			約5兆2,085億円 ①+②

※ 仮払補償金から本賠償に充当された金額は含んでおりません．
http://www.tepco.co.jp/fukushima_hq/compensation/images/jisseki01-j.pdf

3.2 国民の信頼失墜とその回復策

今回の事故により，最も深刻な社会的影響は，国民からの原子力安全，そして原子力・エネルギー政策への信頼が失墜したことである．事故後4年たった今も，その信頼感が回復されていないことが，世論調査により明らかになっている．

世論調査は，多くの新聞・メディアが行っているが，ここでは，学術的にも信頼の高い東京女子大学広瀬弘忠名誉教授の世論調査を参考にしたい．2013年7月に広瀬教授が原子力委員会で発表した内容によると[13]，「原子力発電を直ちにやめるべき」という意見が事故直後(2011年6月)の13.3%から30.7%(2013年3月)まで上昇していた．また「段階的に縮小すべき」は同じ時期に66.4%から54.1%に低下しているが，この両方を合わせると「原発をいずれやめるべき」との意見は，80%から85%に増加したことになる．これが，2015年4月では，「直ちにやめるべき」が29.7%，「段階的に縮小すべき」が52.6%で，微減ではあるものの依然80%以上の国民が，原子力発電をいずれやめるべきと考えている(表-2)．さらに，原子力安全規制体制が変わり，新しい規制基準ができた後も，深刻な原子力事故が起きるかどうかについて，「たぶん起こる」と「起こる」で80%近くをしめており，安全に対する不安は払しょくされていない(表-3)．また，同じ調査によると再稼働についても，反対が70.8%を占めており，現在の原子力政策の在り方についても疑問が残ったままだ．

3.3 再稼働問題と避難計画

2015年8月11日，九州電力川内原子力発電所が新しい規制基準ができて初めて再稼働をはじめた．現時点でも，上記に述べたように再稼働に対する国民の支持は低く，再稼働へのプロセスが依然信頼されていない状況が続いている．

中でも最も責任が不透明なのが，避難計画である．規制基準の中には避難計画の承認は含まれて

表-2 将来の原子力発電所をどうすべきか？

	2011年6月(%)	2013年3月(%)	2015年4月(%)
原子力発電は直ちにやめるべき	13.3	30.7	29.7
段階的に縮小すべき	66.4	54.1	52.6
現状維持すべき	16.5	9.8	11.2
段階的に増やすべき	1.4	3.1	2.9
全面的に原発に依存すべき	1.2	1.3	3.6
合計	100	100	100

出所：広瀬弘忠名誉教授，http://www.aec.go.jp/jicst/NC/iinkai/teirei/siryo2013/siryo27/siryo2.pdf
ロイター 2015年4月7日．http://open.mixi.jp/user/63241226/diary/1940779873

表-3 福島原発事故と同等の深刻な事故が再び起きるか？

	2013年3月(%)	2015年4月(%)
深刻な事故が起こる	22.9	22.0
多分起こる	56.8	51.8
多分起こらない	18.3	24.1
起こらない	1.1	1.3
合計	100	100

出所：広瀬弘忠名誉教授，http://www.aec.go.jp/jicst/NC/iinkai/teirei/siryo2013/siryo27/siryo2.pdf
ロイター 2015年4月7日．http://open.mixi.jp/user/63241226/diary/1940779873

おらず，その作成責任は自治体に付託されている．政府がこの避難計画に積極的に関与する，との説明がされているが，だれがその計画の妥当性を判断するのかが明確でない．また，再稼働で最後の砦とされる「知事の合意」にしても，法的な根拠のない地元市町村と電気事業間で結ばれている「安全協定」に基づくものであり，これも再稼働の正当性を保証するものともいえない．

今後は，再稼働に必要な「条件」とその承認責任を明確にする必要がある．その際，地元住民や市民が参加し，再稼働をはじめ原子力発電に関する不安や問題点，安全に関する情報を事業者や規制当局と共有できる場が必要である．本来，これはやはり規制委員会の責任ではないか．規制プロセスを見直して，避難計画や市民参加の場を法律で定めていくことが必要だ．

3.4 総合評価

以上から，対策についての総合評価をすれば，主に社会的側面における対策は不十分であり，とくに国民の信頼回復に向けての対策は全くといっていいほどその効果が見えていないのが現状である．

4. 改革は実行されたか：二極対立を超え，信頼回復を

4.1 根本的改革か，従来路線肯定か

事故直後より，民主党政権は日本のエネルギー・原子力政策の「ゼロからの見直し」を掲げて，政策改革に取り組んだ．まず意思決定プロセスの構造変化を目指し，従来にはなかった「エネルギー・環境会議」を国家戦略室の下に設置し，従来の経産省や原子力委員会での審議会方式に依存しない意思決定プロセスを構築した．具体的には，エネルギー発電コストの推定結果について，第三者的な立場から「エネルギー・環境戦略会議」の下に「エネルギーコスト検証委員会」を設置して検証したのである．経産省のエネルギー政策審議会のメンバー構成も改め，より幅広い視点と多様な立場の専門家をメンバーに採用した．また，「国民的議論を行う」との方針のもと，討論型世論調査をはじめ，国民との対話を通じて，新しいエネルギー政策の構築を図った．

そのような努力の結果が，2012年9月に発表された「革新的なエネルギー・環境政策」[14]であり，2030年代に原子力発電をゼロにすることを目標にした政策で，従来の原子力を基幹電源とするエネルギー政策の転換を示唆するものであった．一方で，既存原発の再稼働を認め，核燃料サイクルも継続するなど，政策として十分に整合性が取れていない面もあり，閣議決定は見送られ，「エネルギー基本計画」として成立することはなかった．

このエネルギー政策の議論や政治経済・安全保障にまでかかわる日本の政治経済システムが変化するかどうかに注目して研究を行っていたのが，リチャード・サミュエルズであった．その著作[15]の中で，サミュエルズ教授は，3.11以降，エネルギー政策の変化の可能性として次の3つのシナリオを考えていた．

① 従来路線維持；事故対策はとるが，これまでの原子力重視のエネルギー政策をそのまま堅持．原子力ムラも健在．核燃料サイクルも継続．
② 現実的改善：原子力を一定規模維持しつつ，将来の原発依存度を低減．
③ 根本的改革：再生可能エネルギー，省エネルギーでエネルギー政策の根本的改革．環境重視でエネルギー需要大幅に削減．電力システム根本的に改革し，原子力ムラも解体．

これらそれぞれ3つのシナリオは，単にエネルギー・環境政策の改革のみならず，経済成長，既得権益，規制，政策決定の在り方，といったより大きな社会改革ともつながると示唆している．そして，結論としては，まだ変化途上ではあるものの，③がすぐには実現できそうもなく，①または②に行くのが精いっぱいで，3.11が日本のエネルギー政策や社会を根本的に変えるまでにはいかないだろう，と結論づけている．

日本に詳しい政治学者であるジャック・ハイマンスも，3.11後の日本の政治変化に注目し，原子力政策並びに非核政策に焦点を当てて分析を行った[16]．その結果，日本には「拒否権行使者(veto player)」が存在しており，同意社会の日本では，画期的な政策変更は難しい，との結論であった．したがってエネルギー・原子力政策についても，大きな変化はないであろう，との観測である．

サミュエルズ，ハイマンスといった米国の知日派の分析は，日本の国内政治システムの構造的問題を見事に指摘している．はたして，日本は福島事故の教訓を踏まえて，変化できるかどうかは，この「構造的要因」を理解し，その要因を取り除くことができて初めて変化できるということであろう．

4.2 原子力・エネルギー政策の現状評価

その後の選挙敗北により，民主党政権のエネルギー政策(原子力ゼロ)は見直されることとなり，2014年4月11日に，福島事故後初めての「エネルギー基本計画」[17]が発表された．この中で，原子力に関する基本的政策が提示された．ポイントは次の3点である[18]．

(1) 原子力発電はエネルギー需給構造の安定性に寄与するベースロード電源である．
(2) 原発依存度については，省エネルギー・再生可能エネルギーの導入や火力発電所の効率化などにより可能な限り低減させる．
(3) その方針の下で，我が国のエネルギー制約を考慮し，安定供給，コスト低減，温暖化対策，安全確保のために必要な技術・人材の維持の観点から，確保していく規模を見極める．

これは，この1年前に発表された民主党政権下の「革新的エネルギー・環境戦略」における原子力の位置づけとどこが変わったのだろうか．

当然のことながら「2030年代に原発ゼロを可能とする」という政策は消え，「新増設はしない」という文章も消えた．その代り「ベースロード電源」として「確保していく規模を見極める」との政策が入った．一方，「既存の原発は安全を確認したものは再稼働させる」し，「原則40年寿命」もそのまま継承している．要は，「新増設の可能性」を残し，「一定規模を維持することにした」，ということである．ただ，その一方で「依存度を可能な限り低減させる」という文章が入ったために，全体の位置づけが曖昧で，かつ「一定規模を確保する」政策との矛盾が明らかになってしまった．その後，エネルギーミックスの議論を経て，2030年の原子力発電シェアは20～22%ということになった．この結果，エネルギー政策の構造変化は中途半端な形となり，むしろ既定路線の継承という色合いが強くなった．

しかし，筆者が注目するのは社会意思決定プロセスとしての本質的な変化，あえて言えば逆行である．それは，民主党政権下で試みられた，「国民的議論」が全く影も形も見えなくなってしまったことである．「エネルギー・環境戦略会議」は廃止され，パブリックコメントの公開も制限され，市民参加型プロセスは廃止されてしまった．政策決定プロセスの改革は止まってしまったのである．

4.3 総合評価

以上から，エネルギー・原子力政策は，構造改革よりも既定路線の継続が現実のものとなってきているのである．

5. 個人的見解

それでは，福島の事故の教訓を踏まえて，構造改革に向けて何をすればよいのか．事故直後の見解を含めて，個人的提言を最後にまとめたい．

5.1 事故直後の見解

事故直後の2011年4月，筆者を含む原子力委員全員が国会の科学技術イノベーション推進特別委員会にて，今回の事故についての個人的見解を求められた[19]．その際，筆者が述べた要点は以下のとおりである．

① 特定の個人や組織の責任追及が行われているが，原子力に携わるすべての人(自分も含めて)に責任がある．

② 事故は国際的な影響をもつため，世界に情報を公開し，事故の教訓を伝える責務が日本にはある．
③ 事故の重要性を考えれば，事故原因の調査としては，これまで以上に客観的で透明性を持った，国際的にも検証可能で信頼される調査の進め方が必要
④ 事故の収束から復興に向けての体制づくりが必要
⑤ 福島以外の既存原子力発電所及び施設の安全確保が急務
⑥ エネルギー政策，原子力政策の意思決定プロセスの改善とそれへの国民参加のあり方を考えるべき
⑦ 政策議論の質を上げるためには，徹底した情報公開のイニシアチブが必要
⑧ 予算についても，福島の恒久措置を考えると，優先順位を十分に検討し，聖域をつくらずに大幅な予算の見直しが必要
⑨ 原子力委員会そのものの存在意義も再考すべき

これらの見解は，当時限られた情報の中で，優先順位を考えつつ述べたものであるが，その後憲政史上初めてともいえる独立の調査委員会が国会に設置されたこと，予算や原子力委員会の見直しなどが実現した．しかし，それ以外の指摘は今もまだ実現していない．筆者が現時点でも福島事故への対応が十分でない，と感じているのも，当時の自らの見解を考えれば当然のことかもしれない．いわゆる「構造災」というアプローチで原因究明に取り組んでいる組織が，現在でもない状況では，本質的な原因究明にはまだほど遠いというのが筆者の見解である．

5.2 構造改革に向けて：3つの提言

① 構造改革に向けての「移行期」を設け，改革に伴うコストを緩和せよ

構造改革では，必ずといって良いほど，勝者と敗者が生まれるものだ．したがって，改革を実行するか否かの二項対立のままで議論を進めようとすると合意形成は難しい．構造改革にも当然のことながら，コストも伴う．そのコスト負担が大きくなるのが敗者であり，その敗者となるアクターが政治的に強い影響力を持つ（「拒否権を持つ」と言い換えてもよい）と，構造改革は遅々としてすすまない．

そのコストを最小にするためには，構造改革に「移行期」を設け，敗者へのコスト負担を軽減する措置が必要だ．たとえば，日本では石炭から石油へとエネルギー政策の構造改革を行った時，国内石炭産業の閉鎖には政府支援をしつつ20年以上の年月をかけた．米国では電力自由化改革の際，規制市場で投資した資金の回収が自由化により回収できない場合，その「回収不能コスト」(stranded cost)の回収を「移行期間」内のみ認める措置をとった．このように，構造改革に伴うコストの削減，敗者への支援策を同時に議論しないと，構造改革に向けて「拒否権」をもつアクターの影響力で改革が進まないことになる．移行期を設けて，コスト最小化への措置を導入すべきであろう．今回の場合，原子力発電に依存する地方自治体への支援が特に重要となろう．特に電源三法交付金は原子力発電所の新設が条件である．たとえば，この交付金を「低炭素電源交付金」に転換し，再生可能エネルギーや高効率火力発電の新設でも交付金が得られるようにすることで，原発依存度の低減コストを緩和することができる．そのような移行期の政策支援を導入することが必要だ．

② 意思決定過程の改革（透明性向上と市民参加）を行え

エネルギー政策の意思決定過程は，民主党政権時に比べ，透明性が低下し，多様な立場の専門家が参加する機会も減少している．国民の信頼を高め，政策の構造改革を進めるには，意思決定過程

の改革が不可欠である．

具体的には，審議会方式の見直し，とくにその透明性向上と市民参加の促進が不可欠である．原子力委員会は，秘密会合問題で，公正性を問われて，自己改革を実施した．その一つが，透明性向上策として，最終政策文書に至るまでのプロセスを後で追跡できるよう，原案から最終文書までの変更履歴・コメントの記録をすべて保管することとし，要請があれば公開することにしたのである[20]．審議会にはこのような記録を保存し公開することが義務付けられてはいないが，審議会での議論が事実上政策決定に大きな影響力を与えるのであれば，最終文書までの変更過程について，透明性を確保することが必要であろう．

市民参加については，再稼働でも問題になっている地方自治体における情報共有と対話促進の場を設置することが既に提言されている．特にフランスのCLI（地域情報委員会）をモデルとした，地域における住民参加型の情報共有・対話の場が有効と考えられる．

③ 独立した第三者機関を設立してチェック機能を高めよ

上記の国会における発言にもあるように，筆者は事故調査の段階から，独立した第三者機関の重要性を訴えてきた．原子力委員会においても，福島第一廃止措置，高レベル廃棄物最終処分，研究開発の見直しなど，機会あるごとに第三者機関の重要性を訴えてきた[21]．一方で，技術の社会的影響を評価する「テクノロジー・アセスメント」の制度化についても，やはり「不偏・不党の独立した立場」（すなわち推進でも反対でもない立場）から，情報発信することの重要性を訴えてきた．

国民は，政府や電力業界の情報を信用していない．原子力推進・反対の立場を明確にしている既存団体の情報も信頼していない．世の中には情報があふれているが，真に信頼できる情報が少ない，というのが市民の信頼失墜につながっている．

政府もその必要性についてはようやく気が付き始めている．上記の新しい「エネルギー基本計画」では，「国民各層とのコミュニケーションの深化」の欄が設けられ，そこでは「客観的な情報・データのアクセス向上による第三者機関によるエネルギー情報の発信の促進」が提言されている[22]．しかし，この「第三者機関」はまだ実現していない．さらに，高レベル廃棄物最終処分の新しい基本方針では，第三者的立場から評価・提言する機関として，原子力委員会の関与を明示している[23]．

しかし，「第三者的立場」と「第三者機関」は異なる．筆者は，第三者機関が満たすべき条件として，① 利害関係がないこと ② 不偏・不党 ③ 自律性 ④ 専門性（専門的知見を持つ独立した事務局が必要）⑤ 権限 （調査や提言に法的効力があること），を挙げた[24]．これらから見ると，現在の原子力委員会は第三者機関とはよべない．真の第三者機関を設立して，政府の政策を独立の立場から検証するメカニズムが必要である．

6. まとめ；信頼を回復し，根本的改革へ

福島第一原子力発電所の廃止措置や，地域の復興状況，避難住民の現状などを考えれば，福島事故はまだ終わっていない．この間に，福島事故の教訓を踏まえて，エネルギー・原子力政策の構造改革，ひいては，日本の社会そのものの構造改革につなげていくことが望ましい．もしこのまま，構造改革が行われないのであれば，日本社会は福島事故の失敗から十分に学ぶことがなかった，といわれても仕方がない．松本は，「構造災」を乗り越えるためには，「乗り越えようとする試みそのものへの人々の信頼が不可欠だ」と述べている[25]．さらに，「手直しではなく，変革を」，この変革は「やり方を根本的に変えて進むことをさす」と述べている[26]．まさに同感である．

研究者として，また原子力事故対応に携わった当事者として，このままで改革がとどまってしまうのは許容できない．今，もう一度，福島事故の教訓をふまえて，改革に向けての議論を始めることが必要だ．

■注

1) 東京電力福島原子力発電所事故調査委員会(国会事故調)(2012).
2) 福島原発事故独立検証委員会(2012), http://rebuildjpn.org/project/fukushima/
3) 添田孝史(2014)
4) 松本三和夫(2012)
5) The National Diet of Japan Fukushima Nuclear Accident Independent Investigation Commission, Message from the Chairman, Executive Summary of the Report, (2012).
6) 松本(2012), p. 3
7) 松本(2012), p. 4
8) 原子力委員会東京電力(株)福島第一原子力発電所中長期的措置検討専門部会(2011).
9) 東京電力. http://www.tepco.co.jp/fukushima_hq/compensation/images/jisseki01-j.pdf(2015)
10) 東京電力. http://www.tepco.co.jp/fukushima_hq/compensation/images/jisseki01-j.pdf(2015)
11) 復興庁(2015)
12) 根岸拓朗(2014)
13) 広瀬弘忠(2013)
14) エネルギー・環境会議(2012)
15) Samuels(2013)
16) Hymans(2011)
17) エネルギー・環境会議(2012)
18) 鈴木達治郎(2015)
19) 鈴木達治郎(2011)
20) 原子力委員会(2012)
21) 例えば，「今後の高レベル廃棄物の地層処分に係る取り組みについて」(原子力委員会見解，平成24年12月18日)では，「国や当事者に適宜に適切な助言を行う独立の第三者組織を，きちんと機能させる強い決意をもって自ら整備すべきである」とのべている．http://www.aec.go.jp/jicst/NC/about/kettei/121218.pdf
22) 経済産業省，エネルギー基本計画，平成26年4月. http://www.enecho.meti.go.jp/category/others/basic_plan/pdf/140411.pdf
23) 経済産業省,「特定放射性廃棄物の最終処分に関する基本方針」平成27年5月22日. http://www.meti.go.jp/press/2015/05/20150522003/20150522003-1.pdf
24) 鈴木達治郎,「第三者機関の重要性」原子力委員会メールマガジン第144号, 2014年2月14日. http://www.aec.go.jp/jicst/NC/melmaga/2014-0144.html
25) 松本(2012), p. 186.
26) 松本(2012), p. 195

■文献

エネルギー・環境会議 2012:「革新的エネルギー・環境戦略」.
　http://www.kantei.go.jp/jp/topics/2012/pdf/20120914senryaku.pdf
復興庁 2015:「東日本大震災における震災関連死の死者数」.

http://www.reconstruction.go.jp/topics/main-cat2/sub-cat2-6/20150630_kanrenshi.pdf
原子力委員会東京電力(株)福島第一原子力発電所中長期的措置検討専門部会 2011: 報告書.
　http://www.aec.go.jp/jicst/NC/tyoki/sochi/pdf/20111213.pdf
原子力委員会 2012:「原子力委員会における決定文書（案）を作成する標準的な手順（暫定版）」平成 24 年 8 月 30 日原子力委員会決定.
　http://www.aec.go.jp/jicst/NC/about/kettei/kettei120830_4.pdf
広瀬弘忠 2013:「原子力発電を巡る世論の変化」原子力委員会定例会議資料平成 25 年 7 月 17 日.
　http://www.aec.go.jp/jicst/NC/iinkai/teirei/siryo2013/siryo27/siryo2.pdf
Hymans J. 2011: "Veto Players, Nuclear Energy, and Nonproliferation; Domestic Institutional Barriers to a Japanese Bomb," *International Security*, volume 36, Issue 2, pages 154-189. Fall, 2011.
　http://belfercenter.ksg.harvard.edu/publication/21394/veto_players_nuclear_energy_and_nonproliferation.html
経済産業省 2015:「特定放射性廃棄物の最終処分に関する基本方針」.
　http://www.meti.go.jp/press/2015/05/20150522003/20150522003-1.pdf
経済産業省 2014:「エネルギー基本計画」.
　http://www.enecho.meti.go.jp/category/others/basic_plan/pdf/140411.pdf
国会福島原発事故独立検証委員会 2012:「福島原発事故独立検証委員会　調査・検証報告書」.
　http://rebuildjpn.org/project/#fukushima
松本三和夫 2012:『構造災：科学技術社会に潜む危機』岩波新書.
The National Diet of Japan Fukushima Nuclear Accident Independent Investigation Commission 2012: Message from the Chairman, Executive Summary of the Report, 2012.
　http://warp.da.ndl.go.jp/info:ndljp/pid/3856371/naiic.go.jp/en/blog/reports/es-1/#toc-message-from-the-chairman
根岸拓朗 2014:「原発事故後に自殺、東電に 4900 万円賠償命令」朝日新聞 2014 年 8 月 26 日.
　http://digital.asahi.com/articles/ASG8V0S8SG8TUGTB00Y.html
Samuels J. 2013: *3.11: Disaster and Change in Japan*, Cornell University Press.
添田孝史 2014:『原発と大津波：警告を葬った人々』岩波新書.
鈴木達治郎 2011: 衆議院科学技術イノベーション推進特別委員会.
　http://www.shugiin.go.jp/internet/itdb_kaigiroku.nsf/html/kaigiroku/023317720110426003.htm#p_honbun
鈴木達治郎 2014:「第三者機関の重要性」原子力委員会メールマガジン第 144 号.
　http://www.aec.go.jp/jicst/NC/melmaga/2014-0144.html
鈴木達治郎 2015:「2050 年の原子力政策—対立を超え、根本的改革に取り組むために」ポリタス.
　http://politas.jp/features/6/article/388
東京電力 2015: http://www.tepco.co.jp/fukushima_hq/compensation/images/jisseki01-j.pdf
東京電力福島原子力発電所事故調査委員会 2012:「報告書」.
　http://warp.da.ndl.go.jp/info:ndljp/pid/3856371/naiic.go.jp/

4 1/2 years after the Fukushima Nuclear Accident: Has Japan learned lessons from the failure?

SUZUKI Tatsujiro*

Abstract

Since the Fukushima nuclear accident in 2011, Japan has been struggling to deal with nuclear energy issues. Crisis can be an opportunity, but it seems that Japan has not learned lessons well enough from the accident to change the society for better relationship between science/technology and society.

There are, in general, three ways to verify whether the society actually learned a lesson from the accident well. They are; (1) deep understanding of what really happened, (2) understanding of what should be done to prevent future accident, (3) implementation of the changes necessary for the society. This paper examines what happened after the accident until now from all these three aspects, primarily from the perspectives on the relationship between science/technology and society, and concluded that Japan, as a society, has not learned well from the Fukushima accident yet. While technical measures against severe accident have been enhanced, social, political and institutional reform has not been done well. This paper argues, in particular, transforming the decision making process of the government and establishment of an independent organization to conduct technology assessment and to provide objective information so that public can trust such information.

Keywords: Nuclear accident, Public trust, Nuclear energy policy, Decision making process, Independent third party

---

Received: August 31, 2015; Accepted in final form: February 20, 2016
*Research Center for Nuclear Weapons Abolition, Nagasaki University (RECNA) Director, Professor; 1-14, Bunkyo-machi,Nagasaki City 852-8521

福島原発事故のいっそうの教訓化を求めて

伴　英幸*

1. 3.11の体験

2011年3月11日に起きた東北地方太平洋沖地震の揺れを筆者は事務所で体験した．比較的ゆっくりとした揺れがあまりにも長く続くので，遂に机の下に潜り込んだ．前年の消防の検査の後に補強してあったので本棚が倒れることはなかったが，5段ある本棚の3段目より上の書籍は全て落ちてしまった．翌朝から大変な事態になった．東北地方太平洋岸に設置されていた原発群は地震で自動停止したものの，福島第一原発は津波に襲われ全電源喪失状態に至ったからだった．そして，1号機が爆発を起こした．多くの情報は状況を解説するために招かれたテレビ局で知ることになった．海水を使用してでも冷却を継続するべきことや，市販されている避難マニュアルに書かれているような被ばくの低減方法などなどいろいろなことをコメントした．あの状況で最も厳しい事態は水蒸気爆発だと教科書通りに考えていたので，3号機の爆発の映像を局で見た時には，遂に起きたかと浮き足立った．

　3号機の事故を見て，事務所の若いスタッフだけは避難させるべきかも知れないと考え，関東方面に来るとしたら約1日後だろうと推測し，15日朝から空間線量率の測定を30分ごとに切り替えて実施した．アロカ社製γ線サーベイメーターTCS172を使い，事務所室内と屋外で測定した．一時は屋外で0.6μSv/hにまで達した．半減期が数時間から10日前後の短半減期の放出放射能(セシウム，ヨウ素，テルルなどの同位体)[1]による内部被ばくも加えて考慮すれば，事故から1ヶ月間の東京の屋外での被ばく線量は1mSv近くに達しただろうと筆者は推定している．

　過酷事故がいつかは起きると考え，また主張もし，当時の確率論的安全評価(PSA)の欠陥(例えば共通要因故障を取り込めていないこと)を批判してきたが，事故がこのような形で現実化するとは考えもしなかった．そして長期にわたる放射能影響のことを考えると，おろおろとするばかりだった．

　福島では事故当時，雨あるいは雪により長期におよぶ汚染状況になった．土壌汚染はチェルノブイリ原発事故からくみ取るべき教訓だったが，日本は原子炉のタイプが異なり同様の事故は起きないと排除された．その結果，1999年のJCO事故の後に制定された原子力災害対策特別措置法にも

2015年8月31日受付　2016年2月20日掲載決定
*NPO法人原子力資料情報室共同代表, 〒162-0065 東京都新宿区住吉町8-5 曙橋コーポ2B

反映されることはなかった.

　浜通りと中通りは強い汚染状況になった. 法令順守の精神から言えば, 少なくともその年の間は, 100万人に達する避難が必要だったが, それは現実的には不可能だった. 原子力資料情報室でも避難の是非をめぐって議論が分かれた.

　防災対策の不備から, 避難指示を受けた人たちは, 避難先を転々とすることになった. 筆者が聞いている中では最大7回の人がいた.

　5月に福島市を訪れた時, 道行く中高生たちでマスクをしている人がほとんどなく, 地元の人たちは日常の服装のままだった. 「健康に影響がない」との学者の危機対応の結果だろうかと陰鬱な気持ちに陥った. 筆者たちはタイベックスーツとマスクに身を固めたが, それはあまりにも異様で対照的だったので, すぐにマスクだけにしてしまった.

2. 被ばくのリスクを住民にきちんと伝える

　復興庁によれば, 避難者(避難指示, 自主避難含めて)は最大時には16万人に達した. 極めて短期間の避難を加えるとさらに多かっただろう. 東京からも一時的な避難者は相当な数に達したようだ. それはともかく, 現在は約11万人が避難生活を続けている. 政府は2016年度中に帰宅困難区域を除いて避難指示を解除する方針と伝えられる. 他方, 復興庁による住民意向調査[2]では50歳未満の人たちの間で戻らないと決めている人の割合が増加傾向にある. これでは指定解除してもコミュニティーが成立しないと危惧するばかりだ.

　一足先に解除となった南相馬市の特定避難勧奨地点(2014年12月28日午前0時解除)では, 住民達はまだ高い汚染状況だとして解除の撤回を求めて訴訟に訴え(15年4月17日), 係争中である. 経済産業省によれば「年間20mSvを十分に下回る状況になっていることを確認の上行っている」[3]としているが, それは玄関先か庭先での空間線量率の高い方での判断だ. そして高さ1mでの指定時の線量率の最高が$4.7\mu Sv/h$だったのに対して解除前では$1.08\mu Sv/h$, 平均で同$2.4\mu Sv/h$から$0.4\mu Sv/h$になったという. それでも十分に高い線量率だ. 住民たちは, いたるところで年間20mSvを超えている(その場に居続けたとして)と自ら測定した結果をもとに解除の取り消しを求めたわけだ. 解除後1年で支援は打ち切られることも深刻な問題になっている.

　「今後も南相馬市の本格復興に向けて, 政府をあげて全力で取り組む」としているが人間が置き去りにされているのではないか. 「人間の復興」は関東大震災の罹災者実地調査を行った福田徳三氏が提唱した. その後, 阪神淡路大震災の復興でも指摘があり, 今回の東日本大震災でも同様の指摘がある[原子力市民委員会, 2014]. とりわけ放射能被害を受けた地域ではこのことが大事だと考えている.

　避難指示解除は年間被ばく線量が20mSvを下回っていることにあるが, これはICRP2007年勧告(pub. 103)と「原子力事故または放射線緊急事態後の長期汚染地域に居住する人々の防護に対する委員会勧告の適用」(pub. 111, 2008年)を根拠にしていると考えられる. すなわち, 現存被ばく状況下における参考レベルは, 年間「予測線量1mSvから20mSvのバンドに通常設定すべきである」(pub. 103, (287))とし, 勧告の適用(pub. 111)では, 「Publication 103(ICRP, 2007)で勧告された1〜20mSvのバンドの下方部分から選択すべきであることを, 委員会は勧告する」としている.

　政府は, 福島原発事故の緊急事態状況で20mSv〜100mSvの最も低いレベル20mSvに設定したが, 収束宣言後もこれを継続していることには納得が得られないだろう. 1mSv〜20mSvの最も

高いレベルを採用しているからだ.

　政府はこの点で説明責任を果たしているとは言えない.原子炉等規制法に定める公衆の被ばく限度は年間1mSvと事故前からの変更はなく,これはICRP1990年勧告(pub. 60)を受け入れたものである.同勧告は閾値なし直線(LNT)モデルに立脚している.その後の2007年勧告(pub-103)でも基本スタンスに変更はない.これは1mSvでもガンなどのリスクがあることを意味している.そのリスクとは1万人・Svあたり1人のガン発生,2万人・Svあたり1人のガン死である.

　他方,放射線医学総合研究所作成の資料を引用した経産省の説明書によれば,100mSv以下は検出不可能としている.この見解が市井では「健康に全く影響がない」「笑っていれば癌が逃げていく」(山下俊一氏)との表現になる.また,20mSv/yについても同様に健康への影響は全くなしとの宣伝が放射線被ばくに関する「専門家」によって展開されている.

　しかし,「がんの場合,約100mSv以下の線量において不確実性が存在するにしても,疫学研究及び実験的研究が放射線リスクの証拠を提供している」(pub103, (62))のであるから,リスクを認知している「専門家」が検出不可能とか健康への影響なしというのは誤った表現以上に,放射線被ばくのリスクを隠ぺいする意図を含んだ表現となっている.また,政府がこうした主張を根拠に避難指示解除を決めることは,論理矛盾だと考える.なぜなら,政府がICRPの勧告を受け入れて法制化しているからだ.

　政府は,被ばくによる上記のリスクを住民たちにきちんと伝えたうえで,個人の判断を促すべきである.むしろ安全宣伝が不安を募らせる結果になっていることを知るべきだ.

　ICRPに基づけば政府は一時的に20mSv/yを強いることは可能である.しかし同時に法律に規定されている限度1mSvに戻すことを目標として明示すべきだ.その場合,まず住民サイドに立ってリスクを伝え,次に,実行線量100mSvの被ばくを超える領域は確定的影響の領域に入ってくることを考えると,1mSv/yへ引き下げるロードマップを示した上で住民の了解を得るべきだと考える.現状の安全宣伝は政策判断のつじつまを合わせる理屈の後付け(そう思えてならない)であり,政府が行うことではない.

3. 適合性審査にみる事故の反省

　原子力規制委員会が発足し,新しい規制基準が法制化され,これに対する原発の適合性審査が行われている.

　新規制基準では深層防護の第4層(過酷事故影響緩和)を新たに規制に取り入れ,重大事故の想定と対策を事業者に求めた.事故前は第3層[4]までだったので強化された点である.そして,防潮壁や水密扉(みつ)の設置,可搬型のポンプ車や電源装置などが配備された.また,特定重大事故対処施設やベント装置の設置も義務づけられた.ただし,これらの配備に5年間の猶予期間が設定されたことには納得できない点だった(沸騰水型原発に対してはベント装置の猶予期間は設定されなかった).

　さらに,今回の事故が地震・津波によって引き起こされていることから,自然現象に対して,事故前より厳しい姿勢で審査が行われたと筆者は受け止めている(それでもまだ不十分だが).

　なお,第3層に含まれる共通要因故障は今日に至ってもまだ十分には取り入れられてない.事故を契機に電源喪失との組み合わせだけが考慮されている状態だ.また,深層防護の第5層(緊急時対策)も規制には取り入れられなかった(この点は後述する).

　現在は27基の原発から適合性審査申請が提出され順次審査されている状況で,これまでに,川内原発1,2号機,高浜原発3,4号機,伊方原発3号機の審査が終了している.そして,川内原

発に関しては工事認可と保安規定認可が終了し，営業運転に入っている．

そこで，川内原発の審査過程を見ながら，福島原発事故の教訓が十分に反映されているかを，原発の耐震性，火山評価，テロ対策の3点から考えてみたい．

• 耐震評価

基準地震動の策定は，震源を特定して，また震源を特定せずに定めて，高い方を基準地震動とする．川内原発1号機の場合，建設時には270ガル，耐震設計審査指針の改定(2006年9月)によって540ガルに，そして今回「えいやと620ガルに引き上げた」(と説明している)．620ガルの根拠は明らかでない．ある余裕を持たせた上で許容値から逆算したのかも知れない．しかし，震源を特定せずに定める地震動を計算する際に参考とすべき16地震のうち，マグニチュードの高い2つのケース(2008年岩手・宮城内陸地震マグニチュード7.2(Mw6.9)，2000年鳥取県西部地震マグニチュード7.3(Mw6.6))を地質構造が異なることを理由に排除した．すなわち，川内原発の付近は正断層であり，逆断層や横ずれ断層とは異なるので同様の地震は起きないとしている．しかしながら，正断層ならマグニチュード7を超えることがないことは説明されておらず，この規模の地震が起きないと言い切れないのではないか．因に620ガルはマグニチュード6.1の直下地震に相当する．

また，地震調査研究推進本部地震調査委員会が作成した全国地震動予測地図［地震調査研究推進本部地質調査委員会，2010］に記載されている「陸域の震源断層を予め特定しにくい地震の領域と最大マグニチュードの例」では，川内原発のあるあたりは最大マグニチュードを7.1と評価している．これは1914年の桜島の噴火で発生した地震が根拠となっている．巨大噴火が引き起こす地震については考慮しておくべきだ．

考慮されていないことに，プレート間地震や海洋プレート内地震(スラブ内地震)があると石橋克彦氏は指摘している［石橋克彦，2014年］．これらは揺れかたが内陸地殻内地震と異なるので十分に考慮すべきだと主張している．そして，規制基準で求めているこれらの地震の考慮を九州電力に指摘しなかったのは規則違反と極めて厳しい指摘を行っている．

こうした審査経過からは原発の耐震評価に関して，福島原発事故の苦い経験が十分に活かされていないと言える．

• 安全情報が非公開

基準地震動の策定の次には，その揺れによる建屋や機器類，燃料集合体などへの影響を評価して，破損しないこと(許容値以下)を示す必要がある．しかし，この一部が商業機密もしくは核物質防護を理由に非公開となっている．例えば燃料集合体への影響であるが，これが申請時の基準地震動540ガルの評価値は公表されているが，引き上げられた620ガルでは白抜きとなっていて公開されていない．これは核物質防護上の理由であるはずがなく，商業機密を理由に掲げていると考えられるが，そもそも安全情報は積極公開であるべきところ，また燃料製造は国内では1社か2社であり競争環境になく，商業機密が成立しない．そうした根本的批判を述べるまでもなく，公開したりしなかったりでは理屈が通らない．許容値ギリギリになったので隠したとの疑いが濃いと言わざるを得ない．

福島事故で原子力への信頼が失墜したとの反省が聞かれ，信頼回復は最大の課題と言われるが，これは紙の上のことに留まっている．

・火山評価

　九州電力管内は巨大噴火を起こした火山が多くある特異な場所だ．そこで，評価ガイドに従い，これらを評価しているのだが，結論から言うと巨大噴火は予知できるので対策が十分に間に合うと主張し，規制委員会も火山評価ガイドに沿った対応として了承した．しかし，多くの火山学者が噴火予知（直前予知は可能性がある）はできないと反論している．

　九州電力の評価ではまず巨大噴火を起こした4つのカルデラから平均噴火間隔を用いて噴火ヒストグラムを作成して説明を行った．しかし，この方法は，素人目で見ても，無意味なばかりか誤った手法だ．

　次に，火山評価ガイドに従って，姶良カルデラ（鹿児島県錦江湾）で巨大噴火が起きることを想定して火砕流の影響範囲をシミュレートした．敷地周辺にこの巨大噴火による火砕流（入戸火砕流）の痕跡があるからだ．九電は，「火砕流堆積物を対象としたパラメータスタディの結果，既往の火砕流堆積物の到達範囲及び層厚を概ね再現できることを確認した」[5]．しかしこれは，川内原発の敷地内には火砕流の痕跡が見られないことから，敷地内には入って来ないパラメータで計算したものだった．敷地の周囲には到達しているのに敷地内だけ到達しないことはあり得ない．結局，九州電力は到達することを認めざるを得なかった．

　そして，姶良カルデラをモニタリングして地殻変動が年間10cmを超える事態になれば詳細観測を実施して対処準備や「燃料体等の搬出等」を行う対応策を打ち出した．それでもなお破局噴火までに時間的余裕が十分にある（60年未満としている）ので詳細観測すれば対策可能というわけだ．燃料体の搬出を確実に実施するには輸送上の問題や搬出先の確保の問題がある．それらは今からでも計画でき直前予知でもある程度対応できるかも知れないが，使用中の燃料の搬出は直前予知では間に合わない．使用中あるいは取り出し直後の燃料は発熱量が高く，輸送中に燃料溶融しかねない．緊急事態を考えて相当きわどい輸送をするとしても2年かそれ以上前から燃料の冷却に入っている必要があると考える．その程度前に予知することは火山学者が指摘するように不可能である．

・大型航空機の意図的な衝突への対応

　「大型航空機の意図的な衝突」の想定は新しく導入されたもので，規制強化の一つである．しかし，原子炉建屋への衝突を考慮せずに済ませている．もっとも，建屋に衝突すれば，よほどゆっくりと衝突しない限り，格納容器の破損から重大事故に至ることになる．例えば，格納容器の2重化などの対策が必要だ．このような対策を検討することなく，対応できる範囲の想定に限定して済ませている．

　電力会社の姿勢からは，川内原発で重大事故が起きるかも知れないと我がことに引きつけて考える「切迫感」が見られない．福島原発事故は他社の事故といった印象だ．政府が設置した福島原発事故調査・検証委員会委員長の畑村洋太郎氏はその報告書の中で「あり得ることは起こる．あり得ないと想うことも起こる」と述べている．九州電力はどうもこれを教訓として受け止めていないようだ．九州電力だけではなく，敷地内の断層の活動性が認定されてもなおこれを否定して適合性審査を申請している日本原電も，そして関西電力や他の電力各社も同様だ．さらに事故を起こし，格納容器内の詳細な状況が分からず事故の原因究明ができていない東京電力すら柏崎刈羽原発の運転再開を目指している．

4. 削除された立地指針

世界でも最も厳しい規制基準と安倍晋三内閣総理大臣は繰り返すが，これが言葉だけなのは，立地指針が削除されたことだけを見ても明らかだ．その理由は，原子力規制庁職員に言わせると(話し合いの席上の回答)，この指針は過酷事故を起こさないことを求めていたもので，今となっては通用しなくなったからだという．立地指針を残しておいたら既設炉は全て廃止せざるを得ないが，それは現実的でないという．

立地指針は立地に際して以下の3条件を付していた．①大事故の誘因となる事象が過去にも将来にもあるとは考えられない，②原子炉は十分に公衆から離れていること，③敷地が，周辺も含めて，公衆に対して適切な措置を講じうる環境にあること．

これらの条件を満たすために仮想事故においても周辺の公衆に著しい放射線災害を与えないこと，集団線量に対する影響が十分に小さいことなどを基本目標としていた．この目標達成のために原子炉周辺のある距離の範囲内は非居住区域，その外側が低人口地帯であること，人口密集地帯から離れていること，などを審査においては確認することになっていた．その判断の目安として，全身に対して250mSvを用いることとし，人口密集地域からの距離の目安として2万人・Svが参考とされていた．実際の距離ではなく，事故時の被ばく線量で判断する仕組みだ．

政府の対策としては，立地指針を残したうえで，放射能放出量を指針が求める範囲におさめるように追加的な安全対策を立案・実施するべきだと考えるが，非居住区域を拡大することは不可能として指針を廃止することは本末転倒である．

5. 排除された深層防護第5層

上述したように，原子力規制庁は深層防護第5層，いわゆる原子力災害対策を新規制基準に取り入れなかった．規制庁職員は地方自治体の尊重を理由にあげていたが(話し合いの席上)，正当性に乏しい．原子力防災は地域防災計画の中で原子力災害対策編として位置づけられている．しかし立地自治体からは，原子力災害は地方自治体が扱える範囲を超えているので国の責任で実施してほしいとの声が聞かれる．一方，原子力規制委員会は地方自治体が定める防災対策の雛形である原子力災害対策指針を改定(2013年2月)した．そして，政府は地方自治体が新たに策定する原子力防災計画の策定支援を行っている．原子力災害対策の範囲が30km圏内に拡大されたことにより，従来の3倍の自治体が対策範囲に入ることになったからだ．

過酷事故が起きると，原子力災害特別措置法に従い，内閣総理大臣を長とする原子力災害対策本部が招集され，そこに原子力規制委員会が関与して具体的対策方針が指示されることになっている．従って，原子力防災が地方自治体の防災計画に位置づけられているとしても，実態としては政府の指示により対応策が実施されることを考えれば，その内容を許認可の条件としても何ら地方自治体を軽んじることにならないし，地方自治の権限をないがしろにすることにはならない．

規制庁の本音は，第5層を規制の中に取り込めば，その基準の策定に時間がかかる上に，災害対策計画の有効性を判断せねばならず，再稼働を考えればそのような時間をかけられない(事業者の合意が得られない)ことにあるのではないだろうか．

6. 突きつけられている重い決断

• 事故リスク

　規制基準に合格しても安全とは申し上げない，とは田中俊一原子力規制委員長の発言だ．原発の事故リスクをゼロにすることはできないという意味であろう．事故リスクゼロを求めるのは非科学的との発言が最近は声高に聞こえてくるが，もともと重大事故のリスクはゼロと宣伝していた人たちが手のひらを返したようにそう発言している．

　規制委員会は安全目標として，格納容器損傷の確率を1炉年あたり10万分の1程度に抑え，セシウム137の放出量が100テラベクレルを超える事故の確率を100万分の1に抑える．他方，実際に福島原発事故が起きてみて，これまでの運転炉年数と事故回数で評価すると，国内商業炉の過酷発生実績として，福島を1事故とすれば6.7×10^{-4}/炉年，同3事故とすれば2.1×10^{-3}/炉年となる．世界の商業炉の過酷事故発生実績はそれぞれ2.1×10^{-4}/炉年，3.5×10^{-4}/炉年となる．この評価は原子力委員会で行われた[6]．このような大きな開きが出てくるのは，例えば，共通要因故障を取り入れていないなど，確率計算において何らかの瑕疵があるからではなかろうか．

　確率論的リスク評価（PRA）の方法がまだ確立していないので，上記の安全目標を指標にできるのはだいぶ先になりそうだ．

• 自治体の対応

　リスクをどこまで容認できるか，再稼働に際して自治体が迫られている重い判断である．原子力規制委員会が行政組織法3条に基づいて設置され，原子力事業に関する許認可権が従来の経済産業大臣（あるいは文部科学大臣）から原子力規制委員会委員長に移った．これは規制が事業者の虜になっていたという福島原発事故の反省による根本的な体制の変更である．この変更はIAEAからかねてから求められていたことでもあった．また，原子力推進からの規制の独立は筆者たちも求めていたことでもあった．

　この結果として，建設や稼働に伴う判断は原子力規制委員会の許可と地方自治体の事前了解に基づくシステムになった．しかし，残念ながら自治体の姿勢は旧態依然としたものと言わざるを得ない．

　川内原発の適合性審査に合格し，工事認可や保安規定認可取得など一連の許可を規制委員会から得た九州電力は運転再開に先立つ立地自治体（鹿児島県知事と薩摩川内市長）の事前了解を得た．防災対策の範囲が従来の10kmから30kmに拡大されたのだから，少なくともその範囲の自治体の事前了解が必要だとの意見があり，原子力への信頼回復を掲げる政府はこれを推奨するべきだと考えるが，実際には鹿児島県と当該立地自治体の判断で済ませてしまった．

　事前了解と同時に，鹿児島県知事は国に安全の保障を求めた．田中委員長が「規制基準の適合性審査であって，安全だとは言わない」姿勢なので，安全の担保を国に求めたのである．仮に重大事故が起きた時に事前了解した知事が責任を問われないような何らかの回避策が必要だったとも考えられる．政府は鹿児島県知事あての経済産業大臣名の書簡[7]において「再稼働に求められる安全性が確保されることが確認されました」とした．「再稼働に求められる安全」であって，政府は安全を保障できないし，その立場にないというわけだ．

　電気事業者は規制委員会から許可が得られれば，新規原発の建設・運転が可能だし，再稼働が可能となった．事業者にとって次に必要なことは，安全協定に基づく事前了解である．新しい体制の中では地方自治体が従来のような国策支持と交付金受領の構造では済まされない事態に至ってい

る．いまや自治体はそれだけ重い判断を迫られていると言える．事故以前は経済産業大臣が許可権者であったことから，立地自治体は国が許可を与えていることで原発のリスク直視を回避できていたと言える．しかしいま，許認可体制が大きく変わり，地域住民の生活と安全を守る立場で，福島原発事故の影響をしっかりと受け止め，地方自治体として残るリスクを容認できるかの重い判断をしなければならない．

そうした独自判断が地方自治体にできる体制にないといわれるが，体制整備が求められているのである．例えば福井県や新潟県のように独立した検討委員会を設置している県がある．

7. むすび

エネルギー基本計画では，原子力への依存度を可能な限り低減するとし，それを火力発電の高効率化，再生エネルギーの最大限の導入(2016年まで)とその後も積極推進で，達成するとしている．それに沿って火力の割合，再エネの割合を決め，「どうしても残った部分に原子力を割り振った」(安井至原子力小委員会委員長)という[8]．エネルギーミックス議論の結果は，火力56％，再エネ22～24％，原子力20～22％の割合だった(発電電力量に占める割合)．原子力は，宮沢洋一経済産業大臣の発言によれば，個々の原発の稼働状況と関連しているわけではないという．しかし，2030年時点でこれを達成するには，ほとんどの原発の再稼働が必要になり，かつ，運転延長の前提が必要だ．そして，エネ庁は再稼働のインセンティブとして交付金の増減で臨む．まさに事故前と同様の交付金を梃子にした政策誘導である．

エネルギー基本計画には福島原発事故の反省が明記されているが，本質的な反省が見られないと言わざるを得ない．これでは原子力政策への信頼など得られるはずもない．福島原発事故は終息しておらず，事故の影響はまだまだ長期にわたる．政府は脱原発を求める大多数の国民世論とじっくり向き合い，脱原発の方向で産業界とも議論を重ねて政策を練り上げていくべきである．そして，残る放射性廃棄物の後始末に政策・資源を集中することこそが福島原発事故の教訓であると考えている．

■注

1) ^{136}Cs, ^{131}I, ^{132}I, ^{133}I, ^{135}I, ^{131m}Te, ^{132}Te など
2) http://www.reconstruction.go.jp/topics/main-cat1/sub-cat1-4/ikoucyousa/
  ただし，年齢階層別のデータは平成25年度以降，示されていない．
3) http://www.meti.go.jp/earthquake/nuclear/kinkyu/hinanshiji/2015/20150417_01.html
  『福島県南相馬市における特定避難勧奨地点の解除について』
4) 深層防護は原発のリスク低減の考え方で，全体5層より成る．第1層：異常・故障発生防止，第2層：事故への拡大防止，第3層：著しい炉心損傷の防止
5) http://www.nsr.go.jp/disclosure/committee/yuushikisya/tekigousei/power_plants/h26fy/20140423.html
  第107回原子力発電所の新規制基準適合性に係る審査会合(2014年4月23日)資料1-7
6) 原子力委員会原子力発電・核燃料サイクル技術等検討小委員会第3回第3号資料(2011年10月25日)
7) 2014年9月12日付「九州電力株式会社川内原子力発電所の再稼働へ向けた政府の方針について」
8) 第12回原子力小委員会(2015年6月)

■ 文献

石橋克彦 2014:
「川内原発の審査書案は規則第5号に違反して違法だ」『科学』岩波書店, 2014年9月号.
「再論:杜撰な川内原発の新規制基準適合性審査」『科学』岩波書店, 2014年11月号.
原子力市民委員会 2014:
「原発ゼロ社会への道」(原子力市民委員会. http://www.ccnejapan.com/20140412_CCNE.pdf)
地震調査研究推進本部地震調査委員会 2010:
「全国地震動予測地図—地図を見て私の街の揺れを知る—手引・解説編 2010年版」.

Seeking further learning from the Fukushima Daiichi nuclear disaster

BAN Hideyuki[*]

Abstract

As learning from the experience of Fukushima Daiichi Nuclear Disaster, Nuclear and Industrial Safety Agency (NISA) proposed 30 engineering knowledge which should adopt into nuclear regulation. These points introduced to new regulatory requirements, but there is a question about the sufficiency of the requirement. By Fukushima Daiichi Nuclear disaster, this author has an acute feeling that it is not fully conveyed or misinformed about the dangerousness of nuclear power plant and the risk of radiation exposure. This report considers constructive lessons by reviewing government's response toward the risk of radiation exposure, regulating authority and electric utilities' response toward compliance with the Nuclear Regulatory Commission's new regulatory requirements, and local government's response toward the safety agreement.

Keywords: Nuclear accident, Nuclear regulation, Risk communication

---

Received: August 31, 2015; Accepted in final form: February 20, 2016
[*] Citizens' Nuclear Information Center

総説

原発過酷事故に如何に対処するか

吉岡　斉*

1. 福島原発事故の衝撃

　論文風のガードを固めた作品ではなく，率直に本心を語る文章を書いてほしいというのが編集委員会の要望なので，そのように努めたい．筆者は東京電力福島原子力発電所における事故調査・検証委員会（政府事故調）の委員をつとめるなど，この問題のキーパーソンのひとりなので，このような文章も歴史の記録として価値があるかもしれないと思う．
　まず筆者自身が福島原発事故発生から10日間余りにわたり，その事故の深刻さと今後の進展について思ったことを，なるべく正直に再現してみよう．それは筆者自身にとって備忘録となるとともに，読者の方々が同様の作業をして下さることを誘発するために，一定の効果があると信ずるからである．筆者は1986年のソ連のチェルノブイリ原発4号機事故に比肩しうるような，大量の放射能を原子炉外部へ放出する過酷事故が，自分の生きているうちに日本で現実に起きるとは，ほとんど思っていなかった．もちろん筆者は福島事故以前から，原発過酷事故がどのような経過をたどるかについて，リアルなイメージをもつことが必要だと力説し，それについて論争もしてきたが，そのような過酷事故は当分起きないだろうと油断していた．
　そうした楽観論は，3月12日の福島第一原発1号機の原子炉建屋爆発（水素爆発と推定される）で大きく揺らいだ．原子炉建屋を吹き飛ばすような水素爆発が起きたならば，1号機の核燃料被覆管の多くが崩れ落ち，炉心がメルトダウンに陥っているのは明らかだった．この時点で福島原発事故の深刻さが，1979年にアメリカで起きたスリーマイル島原発2号機事故のそれを凌駕していることは誰が見ても明白となった．筆者は3月11日の段階では，急所となる情報が入ってこなかったこともあり，福島原発事故の今後の展開について確信をもって語ることができなかったが，1号機建屋爆発により，ようやく事態の深刻さを理解し始めた．
　1号機建屋爆発は，筆者にとって「身の危険」を感じた出来事だった．もし原子炉建屋の内側にある原子炉格納容器が破れていれば，そこから原子炉建屋に漏洩した大量の放射能（日本では放射性物質の同義語として広く普及している）が飛散するであろう．なお原子炉格納容器のさらに内側にある原子炉圧力容器も破れていれば，大変な事態となるであろうが，もし圧力容器がまだ破れて

2015年9月7日受付　2016年2月20日掲載決定
*九州大学大学院比較社会文化研究院教授；〒819-0395 福岡市西区元岡744

いなくても，メルトダウンを起こした炉心から発生した高温・高圧ガスが，逃がし安全弁開放の際に格納容器へと移動しているに違いないので，もし格納容器が破れているならば，やはり大量の放射能漏洩は免れない．

そのようなことになれば，風向き次第ではあるが，首都圏も近いうちに高濃度の放射能に汚染される恐れがある．幸いにも冬季の風はおおむね西から東へ，太平洋へ向かって吹いているが，いつ南方へ向かうかわからない．首都圏に降り積もる「死の灰」はおそらく急性放射線障害を起こすほどの濃度ではないだろうが，首都圏の生活と交通を麻痺状態に陥れる可能性が高い．

実は，1号機原子炉建屋爆発のとき，筆者はたまたま上京しており，テレビ朝日に缶詰になっていた．もし1号機の格納容器が破れているならば，直ちに羽田空港に行って福岡空港にとんぼ返りするのが最善の策である．次善の策は，筆者の東京自宅である板橋区の埼玉県境のマンションに，交通の大混乱が起きないうちに戻り，持久戦に備えることである．東京自宅に辿り着けば何とかなる．もしテレビ朝日で身動きが取れなくなれば，そこに籠城させてもらうか，放射能舞う中で東京自宅までの長時間歩行を強いられる可能性もある．福島は東京から200キロ以上離れており，また年配者は放射線への感受性が低くなることを知っていたので，放射能への恐怖は強くは感じなかったが，交通と物資への重大な影響が長期に及ぶことが懸念された．

筆者を含む市民が，適切な判断を下すには，一体どのような量の放射能が1号機から漏れたかの情報が必要である．ところが放射能漏洩の程度について，政府から爆発後4時間あまりにわたり何の発表もなかった．夜になってようやく発表され，ひとまず安堵したが，モニタリング・データは数分程度の時間があれば，容易に発表できたはずである．政府は一体何を考えているのか，住民の自主的な避難・退避のために最も重要な情報を秘匿するとは何事かと落胆した．

政府は国民の行動を自らがコントロールする能力を失うことを「パニック」と称して最も恐れ，あらゆる代償を払っても「パニック」を避けようと秘密主義と情報操作をエスカレートさせる．そこでの情報操作は一貫して，「法則」が貫かれていると断言してよいほど，事故の過小評価の傾向を帯びる．そのことを再確認させられた．福島原発事故における政府の秘密主義と情報操作は，その後もさまざまの場面で繰り返されることとなった．

2. 連鎖的過酷事故進展シナリオ

ともあれ3基の原子炉(1・2・3号機)は，冷却系を動かす電源が失われ，圧力容器の上部に溜まる水蒸気で駆動する非常用復水器(IC)や隔離時冷却系(RCIC)も，熱を外部に逃がせなくなっていたために長時間は作動できず，頼みは消防車による注水冷却のみとなり，その有効性は実証されていない，という絶望的な状態に陥った．それでも筆者は，チェルノブイリ原発事故に匹敵するような放射能の大量放出へと進展するかもしれないという恐怖感を，必ずしも強くは抱かなかった．

破滅的な過酷事故の最も代表的なシナリオは，圧力容器からメルトスルーした灼熱した核燃料が落下した先に水溜まりがあり，それと接触して水蒸気爆発を起こすと，格納容器に大穴を開けるというものである．また格納容器の内圧が高まり過ぎて，容器がそれに耐えられず大穴が開くというシナリオも頭に浮かんだ．だが，それらが起きている兆候はなかった．

福島原発事故の進展について固唾を呑んで見守っていた3月14日，今度は3号機建屋が爆発した(水素爆発と推定される)．これをきっかけに筆者は，連鎖的過酷事故進展シナリオの危険性に気づいた．そして筆者が主催している研究会のメーリングリストに，「今回の爆発では格納容器破壊は免れたようだけれども，危険性はまだ消えていない．もし1基でも格納容器に大穴があくよう

な事態が起きれば，その周辺地域から関係者が総撤退せねばならなくなり，冷却が不可能となるので，隣接する原子炉が放置されたまま次々と過酷事故に陥り，放射能の大量放出が起きるかもしれない」という趣旨のメールを書いた．（この長いメールは，小野有五『たたかう地理学』（古今書院，2013），250ページに，転載されている.）

　ここに至ってようやく，筆者は福島事故がチェルノブイリ事故に匹敵，場合によってはそれを凌駕する事故へと進展する現実的な危険性があることを認識していたことになる．何しろ，福島第一原発だけで6基の原子炉があり，12キロ離れた福島第二原発にも4基の原発があるので，連鎖的過酷事故に巻き込まれる原子炉は合わせて10基であり，その核燃料内蔵量は，チェルノブイリ4号機を1桁上回るからである．前述のメールにもそのようなことを書いた．さらに3月15日早朝になって4号機建屋が爆発し，2号機も格納容器破裂を疑わせる異変を起こした．これにより連鎖的過酷事故シナリオの現実性は高まったかに思われた．しかも4号機爆発を契機に核燃料プールの危険性もクローズアップされ，それによって連鎖的過酷事故シナリオの起点となりうる箇所と，大量の放射性ガスを撒き散らしうる核燃料の量を，大幅に多く見積もらねばならなくなった．

　「これは，やりすぎだ」と筆者は思った．「やりすぎ」というのは，日本で「脱原発」（原子力発電からの脱却）が実現に向かう契機として，十分すぎるという意味である．もう少し規模が小さな過酷事故であっても，脱原発を日本が選択するのに十分だという意味である．なぜなら筆者のいう連鎖的過酷事故シナリオが現実に起きれば，東北地方の大半が居住不能地域となり，首都圏もまた深刻な放射能汚染により経済活動が麻痺状態となり，日本発の世界経済危機をもたらす恐れが濃厚だからである．そこまでの危険を冒して，原子力発電を続けることは無謀であろう．

　ただ同時に，筆者は次の過酷事故の危機が目前に迫っているとまでは考えなかったし，今もそうである．今回の福島原発事故は，規格外の巨大津波がなければ，防げた可能性が高い．東北地方太平洋沖地震によって原子炉の配管等が損傷した可能性はあるが，福島第一原発1・2号機の全電源喪失と，3号機の全交流電源喪失をもたらした直接の原因は巨大津波であり，それがなければ，たとえ地震動により配管等が破損しても，過酷事故に至らなかった可能性が高い．また反対に，地震動による配管等の損傷が皆無であっても，巨大津波襲来により過酷事故は免れなかったであろう．その意味で，地震・津波対策と過酷事故時の防災対策を中心として，最善の安全対策を講ずることを条件に，比較的新しく立地条件も悪くない原子炉については，ドイツのように脱原発までに一定（たとえば10年，ないし15年）の猶予期間を与えてもよいのではないかと考えた．

　しかし今述べた見通しは的中しなかった．日本政府は民主党政権時代の2012年9月に2030年代に原発ゼロにする目標を閣議決定したが，2012年12月に発足した自民党・公明党連立政権はそれを反故にし，原子力発電を堅持する政策を推進している．福島事故程度では原子力発電を廃止する理由にならないと判断しているのだろうか．そういえば政府文書（エネルギー基本計画など）では，原子力発電の長所・短所に関する記述において，福島事故のことはほとんど考慮されていない．原子力発電の長所ばかりを強調する記述が，福島事故前とほぼ同様の様式・内容で書かれている．

　その一方で福島事故後，定期検査等で停止した後の原発再稼働については，難航に難航を重ねている．日本の原子力発電は2012年5月以降，基本的にゼロ状態を続けた．関西電力大飯3・4号機のみが，2012年7月から13年9月にかけて例外的に運転を認められたにとどまる．2015年9月に九州電力川内1号機が，原子力規制委員会の新規制基準に適合した最初の原子炉として再稼働したが，2015年内の再稼働したのは他に川内2号機のみで，2016年以降も牛歩を強いられる見込みである．新規制基準にすでに適合したか，又は適合すれば運転可能となる原子炉は現在日本に42基あるが，その約半数に当たる20基が再稼働するには，少なくとも数年間を要すると筆者は見

込んでいる．

3. 福島原発事故による放射能汚染マップ

　いずれにせよ幸運にも，福島原発事故はチェルノブイリ事故を凌駕するような量の放射能を，大気中に放出するには至らなかったが，それは偶然でしかない．筆者は3月下旬の前半までに，連鎖的過酷事故シナリオの危険は小さくなり，福島原発事故の進展は峠を越えたと考えるようになった．その理由としては，核燃料の崩壊熱が時間とともに物理学的に急速に減少していくこと，消防車による原子炉の冷却注水やコンクリートポンプ車による核燃料プール注水が軌道に乗り始めたこと，格納容器の大破壊の危機が3月16日以降は見られないこと，さらに3月22日以降に外部電源復旧が進み始めたことなどがあげられる．「恐怖2週間」は一段落したのである．

　3月25日に原子力委員会委員長(当時)の近藤駿介が，「福島第一原子力発電所の不測事態シナリオの素描」を首相官邸に提出していたことが，のちに明らかとなった．その結論では多数の原子炉の「事故連鎖」により，福島第一原発の170キロ以遠に，強制移転を求める区域が発生し，250キロ以遠に希望者の移転を認めるべき区域が発生する可能性が指摘されている．（これを最初に公表したのは，日本再建イニシアティブ『福島原発事故独立調査委員会　調査・検証報告書』，2012年3月11日，である．）

　しかし前述のように筆者にとって3月14日段階で，そのような事態が起きる可能性は自明のことであった．後に広く知られるようになったところでは，福島第一原発の免震重要棟でも，また首相官邸でも，2号機が危機に陥った3月14日から15日にかけて，このような事態に対する危機意識が共有されていた．近藤レポートはそうした危機意識に，遅ればせながら定量的な表現を与えたに過ぎない．そして近藤レポートが提出された3月25日には，福島事故による危機は峠を越えたとの認識が広がり始めていた．

　なお福島原発事故による放射能汚染マップを米国エネルギー省が公表したのは3月23日である．その後，日本政府も汚染マップを公表し，福島第一原発から北西方向の放射能汚染が深刻であることが明らかになるなど，周辺の汚染状況の概要が明らかになった．汚染マップという形でデータを示すことができたのは，米国エネルギー省が核攻撃を念頭において航空機モニタリングによる放射線実測システムを整備していたためである．原子力発電所などの固定核施設では，放射能を放出する場所が決まっているので，それを取り囲むようにモニタリングシステムを構築すればよいが，核爆弾はいつどこで爆発するか分からない．いかなる場所でも迅速に放射能汚染状況を把握するためには航空機モニタリングしか方法がない．それが日本という遠隔地で有効活用された．

　筆者はもちろん，危機のピーク(3月11日から22日)に，そのような汚染マップを入手していなかったが，3月16日夕刻に地方局(テレビ朝日系のKBSテレビ)に出演した際，チェルノブイリ事故の汚染地図のコピーを携え，テレビ局の局員に簡単なレクチャーをしたが，局員のうち1名しかそれに興味を示さなかったので，番組には使われなかった．3月19日朝の地方局(フジテレビ系のTNCテレビ)の出演でも，一部のスタッフは興味を示したが，番組には使われなかった．しかしこうした出来事は，筆者が福島事故について，チェルノブイリ事故に匹敵する放射能汚染をもたらす可能性があることを，明確に認識していたことの証拠となる．

　なお筆者は「事故進行を止める名案はなく，ひたすらガス抜きと垂れ流しを続けるしかない．事故収束へはエンドレスの戦いになる」という趣旨のことを番組で語ったが，それはテレビ局のスタッフの一部には強く印象に残ったようだ．実際，5年後の今も福島事故は収束していない．原子力安

全の3つの原則のうち「止める」は事故直後に実現したが，「冷やす」はいまも不安定な要素がつきまとっており，「閉じ込める」に至っては核燃料デブリの所在さえ確認されておらず，大気中・水中に飛散した放射能の多くは今も剥き出し状態にある．

　こう見てくると筆者は福島原発事故に際して，ほぼ正確に事態の進展を把握していたように思えてくる．しかし筆者は原子炉の具体的な安全対策を熟知していたわけではなかった．原子炉の構造については，簡略化された概念図程度の知識しかなく，非常用炉心冷却系(ECCS)の他に，水蒸気で駆動する非常用復水器(IC)や隔離時冷却系(RCIC)があることもテレビで初めて知った．また福島第一原発1・2・3号機のMark I型格納容器が，下部にドーナツ型のサプレッションチェンバー(圧力抑制室)を，ぶら下げるような形でくっつけていることも知らなかった．(恥ずかしながら格納容器は皆，釣鐘形だろうと思い込んでいた)．またガス抜きの方法として「ベント」という言葉も聞き慣れないものだった．しかし発電用原子炉の構造について一定の専門知識があったので，それらの知識は直ちに吸収できた．

　福島原発事故の際，政府は事故進展に関する正確な情報を市民に知らせず，事故とその影響を過小評価する情報を流し続けた．そうした政府情報を信じて行動したのでは，大きな危険に直面させられる恐れがある．次の原子力過酷事故が起きた場合でも，おそらく同様の事態となるだろう．しかし原子力災害について一定の専門知識をもっていれば，政府が発表する情報の中から真実の部分を腑分けすることができる．またさまざまの組織や個人が流す情報についても，専門知識を駆使して信憑性を評価することができる．ほとんど専門知識のない市民でも，日頃から信用できそうな組織や個人と繋がりをもっていれば，その発信する情報を頼って行動することができる．筆者自身も複数の知人より，子供を遠方に逃がすべきかどうか打診されたが，受入先があるならばしばらく退避させるのがよいと回答し，あとで感謝された．

4. 核兵器攻撃被害想定専門部会の経験

　筆者は1997年に原子力委員会高速増殖炉懇談会委員に任命されてから今日までの足かけ20年にわたり，ほぼ切れ目なく原子力関係の審議会委員をつとめてきた．大半の委員が原子力体制に同調的な状況下で，原子力に批判的でかつ正鵠を射る意見を常に述べ続けるためには，原子力発電に関わるあらゆる問題に通じておく必要がある．しかしテーマごとに知識の疎密が生ずることは避けがたい．最も苦手と筆者が自覚してきたのは，他ならぬ原子力安全のテーマである．

　若い頃から自然科学を好み，大学学部で物理学を学んだことは，原子力安全問題を理解するための一定の基礎として役立ってきた．しかし安全問題は原子力発電の諸問題の中でも，現場経験に基づくタシット・ナレッジ(暗黙知)が重要な意味をもつ．しかも原子炉施設は複雑すぎるシステムであり，その安全上の弱点について概念的に理解することはできても，現実的に十分起こりうるリアルな事故シナリオを，誰の助けも借りることなく思い描くことはできない．そして概念的な理解というものは大抵の場合，他人からの借り物であることが多い．そうした借り物の議論を筆者は好まないので，安全問題に深入りすることはなるべく避けたいと思ってきた．安全問題にはやや苦手意識を抱いてきた．

　それでも時代の流れは，安全問題を避けて通ることを許してはくれなかった．政府審議会では必ず安全問題が主要争点となった．またたとえば原子力裁判では，常に安全問題が中心の争点となるが，21世紀に入ってからはマスメディアから筆者がコメントを求められる機会が増えた．「専門技術のプロではないのに」と内心思いつつ，何とか筆者の独自色を出したいと工夫を重ねてきた．そ

の賜物なのか最近では，問題の本質を自分なりに咀嚼して簡潔に表現する術を，それなりに身につけつつあると思っている．原子力の専門用語は，専門外の研究者にとって外国語のようなものであり，それを完璧に使いこなせないのは当然である．どうしてもどこかに表現上の馬脚が出る．この弱点を逆手にとって，多くの人々が理解してくれる「より普遍的な表現」を筆者は目指してきた．福島原発事故に際して，筆者がほぼ正確に事態の進展を把握することができたのは，そうした蓄積があったためだろう．

　筆者が原子力安全問題への関与を深める契機を与えてくれたのは，広島市国民保護協議会の核兵器攻撃被害想定専門部会に委員として参加した経験である．この専門部会は広島市の国民保護計画策定の一環として設置された．国民保護計画というのは周知のように，2004年6月に有事関連法のひとつとして成立した「武力攻撃事態等における国民の保護のための措置に関する法律」にもとづき，政府，都道府県，および市町村が策定を義務づけられているものである．この法律は単に「国民保護法」と略記されることが多いが，これでは何のことか分からないので「戦時(有事)国民保護法」とした方がよい．各自治体は政府の提示した「国民の保護に関する基本指針」(2005年3月)に準拠して，国民保護計画を策定した．

　この「基本指針」の随所に，核攻撃や武力攻撃原子力災害(原子力発電所等への攻撃)への対処についての記述が含まれているが，「避難住民を誘導する際には風下方向を避けるとともに，皮膚の露出を極力抑えるための手袋，帽子，ゴーグル，雨ガッパ等を着用させること，マスクや折り畳んだハンカチ等を口及び鼻にあてさせることなどに留意するものとする」など，体系的な核兵器・原子力防災計画としてはあまりに貧弱な記述に満ちている．広島市(当時の市長は数学者で平和運動家としても実績のある秋葉忠利氏だった)は，核兵器廃絶に向けたキャンペーンとして活用する目的で，核兵器攻撃被害想定専門部会を2006年10月に立ち上げた．その委員は，物理学者の葉佐井博巳部会長(広島大学名誉教授)以下8名である．合計10回の公開・非公開の会議を踏まえて2007年11月，報告書が提出され，広島市のホームページに掲載された．その骨子を組み込んだ広島市国民保護計画は2008年2月に決定された．

5. 民事用核施設の事故と核兵器攻撃との比較

　核攻撃のケースとしては空中爆発(1メガトン，16キロトン)と地表爆発(16キロトン，1キロトン)の4種類を想定した．同時多発テロ事件(2001年)以来，アメリカでは核兵器攻撃に関するシミュレーション付きの被害想定報告書が，数多く出されるようになったが，その大半は小型原爆の大都市での地表爆発(ロングビーチ，ワシントンなど)を想定している．それらの報告書のうち主要なもののコピーが委員に配付された．専門部会報告書は，いずれのケースでも耐えがたい損害が発生することをシミュレーションによって示した．これにもとづき報告書は，核兵器攻撃に対して効果的な対処活動は不可能であり，大惨事を防ぐためには核兵器を廃絶するしかないという結論を下した．

　筆者がドラフト作成を担当したのは，「第5章　核兵器攻撃災害への対処」である．そこでは，核兵器攻撃への最善の対処がどういうものであるかを述べ，最善の対処をもってしても効果が小さいことの立証を目指した．その際，1999年にJCO臨界事故をきっかけに制定された原子力災害特別措置法(原災法)に準拠して議論を進めた．その結論は「核兵器攻撃によってもたらされる被害を回避することは不可能であり，行政が最善の対処措置を講じることができたとしても，被害をわずかに軽減する程度の効果しか発揮し得ない．核兵器の破壊力はあまりにも巨大であり，また放射能汚染が対処活動を著しく制約するからである」というものである(報告書63ページ)．

この第5章では，原子力発電所など民事用核施設の事故と核兵器攻撃との比較も行った．その箇所を若干引用させて頂く．「核兵器攻撃の場合は，事前に予期できない場所において，瞬間的に多数の死傷者が発生する．しかも人口密集地が標的となる可能性は高い．住民の死傷の原因は放射線以外にも爆風・熱線があり，それらが複合的に人体に作用する．また多くの場合大規模な火災（ときに火事嵐）を伴う．しかも通信・交通を含むライフラインの多くが一挙に壊滅する．それには電磁パルスによる通信・電力系統の麻痺も含まれる．最後に，複数の場所で同時に，又は時間差を置いて攻撃が行われ，被害が発生することも十分にあり得る．つまり同時多発攻撃又は時間差多発攻撃が起こり得る．これに対して民事用核施設の事故は，いかに大規模な過酷事故であっても，あらかじめ決まった場所で起こり，しかもそれは人口密集地から離れている（リモート・サイティングのため）．そのため急性の死傷者数は比較的少ない．住民の死傷の原因は対処行動中の事故等を除けば放射線のみであり，爆風・熱線の影響はない．ライフラインが重大な障害を受けることもない．また日本国内の複数の場所で過酷事故が同時発生する可能性は極めて低い．そうした相違のために，民事用核施設の過酷事故は，それが単独で起きた場合には，核兵器攻撃への対処と比較して，格段に容易である．武力による原子力発電所等への破壊攻撃のもたらす災害についても，基本的に同じことが言える．そうした攻撃にはおそらく核兵器は使われず，通常兵器が使われるだろう．核兵器を保有しているならば，直接大都市中心部を狙った方がはるかに多数の死者を，高い確実性をもって発生させることができるからである．とはいえ条件次第では民事用核施設を核兵器で攻撃するケースもあり得る．核兵器による民事用核施設攻撃のケースでは，爆発地点が人口密集地でない点は対処しやすい要因であるが，放射線・放射能に関しては，民事用核施設からの放出が追加されるため対処が一層困難となる．しかも追加の放出量は核兵器そのものの放射能よりもはるかに大量となりうる．なお民事用核施設の事故の場合でも，巨大地震等の災害と併発して起きる場合（いわゆる原発震災等）においては，通信・交通を含むライフラインの多くが一挙に壊滅するなどの効果が加わるため，単独の過酷事故よりも対処ははるかに困難となる．」（51〜52ページ）

6．原子力災害のシミュレーション

　ここで筆者は，核兵器保有国がわざわざ核爆弾で原発を狙うことはないと判断した．核爆弾があれば直接人口密集地域で爆発させればよく，わざわざ大都市から離れた原発を狙うという迂回的作戦を用いる必要はない．原発をターゲットとするのは，核兵器を持たない国・団体か，あるいは核兵器使用により国際的反発を招きたくない国・団体であろう．核兵器使用は国際法上のタブーであるが，原発攻撃はそれに比べると国際的非難を招く度合いの相対的に小さな手段である．また実行者の正体を大なり小なり曖昧にすることも可能である．

　通常兵器で原発を攻撃する手段として，弾道ミサイルは適切ではない．それは命中精度が悪い．確実に破壊する手段としては，航空機による貫通力の強い精密誘導兵器を用いた攻撃がありうる．しかし日本に関する限り，米軍・自衛隊の防御網をかいくぐることは困難だろう．結局，特殊部隊による破壊工作が最も現実的である．原子炉の中心部と電気系統を破壊すればよい．地上部隊の装備として欠かせないのが対戦車砲である．破壊工作部隊はもし入手可能ならば貫通力の強い劣化ウラン弾を装備するだろう．戦車の装甲を撃ち抜く武器と，原子炉設計に関する一定の知識・ノウハウがあれば，原子炉圧力容器・格納容器を撃ち抜くのは難しくない．

　筆者はドラフトを書く際，原子力防災法令研究会『原子力災害特別措置法解説』（大成出版社，2000年），松野元『原子力防災』（創英社，2007年），瀬尾健『原発事故……その時，あなたは』

(風媒社, 1995年), の3冊をとくに参照した. 松野元の本は教科書風であるが, チェルノブイリ事故レベルの過酷事故が起こることを想定した原子力防災を行うべきとの立場を貫いているのが印象的だった. また原子力防災の具体的仕組みについて比較的詳しく書かれており, 緊急時迅速放射能影響予測ネットワークシステムSPEEDI(System for Prediction of Environmental Emergency Dose Information)や, それと一体的に運用する前提で作られた緊急時対策支援システムERSS (Emergency Response Support System)も紹介されている.

また瀬尾健(1940 – 1994)の本は, 京都大学原子炉実験所に勤務していた瀬尾が, 原子力発電に批判的な立場から, パソコンで動かせる「原発事故災害予想プログラム」を開発し, それにもとづき全国の原発が過酷事故を起こした際の被害想定を行なっている. 事故想定としては, 米国原子力委員会が1975年に発表したWASH1400レポート(ラスムッセン報告として知られる)で想定されている15の事故ケースのうち最悪に近いケース(PWR2, BWR2)を取り上げている. このプログラムは瀬尾の逝去後, 友人だった小出裕章に継承されており, 反原発運動で活用された. このシミュレーションは推定死者数が過大に評価される傾向にあるものの, 大規模放射能災害が現実に起こり得るという基本的認識は適切であり, 政府や原子力関係者が被害想定シミュレーション自体を拒否している状況下では, それを行なうこと自体が重要である.

このように福島事故前, 筆者はチェルノブイリ事故レベルの原発過酷事故が起こりうることと, それが現実に起きた場合にどのような事態になるかを理解していた. にもかかわらずそれは滅多に起きないだろうと油断していた. 3月14日の3号機爆発により, その危険が差し迫っていることに気づいた.

7. 福島事故における原子力防災の失敗

福島原発事故において, 日本の原子力防災システムは失敗した. 原子力防災システムはハードウェア(設備・機器の整備)とソフトウェア(組織・体制とその運用)の2つの側面からなるが, ハードウェアは巨大地震・津波に耐えられるものではなく, 赤子のような無防備状態であった. そのため福島第一原発1・2・3号機は長時間にわたる全電源喪失・全交流電源喪失状態に陥ったのである. いわば「戦闘前にすでに武装解除」状態にあった.

またソフトウェアに関しては, 政府事故調の中間報告(2011年12月)と最終報告(2012年7月)に, 読みにくいが詳しい記述がある. 政府事故調の報告書は, 事故原因・事故経過についての解明が不足している半面, 事故対処活動の経過については非常に詳しく調べ上げられている. 捜査当局関係者が事務局の中軸を担っただけのことはある. ただし時間的制約の厳しい「任意捜査」しかできなかったため, 詰めきれなかった事実関係が多く残された. また報告書には幹部以外の個人名は記されなかったため, 隔靴掻痒の記述がきわめて多くなった. 報告書には原子力防災を担う3つの組織系統がいずれも深刻な機能障害に陥ったことが記述されている.

第1の組織系統は, 首相官邸に設置される原子力災害対策本部が災害対処の総司令部となり, 首相が本部長となる. この政府対策本部の事務局をつとめるのが経済産業省原子力安全・保安院であり, 緊急時にはERC(緊急時対応センター)を設置する. また関係各省の幹部が政府対策本部に常駐し, 各府省への指示が円滑に伝わるようにする. それが事故対策本部緊急参集チームである. 内閣府原子力安全委員会も首相官邸をサポートすることとなっている.

第2の組織系統は, 原子力発電所など核施設の敷地内(オンサイト)での対処のためのもので, 原子力発電会社(福島原発事故では東京電力本店)が中核となる. それは政府対策本部の配下に置かれ

る．さらに本店の配下に福島第一原発の対策本部（発電所対策本部）が置かれる．発電所対策本部は通常は事務本館に置かれるが，地震で大破したため福島第一原発では付近の免震重要棟に設置された．最前線での対処活動は原子炉建屋の内部や周辺で行われ，その最前線基地として原子炉の中央制御室が活用された．

　第3の組織系統は，やはり政府対策本部の配下に作られる緊急事態応急対策拠点施設（オフサイトセンター）であり，ここに核施設の敷地外（オフサイト）での災害対処の拠点が置かれる．そこに主要関係機関（政府，都道府県，市町村，自衛隊，警察，消防，原子力事業者等）の代表が結集して，現地対策本部を形作る．それが政府対策本部の指示を仰ぎつつ現地での災害対処活動を指揮することとなる．

　福島原発事故では，今述べた3つの組織系統（政府中枢，オンサイト対処，オフサイト対処）がいずれも，期待された機能を果さなかった．その具体的状況については，政府事故調の中間報告・最終報告をご覧頂きたい．政府事故調の活動の実際について筆者は今まで随時，エピソードを紹介したことがあるが，本格的分析を発表したことはない．だがこれは歴史的事象なので，何らかの形での本格的分析が行われることが必要である．また政府事故調が収集した多くの証言や資料が，一部を除いていまだ発表されていないことは残念だと思っている．国会事故調についても同様である．

8. 原子力防災システム改善の課題

　従来の原子力防災システムは破綻した．だがそれは福島原発事故の教訓を踏まえて，抜本的に改善されたのであろうか．残念ながらそうではない．まずハードウェアに関しては，安全審査（行政的名称は適合性審査）の大黒柱をなす原子力規制委員会の新規制基準が本質的に甘い規制基準である．それは大筋において国際水準に追いついたといえるが，国際水準そのものが，旧式炉を含め既設炉でも合格できる水準に設定されているので，それと比べ大きな遜色のない程度では甘すぎる．

　新規制基準は事故対策組織を形式的に整備してハードウェアの追加工事といった部分的改善を，支払可能なコストの範囲で行えば，全ての既設原発が合格できるよう注意深くデザインされたものであり，実態としては原発設備の本体部分は既設の設備のままで，重大事故対応の可搬式設備を付け加えて，安全性を強化したといっている．地震や津波の想定も若干大きめにした程度であり，簡単な補強工事で対応できる範囲に留めている．行政上の規制の目的は申請者を合格させることであるという通念がある．努力すれば大半の申請者が達成できるレベルを設定しておき，例外的に不合格を出すというのが行政上の規制の常識である．しかし原子力発電のような万が一にも過酷事故を起してはならない施設についても，この常識を当てはめるのが妥当かどうか抜本的に検討してみる必要がある．新規制基準の審査における具体的運用にも問題が山積しているが，紙面の制約のためここでは述べない．（このパラグラフは，筆者が座長をつとめる原子力市民委員会が2015年2月1日に発表した「見解：高浜原発3・4号機の再稼働は容認できない」第2項の一節とほぼ同文であるが，筆者の文章である．）

　またソフトウェアに関しては，原子力安全・保安院と原子力安全委員会が統合され，原子力規制委員会となった他には，特段の改善点がみられない．筆者が具体的に改善すべきと考えている点として，以下の4点を例示する．

　第1に，アメリカの緊急事態管理庁FEMA（Federal Emergency Management Agency）のように，大規模災害に対して政府レベルで一元的に対処する組織を構築する構想は，事故直後に一時関係者の関心を呼んだものの，今日では棚上げ状態になっている．福島事故に際して重要任務について省

庁間の「譲り合い」があり，それが事故対処を阻害したことは明らかであり，各省庁の上位にたつ行政組織による「総合調整」の仕組みが必要である．

第2に，福島事故直後の3月16日早朝に設置され原子力防災に一定の有効性を発揮した，福島原子力発電所事故対策統合本部のような仕組みを法制化すべきである．それまで著しい機能障害を起していた防災責任者間のコミュニケーションが，政府の全ての関係組織と東京電力の関係者が一堂に会した統合本部の設置により，格段に円滑化された．東京電力以外の原子力発電会社の本店は霞が関・永田町から遠隔の地にあるものの，福島事故の教訓をふまえると，電子的手段によって統合本部を作ることは有効と考えられる．

第3は，新規制基準の中に，地域防災に関する基準を含めることである．新規制基準がカバーしているのは国際原子力機関IAEAが定める多重防護(深層防護)の第4層までであり，第5層の原子力施設外での放射線被ばく防護が規制基準に含まれていない．原子力災害対策特別措置法および原子力規制委員会の原子力災害対策指針の定めでは，敷地外の防災・避難計画は立地自治体(道県，市町村)および周辺自治体(原発から30km圏内にある府県，市町村)に丸投げされており，原子力規制委員会は地域防災計画作成のための簡単な指針を公表するのみで，防災・避難計画を審査対象としていない．しかも広域(たとえば九州地方全体)における防災・避難計画も策定されていない．これら地域防災計画も原子力規制委員会の審査対象とすべきである．そのために原子力規制委員会は設備・機器等の基準適合を審査する「電気保安協会的」な性格の組織から脱皮し，原子力防災部門を抜本的に強化する必要がある．(このパラグラフも，原子力市民委員会「見解：高浜原発3・4号機の再稼働は容認できない」第4項の一節とほぼ同文であるが，筆者の文章である．)

第4は，原子力規制委員会の抜本的な強化である．福島事故の際，原子力安全・保安院も原子力安全委員会も深刻な機能障害に陥った．他の組織・団体も同様の状況だったが，原子力防災の大黒柱をつとめるのは，原子力規制機関以外にはあり得ない．従来の2つの機関は影が薄かった．東京電力地下に設置された統合本部で，原子力安全・保安院は大型モニターを囲むラウンドテーブルの1列目に着席していたものの，会議において指導的役割を果たすことはなかった．原子力安全委員会は2列目にオブザーバー的に着席していたに過ぎない．大黒柱がこのような状態なのは情けない．とくに重要なのは，原子力安全に関して世界水準の能力と経験をもつ多数のスタッフを揃えることである．そのためにはアメリカをはじめ諸外国の原子力規制機関との人事交流を活発化する必要がある．原子力防災の国家資格制度の整備も検討に値する．その備えるべき専門能力は，原子炉主任技術者，核燃料取扱主任者，放射線取扱主任者など従来の国家資格の所持者と同じではない．

以上，福島原発事故に際して筆者が考え行動したことの概略と，福島事故を踏まえて原子力防災のためにどのような改善を行うべきかについて述べてきた．原子力防災の問題点とその改革の方向については，紙面の制約もあり，ごく一部の論点しか述べることができなかったが，筆者自身による著作を含む今までの論説ではあまり語られなかった論点を，若干なりとも提示できたと思っている．

On the Measures for Reduction of Damages by Nuclear Disasters

YOSHIOKA Hitoshi*

Abstract

It is indispensable for the survival of the State and local communities around nuclear facilities to take effective measures for controlling catastrophic damages from a nuclear severe accident. Japanese people keenly realized this lesson from the nuclear disaster in Fukushima began on 11 March 2011. This paper discusses three topics concerning the Fukushima accident, and severe accidents of nuclear facilities in general.

First, we evidently conclude that the developing process of the Fukushima nuclear accident could be understood by ordinary people with certain professional knowledge about nuclear severe accidents.
A circumstantial evidence is my own experience at the beginning of the Fukushima accident. On the contrary, the Japanese government consistently hesitated to inform the actual state of affairs concerning Fukushima disaster (chapter1 to 3).

Second, we make a comparative analysis between the damage caused by nuclear explosive devices and that of nuclear facilities like nuclear power plants, to clarify the characteristics of damage from nuclear severe accidents (chapter4 to 6).

Third, we analyze the characteristics of the failure of the Japanese government, local governments, and the Tokyo Electric Power Company (TEPCO) at the Fukushima nuclear disaster, and indicate the challenge of improving Japan nuclear disaster countermeasure system (chapter7, 8).

Keywords: Fukushima nuclear accident, Severe accident, Nuclear disaster, Disaster countermeasure, Misinformation

---

Received: September 9, 2015; Accepted in final form: February 20, 2016
*Professor, Graduate School of Social and Cultural Studies, Kyushu University; 744 Motooka, Fukuoka-shi, Fukuoka 819-0395

技術者からの問いかけ

総説

原子力研究者の一人としての問い
STS研究者へ

北村　正晴*

1. はじめに

　東日本大震災と，それに続く東京電力福島第一原子力発電所の事故（以下，福島第一原発事故と略）の後，原子力研究者はもとより，多くの科学技術分野で専門家から反省の言葉が聞かれている．その内容は多岐にわたるが，原子力研究者，教育者として人生の大部分を過ごしてきた筆者自身にも深刻な思いはある．科学者の社会責任論についての指摘（藤垣 2009）を参照すれば，より直接的には「市民からの問いかけへの呼応責任（Responsible Ability）」を感じるが，間接的には製造物責任（Responsible Products）も覚えざるを得ない．ただその内容を自己省察的に深め，対外的に表明したことはこれまでなかった．震災以前，というより福島第一原発事故以前，事故拡大進展中，事故が一応の収束を示した以後[1]，の3ステージいずれについても，自分の考えが整理できていない課題がまだ多いことが最大の理由である．自分なりに整理できた課題の内，原子力関係者に向けた技術面に関する考察については原子力学会誌その他の工学系学術誌を通じて表明している（北村 2011; 北村 2012; 北村 2013; 北村 2014）．本稿では，技術的内容について考察は要点のみ記すこととし，筆者が科学技術社会論（以下STS）の専門家からご教示いただきたい事項について，その背景説明とともに記すこととする．

2. 事故以前

　筆者は2000年ごろから少しずつ市民対話に類する実践活動に着手してきた．直接のきっかけは，1999年9月30日のJCO事故である．当時盛んになり始めていたインターネット上での討議に接して，原子力に携わる側の人間がほとんど沈黙したままであることを看過できなくなったのである．2000年秋から，何の実践知もないまま仙台で試行的に立ち上げた数回の市民向け公開講演会に，宣伝などしていないにもかかわらず関東や関西からも参加者があり，「このように専門家から率直な話を聞ける場が欲しかった．なぜこのような場がこれまでなかったのだろう．」という趣旨のコメントを多数いただいた．この経験を踏まえて，2002年9月からは「対話フォーラム」と名付け

2015年9月3日受付　2016年2月20日掲載決定
*東北大学名誉教授，株式会社テムス研究所代表取締役・所長，〒980-8579 仙台市青葉区荒巻字青葉6-6-40 東北大学連携ビジネスインキュベータ T-Biz 403号，TEL & FAX 022-393-4884，kitamura@temst.jp

た活動に着手した．原子力施設立地地域を訪問して少人数（10〜30人程度）の住民の方々（原子力に対するスタンスは推進，反対両方を含む）と繰り返し率直な対話を行うことがその骨子である．この活動の内容と得られた教訓については共同研究者による著作（八木2009）に詳述されているが，筆者自身の印象を補足しておく．原子力の専門家として参加した筆者は，当初は「原子力の受け入れを目指す活動とは一線を引く．ただ原子力技術についてのできるだけ正確かつ分かりやすい情報提供を目指す．」という立ち位置で対話の場に臨んでいた．しかし実践を反復する過程を通じて，情報提供できたことよりも，自分が学ばせてもらった教訓の方が格段に大きいという印象を有している．教訓の例としては，「市民がリスクゼロを求めるから（または基礎知識がないから）コミュニケーションが困難だ」という原子力関係者が陥りがちな見方が偏見であり的外れであること，専門家が提供する情報が一方的で地元にニーズにマッチしていないこと，原子力専門家として信頼を得ることは困難ではあるが全く不可能ではないこと，市民は専門家の能力や意図を探るため，（正解を知っていることについて，あえて）質問をすることがあるが，それは当然の権利であること，など多岐にわたる．この経験をベースに，より多数の参加者を対象とした公開討論会なども企画・実践してきた．それらの実践経験からも様々な教訓を得られたことは言うまでもない．ただし，<u>信頼を得ること，意見の異なる人びととの間で率直で真摯な対話の場を作り出すこと，までは不完全ながらもできたが，その先の意思決定につながる対話にはさらに一段の難しさがある</u>ことも痛感していた．この先の一歩を進める方策を探求するために，広義のSTS専門家の方々とも意見交換は試みた．しかしそのような方策は既往の学術知の中からは見いだすことができず，実践と省察の繰り返しを通じて探求する他に道はないように感じていた．

　STS学会年次大会には設立の初期から基礎的知識の不足を顧みず参加した．若干の報告も行った．しかしかみ合う議論はなかなかできなかったように感じている．最大の理由は筆者の予備知識の習得不足がある．工学者として出来上がってしまった思考方式では，背景知識の量・質ともに大きく異なるSTS関連基礎知識の習得は難しかった．STS分野の常識を体系的に教えてくれるメンターのような存在を探すべきであった，と今にして思う．

3. 事故拡大進展中

　このような模索を続けているうちに福島第一原発事故が起こってしまった．当時，仙台市内も地震や津波で大きな被害を受け，筆者自身も電気，ガス，水道なしで，食料品やガソリンも入手困難になる状況が続いた．このため事故進展中も詳細な情報入手は困難であった．かろうじて携帯電話のTV画面を通じて原発事故が生じたこと，事態が危険な方向に推移していることは認識していた．3月16日に電力供給が再開し東北大学のサーバーが機能を回復すると，多くの知人から現状をどう捉えたら良いか，避難すべきか否か，原子炉の状態はどうなっているか，などの問い合わせが多数来信していた．それらの問い合わせに対しては，公開されている原子炉圧力や，圧力容器温度の測定データを踏まえて自分なりの推定結果を回答した．結果的に原子炉燃料が大規模な溶融を起こしている事実を明確に指摘することはできなかった点は深く反省している．

　当時の大きな懸念のひとつは，使用済み燃料プールが臨界状態になることであった．原子炉は不完全ながらも圧力容器，格納容器が周囲を覆っている．使用済み燃料プールはそのような覆いはない．その意味でこの危険に関する問い合わせを多数受けた．臨界問題は自分の直接的な専門分野ではなかったが，昔学んだ原子炉物理学の知識を思い出しつつ考察を進めた．実際には手元に信頼できるデータがなく，近似的な計算もできなかったが，溶融燃料がプールの底部に広がりを持って堆

積するなら，臨界実現の上では不利な幾何学的形状になることは確かであり，このことから，おそらくは臨界にはならないであろうと判断した．この判断について，原子力に批判的な方を含む複数の方々と討論した上で，批判的な方のホームページでその方の署名入り記事の形で発信いただくという形をとった．

その後も状況の推移に伴い，多くの問い合わせを受けることが続いた．個人的な問い合わせに対しては個人的に回答を行ったが，できるだけ複数の方からの知見を集約して回答を作成したことは同じである．どのような見解表明行動が正解なのかは今も確信はない．「100%確実な知見がない場合には発言しない」という方針を採ることが，社会的批判を受けない安全策かも知れない．しかし，当時の状況では「現在自分にできる範囲で言えることは発言する」という立ち位置を採るということがせめて自分に出来ることと考えていた．その基本スタンスは事故以前の対話フォーラムの時代から変えないままであった．

4. 事故の一応の収束後から現在まで

事故という事態を回避できなかったことは，原子力関係者して痛恨の極みである．その思いをベースとして，自分なりのささやかな対話活動と安全学の面からの考察は進めてきた．以下では，まず4.1に技術的考察と提言の概要を記す．この提言の名宛人は原子力専門家であるが，STS専門家の方々にも筆者の立ち位置をご理解いただくためにあえて本稿に含めている．一方，技術面の課題対応だけでは「原子力と社会」問題の解決にならないことは重々承知しているが，STS的（または人文社会科学的）な面からの提言を行うには筆者の力量が全く不足している．本稿では自分が答えを出せない疑問や懸念を4.2に示すに留めざるを得ない．いうまでもなくこの部分の名宛人は，STS専門家の皆様である．なおこれらの疑問の背景まで詳細に記述することは紙数の関係で無理であるため要点のみ記すこととし，より詳細な考察は読者の方々からのご教示も受けつつ，別な機会に記すこととしたい．

4.1 技術面での考察と提言

事故後に一部の原子力関係者が使ったとされる「想定外」という言い方に対しては当初から強い異議申し立てをしてきた(北村 2011; 北村 2012)．「想定外」ではなく「想定除外」であること，そこには「思考停止」も介在したことなどを指摘した．対応策としては「想定外」などが起こらぬように徹底して考え「想定外」の事象生起可能性を少なくすること，その上でなお必ず残る「想定外」の可能性(畑村，安部，渕上 2013)についても「打つ手なし」の状態に陥らないよう，手段やリソースを整備することと運転員の対処能力を向上させることを主張した(北村 2012; 北村 2013)．「安全はどう定義すべきか」という視点からの考察も，レジリエンスエンジニアリングを中心的方法論とする海外の安全学研究者(Hollnagel, et al. 2011; Hollnagel 2014)との交流を通じて進めている．さらに，実際の福島第一原子力発電所で危機対応の活動に従事した経験者を共同研究者として，当該事故経験をどのように安全の実態論につなげるかという課題についても検討を進めた(吉澤他 2014; Yoshizawa, Oba, Kitamura 2015)．

これらの内容の詳細を記すことは本稿の趣旨を超えるが，その要点は以下の2項目である．要点1は，「深層防護による安全確保」という理念を形骸化させないこと，そのためには，理念を具体的に「実装」する方策について，その妥当性，成立性までを，技術者自身が徹底して批判的に見直すことである．そのような批判的視点を持ち続けることを，レジリエンスエンジニアリングの分野

では,「constant sense of uneaseを持つこと」と強調している(Hollnagel, et al. 2011).この立場に立つならば,原子力批判論の立場からの指摘に対しては,提示されている危険シナリオに対して専門家独自の「相場感覚」で「割り切り」(尾内,本堂2013)をするべきではない.指摘された状況に対応して,なにが起こりうるのか,必要な対策はなにか,について積極的に考察すべきである.「市民感覚の正当性」を受け入れること(北村2009)は,大規模システム安全担当者の重要な責務である.

要点2は,今後の原子力のあり方を考える際には,上記とは別の「安全の相場観」が多くのステークホルダー間で共有されることである.巨大な津波の襲来を受けて,1号機から4号機までが大規模な損傷を受けた一方で,同じ敷地に立地する5,6号機が,一系統だけ機能を維持していた非常用ディーゼル発電機を活用して冷温停止に成功している,という事実は「原子力発電所の安全」の把握に際して重要である.電源と水源,それに熱の最終的捨て場が確保できれば,今回経験されたほどの大規模な地震と津波の襲来に際しても,原子力発電所の安全は保てるし,少なくとも今回経験されたような過酷事故は回避できると筆者は考えている.福島事故は,原子力発電所の脆弱さとレジリエント性との双方を可視化したのである(吉澤他2014).現在,原子力規制委員会が提示した審査指針を満たすことを目的として,各発電所に固定式,可搬式の複数の電源や,冷却水源を含む多くのリソースが配備されている.福島事故以前の原子力発電所に比べて過酷事故の起こる可能性は格段に低下していることは間違いないと考える.

原子力専門家の多くは,この認識に賛同するであろう.であれば,安全に懸念を持つ市民に対して上記のような趣旨の説明を,市民に通じる言語表現を用いて真摯に行う活動がもっと積極的になされるべきであろう.そのような努力が十分になされているとは言い難いのが現状である.安全についての説明があいまいなまま,「再稼働なしでは日本の経済は浮揚しない」などのように経済的側面を論点にすることは,健康不安やコミュニティ崩壊に苦しむ多数の方々に思いをいたすなら許されることではない.さらに原子力専門家には,説明努力を尽くしてなお国民の多くが原子力の退場を求めるなら,<u>粛々とそれに従う覚悟も必要</u>と考える.

4.2 STS的な論点に関する問い

以下の文章で,問1は事故前,問2は事故拡大が進展中に筆者が実感していた内容であり,2.および3.の文章中に下線で示した記述に対応している.問3,4は事故の一応の収束後,これからを考えた際の内容である.いずれの問いも,4.1で述べた「実装」の重要性認識と通底していることを強調したい.

問1:信頼から先への不連続的飛躍方策

信頼を得ることは不完全ながらできた,と2.に記した.しかしそこから一歩を進めて社会的なコンセンサス形成に進むに際しては,単なる「真摯な実践」のような枠組みを超えた,方法論的革新を通じての不連続とも言える飛躍が必要である.この飛躍で超えるべきギャップは筆者らの素朴な対話活動など及ばない大きさを有していた.STSの分野ではそれを可能にする有効な方式として,コンセンサス会議や討論型世論調査に代表される,熟議型討議に期待する声もあることは認識している(たとえば,山脇2015).しかし実践に際しては,コンセンサス会議(小林2004; 小林2007),討論型世論調査(曽根他2013)のいずれにおいても,それぞれに多種多様な困難があることもまた詳細に報告されており,その解決の見通しは必ずしも明確ではない.実践と省察の反復を通じて発見的な方策探求を行うべきかもしれないが,その過程は企画・運営担当者にとっても市民参加者に

とっても大きな負担を伴うことであろう．この課題に対するSTS研究からの具体的展望と行動指針は得られているのであろうか．

問2：不確実状況下での専門家としての情報発信のあり方
　3．で記したような状況で，なるだけ多くの方々と意見交換しつつ「現在自分にできる範囲で言えることは発言する」という姿勢を採りつつ，結果としてごく限られた情報に基づいて発信を行ったことは妥当であったのか．この疑問は今も解消していない．リスクコミュニケーションという切り口からは，ステークホルダーの参加や専門家で関与する者の拡大(吉川 2012; 吉澤，中島，本堂 2012)が必要という主張がなされている．その趣旨はよく理解できる．しかし事故直後に必要とされたのは明らかにクライシス・コミュニケーションである．この条件下では関与者を拡大することは時間的な制約もあり，容易ではない．このジレンマを解消する方策に関連して，緊急時対応が業務になっている分野では，Naturalistic Decision Making(Zsambok and Klein 1997)やHigh Reliability Organization (HRO) Theory(Weick and Sutcliffe 2007)などの研究から緊急時リーダーシップに関する専門的知見は存在するが，その指針はSTS的な観点から吟味されている訳ではないと思われる．この課題について援用できる取り組みはなされているのであろうか．

問3：科学技術の安全と「万が一にも」の懸念
「万が一にも事故が起これば これほどの大災厄をもたらすのだから，脱原子力を選ぶのが当然である」という論旨での主張が広い範囲でなされている(たとえば鬼頭 2015)．この主張の立場からは，原子力発電所はできるだけ早い時期に廃炉にする他はないように読める．ここで一点だけ確認しておきたい．この主張の論理的根拠は，「原子力発電所が大事故を起こすことが確認されたから」であろうか．それとも，「事故発生以前から，危険性を主張する意見は存在した」からであろうか．前者であるなら，大事故や悪影響が今までは経験されていない他の科学技術については，事故が起こるまでは受容することになりそうである．後者であるなら，今まで事故が経験されていなくても危険性を主張する意見が存在する技術は，社会から退場してもらうことになるのではないか．発生の可能性は明示せぬままに，非常に大きな事故や災厄が警告されている科学技術は，たとえばサンマイクロシステムズを設立したBill Joyが警告(Joy 2000)したように，遺伝子工学，ナノテクノロジー，ロボット工学などの分野にも存在している．これらの科学技術に対する「万が一にも」を懸念した社会的退場要求もなされるべきなのであろうか．それとも原子力技術には，上記のような警告対象の科学技術とさえ比較にならないほどのリスク(もしくは被害)や倫理的課題が含まれているという認識の上に，退場論が提示されているのだろうか

問4：視野の拡大
　原子力だけに留まらず，科学技術一般にまなざしを向けるべき，という主張は広い範囲で見受けられる．対象領域ごとに，領域固有の課題に対して真摯な対話や共同作業を続けることは貴重な営為であろう．しかし，哲学者・倫理学者今道友信氏の「科学技術の自己規正のないかぎりは，人類は全自然の死滅の方向を促進させている」という危惧(今道 1990)を妥当と考えるならば，個々の科学技術を対象とした取り組みに留まらず，科学技術リスクのリスクに関する俯瞰的な考察(たとえば萱野，神里 2012)に見られるような視野を拡大した考察と実践が必要であろう．
　さらに基本的な問いとして「人間の欲望」の問題をどう考えるか，という課題への取り組みもなされてよいように思われる．ここで「欲望」という表現は誤解を招くかも知れない．STSの専門家

に筆者が考察を願いたいのは，もう少し根源的な意味の「欲望」のことである．文化人類学者川田順造氏は，次のように記している（川田 2010）．

> 開発にともなって、人類文化の多様性は「近代的」物質文明によって画一化されることに、人類学者が基本的に疑問を抱くとしても、当事者が望んでいるとしたら、それを妨げる権利はよそものにはない。同様のことは他の地域でも起こっている。タイの仏法開発の思想が実践されている農村でも、テレビとモーターバイクは、農民がみなほしがるという話も聞いた、そしていったんトランジスターラジオやテレビや、自転車やバイクを知れば、今度は<u>それを持たないことが、貧しく、不幸なこととして自覚されてくる</u>。（下線は筆者）

もしこのような行動パターン＝「欲望」の追求が，人間の本性とも言えるものであるとすれば，これからもおそらくは急速に進展する科学技術に本当にどう向き合っていけばよいのかという問題設定は困難を極めそうである．ビジネスの世界では，この「欲望」の充足を大きな駆動力としてグローバル化が進んでおり，その副作用として先行的に警告されていた諸事象（Giddens 2003）もすでに現実化している．モノのインターネット（Internet of Things：IoT）に向かう流れも急速に具現化しはじめている．筆者の能力はとうてい及ばない課題であるが，個別の科学技術が抱える諸問題と並行して，この種の根源的課題に取り組むこともSTS専門家の役割と感じるのは筆者の思い込みであろうか．

5. おわりに

原子力がフェードアウトの道を辿るにしても，STS的な知見と原子力の専門知は必要であろう．むろんそこでは市民が参加しての「対話」や「認識共有」が前提となる．そしてそのような活動には，企画者・運営者としてSTS系の研究者の参画は欠かせないはずである．そのようなアクティブな取り組みを原子力専門家側は期待してよいのであろうか．さらに4. で記したより根源的なテーマにもSTS研究者には取り組んでいただけると期待してよいのであろうか．すでに警告はされている危険への予防的な対処に際しては，個別の課題に取り組むと同時に，課題をどこまで一般化したレベルでとらえるべきなのか，についても科学・技術・社会の間に生じる相克問題を考える専門家からの論考と行動の指針の教示を願う次第である．

■注

1）本稿で言う「事故拡大進展中」とは,事故発生から各号機が冷温停止に至るまでの期間を指しており，「事故が一応の収束を示した後」とはそれ以降を指している．未だに避難や除染などの対応が必要な現在，事故は継続中という見方があることは承知しているが，再臨界や大規模な放射性物質の放出可能性は格段に低下したという意味で「一応の収束」という表現をしていることを付記する．

■文献

藤垣裕子 2009:「科学者の社会的責任論の系譜(その3)専門誌共同体と社会的責任」,『科学技術社会論学会第9回年次大会予稿集』, 98-101.

Giddens, A. 2003: *Runaway World*, Routledge, New York.
畑村洋太郎，安部誠治，淵上正朗 2013:『福島原発事故はなぜ起こったか 政府事故調核心解説』講談社.
Hollnagel, E., Paries, J., Woods, D. D. and Wreathal, J. (eds.) 2011: *Resilience Engineering in Practice- A Guidebook*, Ashgate Publishing Ltd., Surrey, England.
Hollnagel, E. 2014: *Safety-I and Safety-II - The Past and Future of Safety Management*, Ashgate Publishing Ltd., Surrey, England.
今道友信 1990:『エコエティカ 生圏倫理学入門』講談社.
Joy, W. N. 2000: "Why the future doesn't need us", Wired Magazine, Issue8.04.
萱野稔人，神里達博 2012:『没落する文明』集英社新書.
川田順造 2010:『悲しき熱帯の記憶：レヴィ・ストロースから50年』中公文庫.
北村正晴 2009:「原子力防災と市民の心理」，仁平義明（編）『防災の心理学 ほんとうの安心とは何か』東信堂，47-67.
北村正晴 2011:「福島第一事故からの「学び」」,『日本原子力学会誌』53(6), 406-8.
北村正晴 2012:「原子力安全論理の再構築とレジリエンスベースの安全学」,『日本原子力学会誌』54(11), 721-6.
北村正晴 2013:「理念を実践につなぐ：求められているのは具現化への道筋」,『日本原子力学会誌』55(4), 212-6.
北村正晴 2014:「レジリエンスエンジニアリングが目指す安全Safety-IIとその実現法」,『電子情報通信学会，基礎・境界ソサイエティ Fundamentals Review』8(2), 84-95.
鬼頭秀一 2015:「科学技術の不確実性とその倫理・社会問題」，山脇直司（編）『科学・技術と社会倫理』東大出版会，257-97.
吉川肇子 2013:「リスク・コミュニケーションのあり方」，尾内隆之，調麻佐志（編）『科学者に委ねてはいけないこと』岩波，104-11.（初出は『科学』2012年1月）
小林傳司 2004:『誰が科学技術について考えるのか』名古屋大学出版会.
小林傳司 2007:『トランス・サイエンスの時代』NTT出版.
尾内隆之，本堂毅 2013:「御用学者が作られる理由」，尾内隆之，調麻佐志（編）『科学者に委ねてはいけないこと』岩波，22-30.（初出は『科学』2011年9月）
曽根泰教，柳瀬昇，上木原弘修，島田圭介 2013:『学ぶ、考える、話しあう討論型世論調査：議論の新しい仕組み』ソトコト新書.
Weick, K. E. and Sutcliffe, K. M. 2007: *Managing the Unexpected — Resilient Performance in an Age of Uncertainty*, Second Edition, John Wiley & Sons, Inc.
八木絵香 2009:『対話の場をデザインする：科学技術と社会のあいだをつなぐということ』大阪大学出版会.
山脇直司 2015:「原子力時代における倫理概念の再構築」，山脇直司（編）『科学・技術と社会倫理』東大出版会，215-56.
吉澤厚文，古濱寛，武藤敬子，大場恭子，北村正晴 2014:「福島第一原子力発電所事故をふまえた組織レジリエンスの向上(I)：Respondingの構造分析について」,『日本機械学会2014年度年次大会予稿集』, G2010102.
Yoshizawa, A., Oba, K. and Kitamura, M. 2015: "Experiences in Fukushima Dai-ichi Nuclear Power Plant in Light of Resilience Engineering", Paper presented at 6th Resilience Engineering Association's International Symposium, Lisbon, 22-25 June 2015.
吉澤剛，中島貴子，本堂毅 2013:「科学技術の不定性と社会的意思決定」，尾内隆之，調麻佐志（編）『科学者に委ねてはいけないこと』岩波，93-100.（初出は『科学』2012年7月）
Zsambok, C. E. and Klein G. 1997: *Naturalistic Decision Making*, Lawrence Erlbaum Associates, Publishers, New Jersey.

Inquiry from a Nuclear Researcher to STS Community

KITAMURA Masaharu*

Abstract

Issues to be considered from a viewpoint of nuclear engineering discipline, and issues to be considered from a perspective of STS discipline as well, are discussed on the basis of reflection of the Fukushima nuclear accident. From field experiences of public dialogue conducted prior to the Fukushima accidents, necessity of developing an efficient method to proceed from mutual trust building to social consensus formation has been identified as a key issue to be pursued. From attempts to provide messages of situation assessment during the accident, collaborative information collection and compilation conducted by multiple assessors with different background has been recognized as an effective approach toward trustable information provision. Post-accident activities have been carried out toward enhancing safety of nuclear facilities by applying a methodology called resilience engineering. A compact introduction of the methodology is provided. As for issues related to STS discipline, several inquiries have been mentioned concerning difficulties experienced by practitioners with engineering background. The central proposal in this paper for engineers and for STS specialists as well is that further efforts should be made to facilitate practical implementation of seemingly promising ideas and concepts.

Keywords: Public dialogue, Expertise of nuclear engineering, STS community, Multidisciplinary collaboration

---

Received: September 3, 2015; Accepted in final form: February 20, 2016
*Emeritus Professor, Tohoku University Research Institute for Technology Management Strategy (TeMS) Co.Ltd. President; 6-6-40-403 Aoba Aza, Aramaki Aoba-ku Sendai Miyagi, 980-8579; Phone & Fax +81-22-393-4884; kitamura@temst.jp

総説

不確かであっても安全が保たれているということ

山口　彰*

1. 不確かであること

　ものごとが不確かであると認識することは，原子力安全に関する意思決定に求められる要件である．不確かであるとは，未だ知らないことがあるかもしれないし，既知と考えていることでも誤解があるかもしれないということである．そうであるにもかかわらず安全が保たれるのかが問われている．
　東日本大震災と福島第一原子力発電所の事故から4年以上が経過した平成27年8月に，新しい規制基準のもとで川内原子力発電所が再稼働した．規制基準への適合性が示された最初の原子力発電所である．その3ヶ月前の平成27年4月に，福井地裁は高浜原子力発電所の原子炉を運転してはならないとの判断を示した．その理由は，「基準地震動を超える地震はあってはならないはずである」，「基準地震動はその実績のみならず理論面でも信頼性を失っている」，「基準地震動を超える地震が到来すれば，（中略）炉心損傷に至る危険が認められる」，「基準地震動未満の地震によっても炉心損傷に至る危険が認められる」などである．この判決は，原子炉の安全設計や規制基準など，科学についての多くの誤解に拠っており，司法における科学技術の専門性の問題を提起したと言える．その点はおくとして，不確かであることを危険が認められることと認識し，原子力発電のように不確かとリスクを擁する技術の利用は回避すべきという判断がなされたことになる．不確かという科学技術の問題とリスク管理の関係の考察のもとに本来は判断すべきところ，リスク管理には焦点をあてず不確かは対処しようがないものであり回避すべきという論理である．
　エネルギー基本計画（2014年4月）は，"原子力をエネルギー需給構造の安定性に寄与する重要なベースロード電源"と位置づけた上で"原子力発電への依存度については確保していく規模を見極める"とした．それを受けて，長期エネルギー需給見通し（2015年7月）は，原子力発電の割合を20から22％とした．"安全性を全てに優先させ，国民の懸念の解消に全力を挙げる前提"として原子力を利用する，いわゆる3E+S政策（Energy Security, Economy, EnvironmentそれにSafetyから3E+Sと呼ばれる）である．はたして，原子力安全は保たれるのか．経済産業省の総合資源エネルギー調査会の下に設置された原子力の自主的安全向上ワーキンググループ（2014）は，平成26年5月に原子力の自主的・継続的な安全性向上に向けた提言をとりまとめた．提言は以下のように

2015年8月19日受付　2016年2月20日掲載決定
*東京大学大学院教授，yamaguchi@n.t.u-tokyo.ac.jp

述べている．"リスクガバナンスの枠組みは，国家的危機一般に対する我が国全体としてのリスクマネジメントのあり方を検討していく上でも同様に有効であることが共通認識になった．然るべきリスクガバナンスの枠組みを危機管理に当てはめれば，危機管理に関係する規制当局を含む政府，地方自治体，原子力事業者等の各主体が，相互の適切なリスクコミュニケーションの下で，危機に対して各々が備えておくべき核心的能力を見定め，未知のリスクに対するレジリエンスの向上を追求する形でのしかるべきリスクマネジメントを実践することが可能になる"．提言は，リスク管理は可能になると結論した．

二つの考え方の拠って立つ所の違いが際立っている．リスク回避戦略と，リスク管理戦略である．いうまでもなく，前者は福井地裁の判決に見られ，後者は自主的安全向上ワーキンググループの提言に見られる姿勢である．ひとつの技術を見つめている限りは，リスク回避戦略は最善に見えるかもしれない．しかし，ひとたび視野を広げれば複数の課題間の相互矛盾が顕在し，不確かな問題は実は全体最適を求めるべき問題であるということに気がつく．一方，リスク管理戦略は不確かであるものを受け入れることを意味するから，そのリスクに果たして対処できるのかという不安がつきまとう．エネルギーの問題はこの類である．

2. 不確かさ――Unknownとリスクの管理

安全に関するさまざまなことがらには不確かさが在ると認識すれば，重要な判断をするときには謙虚でありたい．リスク活用判断(Risk-informed decision)では，「知らない」，ということを努めて認識しておかなければ，不確かさゆえに確率の罠(低頻度高影響事象など)に陥りやすい．適切なリスク活用判断は，不確かさをどのように理解し，いかに向き合うかにかかっている．つまり，リスクマネジメント(適切なリスク管理)である．

不確かさは，偶然に関係する不確かさ(aleatory uncertaintyあるいはstochastic uncertainty)と認識に関係する不確かさ(epistemic uncertaintyあるいはstate-of-knowledge uncertainty)に分類される．確率論的リスク評価では，認識に関係する不確かさをパラメータの不確かさ，モデルの不確かさ，完全性の不確かさに分類している(USNRC, 2009)．ここでは，不確かさに備えるという観点から認識に関係する不確かさをリスク要因についての知識と認識によって分類する．図1に知識

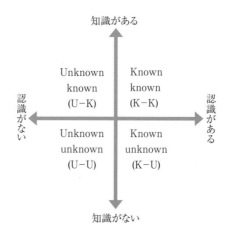

図1　知識と認識による不確かさの分類

と認識で分類した4つの状態を示す．リスク要因の認識の度合いに応じて対処方針が決まり，リスク要因に対する知識の程度に応じて対処内容が決まると考えられる．

　リスク評価は，不確かさを明示的にかつ定量的に示す．こうして得られた知識と認識に関する不確かさに応じて対処の方法も変わってくるであろう．安全問題について判断をするときはさまざまな状況がある．たとえば，(1)良く理解しており，高い確信度を持って判断できる，(2)ある判断でよいと思っているが確証はない，(3)その現象は，必ずしも否定はできないにしても起こりそうにないと考えている，(4)良くわかっておらず，不確かを理解し低減するためにはさらなる調査が必要であろう，などである．

　図1のように知識と認識に関して二軸で整理すれば，それぞれの状況への対処の要諦を簡潔に明示することができる．(1)は，Known-known(K-K)の例である．知識も認識も十分にある事象のリスク管理は確実でなければならない．またそのような事象についてはリスクに関する知識を高めるべく努力がなされる(認知度を高める)はずである．したがって，リスクの特性と不確かさを明示的かつ定量的に特性化できるので適切な判断がなされる．(2)は，Known-unknown(K-U)の場合である．その重要性は認識されているが，特性が十分に理解されていないリスク要因である．知識が不十分か，適した定量化手法がないためにリスクと不確かさの定量化は容易ではない．(3)は，Unknown-known(U-K)の例である．ある程度の知識はあり定量化が可能であるにもかかわらず重要性の認識が不十分であるため対処を先送りするなどである．(4)はUnknown-unknown(U-U)であり，認識にも知識にも乏しい．重要性が広く知られていないので理解度も低く，知識や経験の欠如によりリスクと不確かの定量化は極めて困難であるか不可能である．

　以上の考察から，知識が乏しい場合にはデータや手法が不十分であるため不確かさの定量化は困難である．その一方で，リスク管理を実施するには不確かさが定量化されていなければならない．この矛盾をどう解決するか，不確かを定量化するとはどのような意味かを次に考えてみたい．

　定量(quantity)とは，"fact of being measurable[1]"である．ウィリアム・トムソン(初代ケルビン卿)は，"科学を学ぶにまず大切なことは，対象とする問題の特性を測定する数値評価と実践的方法の一般則を見出すことである．その問題について論述するとき，測定して数値で表現できるならばものごとがわかっていると言える．そうでなければ知識は中途半端でそれは科学と呼ぶに値しない［PLA, vol. 1, "Electrical Units of Measurement," 1883-05-03］"と述べる．つまり，測定できること(measurable)が大切である．ここで，"測定"を，統計データが揃っていることと単純に解釈してはならない．不確かさを扱う科学では，利用可能であるエビデンス全体を総合的に判断してわかっていること(Known)とわかっていないこと(Unknown)を明らかにすることが不確かさを測定するということである．リスクの定量化とは，知識・知見の程度と不確かさを測定することであり，リスク要因に関する認知度を高める科学である．客観的なデータが少なければリスクの定量化はより困難な作業になるが，不可能ではない．ベイズ統計科学などの手法も用意されている．

　もう一度，リスク管理の目的に立ち戻る．それは，より良い意思決定をするために，リスクを評価し最適化するとともに未知のリスクに対するレジリエンスを向上させることである．その結果，知識・知見の現状をリスクによって表現し，わかっていないことを理解することができる．リスク評価は利用可能なエビデンスを存分に活用して行われるべき作業である．

　さて，リスクと不確かに直面する分野は原子力だけにとどまらない．どちらかといえば，原子力分野に比べて不確かについてそれほど調べられていない，あるいは知る努力がなされていない分野の方が多いかもしれない．リスクの認識の低さゆえ，ときに大きな脅威をもたらしうることになる．一般論として，不確かさをどのように考え対処するかは，リスク管理戦略(リスク・ニュートラル)

かリスク回避戦略(リスク・アバース)のいずれを志向するかによる．知識・知見が不完全であっても，その状態と不確かが測定され重要性が認識されていれば，重大事故時にもその影響を緩和できる可能性が格段に高まることは東日本大震災の経験(原子力安全推進協会, 2012a, 2012b)から示される．リスク認知度が高く，レジリエンスが備わった状態と言える．

リスクと不確かさを何によって測定すればよいのか．Kaplanら(1981)によるリスクトリプレットが参考になる．リスクトリプレットは次の三つの問いかけである．

① What can go wrong?：シナリオ
② How likely is that to happen?：起こりやすさ
③ What are the consequences If it does happen?：影響の度合い

リスクは，必ずしも「ある事象の発生頻度×影響度」ではない．リスクの定量化とは，意思決定とコミュニケーションに使えるような形でリスクトリプレットとして示すことであり，数字で表現しても定性的な記述でもよい．

リスクの定量化は，透明性ある方法，つまり科学的方法によらなければならない．それはリスク評価手法である．リスクはエビデンス全体を総合的に判断して評価されると述べた．Garrick(2008)は，観測(observation)，知性(intelligence)，一般的な経験(general experience)，特別な調査(special investigation)，専門家判断(expert judgment)がエビデンスであると云う．観測されたデータがエビデンスであると考えがちだが，それはエビデンスの一部に過ぎない．リスク評価手法とエビデンスにより，直接的に経験したことだけでなく稀にしか経験しないか未経験の事象に関するリスクを推定することができる．

不確かさについてエビデンスを補強する方法として感度解析がある．さまざまな仮定や判断がリスクに及ぼす影響を把握する感度解析は新しい観測事実を示すものではないが，わからないことに関するエビデンスを与える．リスク評価の一種であるストレステストは，特定のシナリオに限定してシステムの弱点やリスクの様相，つまりシナリオが転換する条件(クリフエッジと呼ばれる)を示し，影響緩和戦略の有効性判断に有用な，わからないことに関するエビデンスを示す．

3. リスク管理と深層防護

リスク管理により，原子力の安全はどのように保たれ不確かさに備えているかを考える．図2に，リスク管理の観点から原子力の安全を分析して示す．リスク管理はリスクガバナンスの一要素である．そのほか，リスクのプレアセスメント，リスク評価，リスクの特徴付け／判断より構成される．原子力発電所の安全設計と関連付ければ，プレアセスメントは適切な設計基準により重大事故を防止することに相当する．安全設計の有効性についてリスク評価がなされる．その結果，リスクの観点から重要と判断されるシナリオについてはリスク管理の手段が取られる．重要でないと判断されるシナリオは残留リスクと理解する．その判断は，リスク管理者の安全確保活動の深さと広さを定める目安であり，同時に絶え間ない社会との対話にもとづき定められる安全目標を参照しつつ総合的になされる．残留リスクとみなされたシナリオについても放置するわけではなく，緊急計画や訓練を用意した上で新知見と運転経験を精査しながら継続的な安全向上に意を尽くす．

設計基準による重大事故防止はK-Kの領域である．リスク評価によりリスク管理されるシナリオはK-Uである．また，残留リスクとみなされるシナリオはU-Kである．リスク評価とは想定したシ

ステムと脅威に対してリスクトリプレットを分析する科学であるので，U-Uのシナリオが残されているかもしれない．これは，知識・知見の不完全によってもたらされるものである．そこで，新知見や運転経験に最新の注意を払い，分析能力と認知度を高めることが求められる．重大事故の発生防止，シビアアクシデントマネジメント，緊急時計画と対応という，深層防護の三つの層に相当する対処がそれぞれ，K-K，K-U，U-Kに対応していると解釈できる．4種類の不確かの特性とリスクと不確かさの考え方を表1に示した．

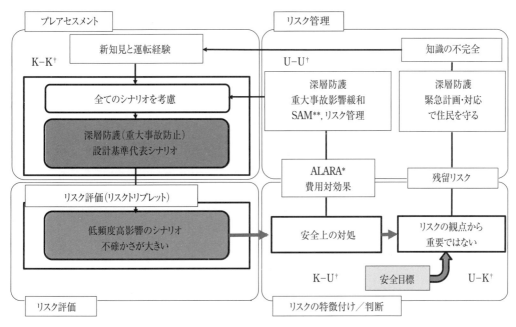

*ALARA: As Low As Reasonably Achievable
**SAM: Severe Accident Management
†K-K, K-U, U-K, U-U は表1に示す

図2　リスク管理と深層防護

表1　認識と知識の不足への対応

	認識	知識	リスクの考え方	不確かさへの対処
Unknown Unknown	−	−	不確かの同定と認知度向上	新知見と運転経験の反映
Unknown Known	−	○	残留リスク	深層防護(緊急計画・対応)
Known Unknown	○	−	最適化すべきリスク	深層防護(リスク管理)
Known Known	○	○	確実な対策と有効性評価	設計基準体系の構築

4. 不確かさへの対処の事例

東京電力福島第一原子力発電所では津波高さの想定の問題が議論されている．津波に対する東京電力の取り組みの経緯(2013)を，以下に簡単に述べる．運転開始当初は既往最大津波としてチリ

津波(3.1m)が参照された．2002年には日本土木学会の「原子力発電所の津波評価技術」により5.4〜5.7mと見直されたが福島県沖の津波源を想定はしなかった．同年，地震調査研究推進本部が三陸沖北部から房総沖の日本海溝沿いのどこでもM8.2級の地震が発生する可能性があるとの見解を公表したことを受けて，確率論による評価を検討したが，不確かさが大きく適用には至らなかった．2004年にスマトラ島沖地震による津波でインドのマドラス発電所に浸水する．2006年には関係者は溢水勉強会に参加し，ストレステストに近い検討を行ったが，土木学会の評価は十分な保守性を備えていると考えた．2008年に福島県沖に津波源を想定した試評価を行った結果，15.7mの津波高さとなった．防護対策の費用などを検討した上で，その技術的妥当性を確認するため，想定すべき津波波源モデルの検討を土木学会に依頼する．

以上の経緯から，津波対策を施すための情報，評価結果，経験，知見を東京電力は有していたと考えられる．しかし，直ちに対策を取るべきとは考えなかった．そのため，対策が先送りにされた．対策に万全性と完全性を求めるあまり，重大事故の生み出す公衆リスクを抑制するという安全の本質と不確かであることを忘れ，具体的な対処をすることなく東日本大震災の日を迎えた．つまり，対策をするに十分な知識は蓄積されるも，リスクトリプレットの観点からの重要度と必要性の認識が組織として共有されなかった．知識が徐々に蓄積されていっても不確かであることの認識がなければ対策が取れない．U-Kに相当すると考える．

新しい規制基準では，竜巻や森林火災を考慮することになった．リスク要因として明示的に認識されたわけである．しかし，それが及ぼす影響や事象進展，発生頻度などのリスクは定量化されていない．現時点では，安全余裕を十分に確保した対策がとられている．取られている対策の有効性については評価する必要があり，その他の重大事故対策などと調和を保ちながら，リスク最適化を図る必要があろう．これはK-Uの事例である．多くの場合，K-Uに関する認識は，国内外の運転経験や他産業などからの知見によってもたらされる．リスク源として認識されたが対策を実施しないと判断する場合には，いつまでに実施するか，そのことによるリスク増加はいくらか，補償措置をとるのかなどを分析・検討し，取られた方針の合理性が説明されなければならない．当然，論理的に合理性が認められればそれは許容される．一例を示すと，規制委員会は，特定重大事故対処施設の設置に5年の猶予を設けた．充実したシビアアクシデント対策，とりわけ可搬型設備や物理的分離による独立性・多様性強化，敷地内と敷地外からの支援などの対策を講じたことにより，特定重大事故対処施設の機能を補っていることとリスクは低い水準に抑制されていることが判断の理由と考えられる．

2001年9月11日に米国で同時多発テロ事件が発生し，世界貿易センタービルにハイジャックされた航空機2機が激突し，大規模な火災・爆発に至った．原子力発電所の安全設計においてこうした事態をあらかじめ想定しておくことは困難であろうが，米国は，大規模火災・爆発によるサイト喪失の対策として，内部設備と外部からの対策を組み合わせて炉心と格納容器，及び燃料プールの冷却を確保するという戦略を構築した．B.5.bとして知られるところである(東京電力，2012)．設計基準を超える事象としては米国規制委員会が例外的に要求した措置である．これは，U-Uであっても原子力安全を阻害するかもしれないテロリズムなどの経験とその分析に敏感であることにより，U-UをK-Uに転じた事例である．U-Uへの対応の成否は，運転経験と新知見の深い理解によるリスク抑制の継続，つまりリスクに取り組む風土の醸成につきる．原子力安全の歴史で多くの設計改善や規制要求の見直しがなされてきたことは，U-Uに対する取り組みの成果である．これを継続的安全向上という．

設計基準として体系化されているものはK-Kであるが，設計基準事象の必要性と十分性は定期的

に見直しがなされなければならない．米国原子力規制委員会は，全電源喪失やスクラム失敗事象を設計基準外と位置付け，設計基準事象そのものを見直すことなしにいわゆるパッチワーク規制を行ってきたことの反省を述べている（USNRC, 2011）．我が国は，設計基準事象を見直すことに対しては，外部に対する説明の整合性やバックフィットによる稼働率低下などの，安全を保つこととは別の理由による強い抵抗感をもったことを反省する必要がある．

5. 深層防護と自主的安全向上――リスクの管理目標と不確かへの備え

安全が保たれているということは不確かであることと背中合わせである．しばしば，許容できる安全の水準を決めてほしい，そうでなければどこまで対策をとればよいのか決められないという声を聞く．ゼロリスク願望が幻想であることは，今や異論をはさむ人はいないだろう．プラントの安全性は完全でなく不確かがあることを認めることが自主的安全向上の第一歩である．リスクガバナンスは，安全を維持するためのリスク管理が継続的に自主的に機能する枠組みのことである．そして，国際的にも共有される概念である「深層防護」は不確かに備えるための安全の論理である．

原子力規制委員会の定めた新規制基準は，原子力発電所の備えるべき性能として，①炉心損傷の防止，②重大な炉心損傷への進展防止，③格納容器の損傷防止，④大規模な放射性物質の放出・拡散防止，の4項を設定した．原子力規制委員会は，深層防護を新規制基準の基本とすると述べている．深層防護は，防止と緩和の適切な組み合わせ，すなわち，性能目標を達成するための対策（防止）とそれに失敗した時の影響に対する備え（緩和）である．緩和対策が必要な理由は，万全と考えた防止対策は完全ではないからである．そして緩和方策は次層の防止対策へと繋がることによって各層は互いに連携する．

4つの性能要求に「設計基準事象の発生防止」を加えて安全目標を達成するための深層防護と安全対策（図3）を描いた．設計基準事象の発生防止は，設計基準に課された性能目標である．安全目標を達成するために複数の性能目標をおく理由は，より具体的な下位目標があった方が安全目標の達成度を評価するともに改善をする方策を見出しやすいからである．層の数を増やせばより安全になると誤解されることがある．深層防護は，目標を達成するための防止戦略と緩和戦略の適切な組み合わせであって，層の数は問題ではない．安全目標を達成するために，性能目標をどのように構築・設定するかが層の数に相当する．

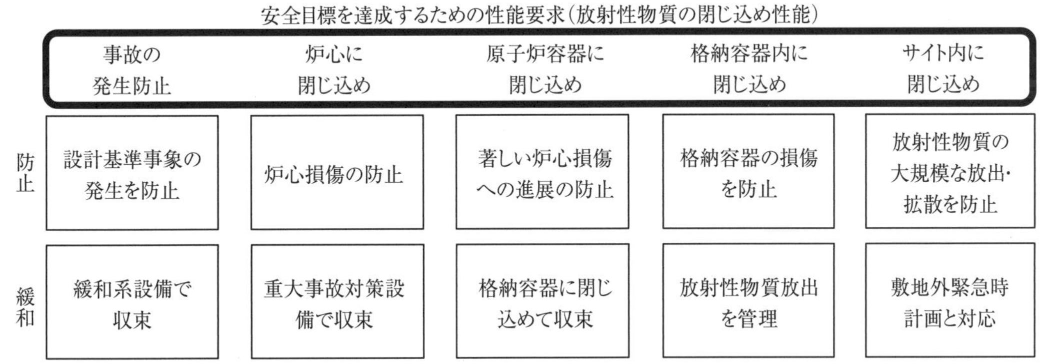

	安全目標を達成するための性能要求（放射性物質の閉じ込め性能）				
	事故の発生防止	炉心に閉じ込め	原子炉容器に閉じ込め	格納容器内に閉じ込め	サイト内に閉じ込め
防止	設計基準事象の発生を防止	炉心損傷の防止	著しい炉心損傷への進展の防止	格納容器の損傷を防止	放射性物質の大規模な放出・拡散を防止
緩和	緩和系設備で収束	重大事故対策設備で収束	格納容器に閉じ込めて収束	放射性物質放出を管理	敷地外緊急時計画と対応

図3　安全目標を達成するための深層防護と安全対策

自主的安全向上の本質は，不確かさの特性化と定量化である．適切な性能目標とリスク評価により，リスクを管理しつつ不確かさを調べ，吟味し，不確かさの特性に応じて認識と知識を向上させる．リスクの定量化により性能目標の達成度合いを調べ，残留リスクが許容できる程度に抑制されていること，さらなる設備や手順の追加の必要性，実効的で現実的な対策の選択，プラントの安全状態の判断を行い，それらを社会に対して説明する．深層防護はこうした不確かさに備える考え方である．性能要求は互いに独立な防止対策と緩和対策の適切な組み合わせで達成される．緩和対策は防止対策の不確かさを補うべく実効的で現実的でなければならない．すべての性能要求に対してこの考え方を適用し，各層が連続的につながった深層防護が構築され，安全の目標が達成される．安全を保つ上での安全目標と性能目標の意義や，定めるべき性能要求は何かといった議論は，我が国に欠けているのではないか．原子力規制委員会は，特に重大事故に関して性能目標をきめこまかく考えよと求めたと理解している．

　電気事業者の自主的安全向上活動と原子力規制委員会の規制活動は，不確かに備えるリスク管理の枠組みを構成する．原子力安全の目的をより確実にするために，複数の性能要求を適切に定めるとともに，防止戦略と緩和戦略を組み合わせて不確かに備える深層防護の考え方が基本となる．この枠組みのもとで関係者が安全を保つ努力を不断に重ねていることを，国民に知っていただかなければならない．不確かであっても安全が保たれているのは，これらを実践するリスク管理戦略に支えられているからであり，これには関係者の安全文化とリスク文化が欠かせない．

■注

1）Longman Dictionary of Contemporary English, New Edition

■文献

経済産業省 2014: 原子力の自主的・継続的な安全性向上に向けた提言，総合資源エネルギー調査会 原子力の自主的安全性向上に関するワーキンググループ，平成26年5月30日，pp. 39-40.

USNRC 2009: Guidance on the Treatment of Uncertainties Associated with PRAs in Risk-Informed Decision Making — Main Report, NUREG-1855, Volume 1

原子力安全推進協会 2012a: 東京電力（株）福島第二原子力発電所東北地方太平洋沖地震及び津波に対する対応状況の調査及び抽出される教訓について

原子力安全推進協会 2012b: 女川原子力発電所及び東海第二発電所東北地方太平洋沖地震及び津波に対する対応状況について

S. Kaplan and B. J. Garrick 1981: On The Quantitative Definition of Risk, Risk Analysis.

B. J. Garrick 2008: Quantifying and Controlling Catastrophic Risks, Elsevier.

東京電力株式会社 2013: 福島原子力事故の総括及び原子力安全改革プラン，2013年3月29日

東京電力株式会社 2012: B. 5. bはどうしたら知り得たか？，第2回原子力改革監視委員会配付資料，2012年12月14日

USNRC 2011: Recommendation for enhancing reactor safety in the 21st century.

Ensuring Safety with Intrinsic Uncertainties and Unknowns

YAMAGUCHI Akira*

Abstract

Perception of uncertainties and unknowns is the basis for rationale decision-making regarding the nuclear safety. They imply that there may be a lack of knowledge and/or misunderstanding about issues concerned. Control of the uncertainties and unknowns depends on the performance of risk management. Risk governance is a framework to sustain the voluntary risk management process continuously for ensuring safety through time. Defense-in-depth is a philosophy of ensuring safety to prepare for uncertainties and unknowns by an appropriate pairing of prevention strategy and mitigation strategy. Ceaseless efforts and activities for nuclear safety under the risk governance framework are to be delivered to public through communication and dialogue. The risk management strategy supported by the safety and risk culture is a key element of ensuring safety that cannot be separated from uncertainties and unknowns.

Keywords: Rational decision-making, Nuclear safety, Uncertainty, Unknown, Risk management

Received: August 19, 2015; Accepted in final form: February 20, 2016
*Professor, Graduate School of Engineering University of Tokyo; yamaguchi@n.t.u-tokyo.ac.jp

総説

原子力技術者は倫理を持ち得るか
技術士「原子力・放射線部門」の10年

桑江　良明*

1. はじめに

　他律的規範である「法」はその性格上"後追い"とならざるを得ず，日々進展する科学技術による事故を未然に防ぐためには，技術に携わる者に自律的規範である「倫理」が備わっていなければならない．これが技術者倫理の必要性についてのシンプルで分かりやすい説明の一つである．
　原子力技術の場合，その潜在的リスクの大きさ故に倫理要求の度合いも増し，リスクが顕在化(すなわち事故が発生)すれば，他から指摘されるまでもなく「倫理欠如」を技術者自らが認めなければならない．そしてさらに拡大する倫理要求に真摯に応えていくことこそが信頼回復と技術存続の必須条件とも言える．
　2004年，技術士法に基づく技術士資格に「原子力・放射線部門」が新設され，翌2005年6月，日本技術士会に原子力・放射線部会が設立されてから10年余りが経過した．この間に，我われは東日本大震災とそれに伴う東京電力株式会社福島第一原子力発電所事故(以下「1F事故」)を経験した．「倫理」を掲げ「自律」を旨として誕生した原子力・放射線部門の技術士は，何を考えどう行動したのか．そして産官学を含む原子力界はそれにどのような反応を示したのか．このことを出来るだけありのままに示すことにより，読者諸氏が表題の問いについて考える際の素材を提供する．

2. そもそも「技術士」とは[1]

　技術士制度そのものの創設は古く1957年の技術士法制定からすでに60年近い歴史がある．また，建設，機械，電気電子など21ある技術部門は広く科学技術全般を網羅している．
　技術士は技術士法に基づく国家資格であるが，医師や弁護士のように，資格がなければ特定の業務ができないという「業務独占資格」ではない．また，電気事業法や原子炉等規制法[2]に見られる主任技術者のように，特定の施設に選任が義務付けられる「法定必置資格」でもない．技術士資格を取得すると「技術士」という名称を独占的に使用できるという「名称独占資格」である(部門によっては所管省庁の法令により，業務と連動した資格として活用されている例もある)．

2015年8月26日受付　2016年2月20日掲載決定
* 公益社団法人日本技術士会理事，〒105-0001 東京都港区虎ノ門4-1-20 田中山ビル8階，TEL(03)3459-1331 / FAX(03)3459-1338

技術士法は「科学技術の発展と国民経済に資すること」(技術士法第1条)を目的とし，技術士に対して「高等の専門的応用能力」(同第2条，第6条)のみならず「公益確保の責務」や「資質の向上の責務」を含む5つの義務・責務を課す(同第44条～第47条の2)．技術士が技術的応用能力に加えて職業倫理(技術者倫理)を有するとされる所以である．

　これに対し，技術士法上，技術士に与えられる権利は，唯一，「技術士」を名乗ることが出来るということのみである．実にストイックな資格であると言える．

　それでは，なぜこのような資格が原子力・放射線分野に必要とされたのだろうか．

3. 技術士「原子力・放射線部門」の誕生とその後

　原子力の分野では従来から原子炉主任技術者，核燃料取扱主任者，放射線取扱主任者等の規制法上の必置資格があり一定の役割を果たしてきた．一方，2004年，日本原子力学会からの要望に端を発し，米国等のPE(Professional Engineer)制度を模した我が国の技術士制度に21番目の技術部門として「原子力・放射線部門」が新設された．同部門の設置は，JCO臨界事故(1999年)，東電シュラウドデータ改ざん問題(2002年)等，当時の原子力関連のトラブルや不祥事の発生を受け，原子力技術に対する社会的信頼回復を主目的としたものである．

　同部門の新設を検討した文部科学省／科学技術・学術審議会の答申[3](2003年6月)には「(近年の原子力関連のトラブル，不祥事の発生を踏まえ)技術者一人一人が組織の論理に埋没せず，常に社会や技術のあるべき姿を認識し，意識や技術を常に向上させる仕組みが必要である」そして，「社会から信頼される個人としての技術者の存在が不可欠である」とある．この「答申」の指摘は，その後の関西電力株式会社美浜発電所3号機事故(2004年)，経済産業大臣の指示による「発電設備総点検」(2006年) ……そして1F事故を経て，今なお色あせるどころかむしろその重要性を増している．

　筆者がこの「答申」を初めて目にしたのは，原子力発電所の建設準備事務所所長代理として地域住民と直に接する仕事をしていた頃だった．通算6年間の地元対応経験から，地域住民から理解され信頼を得るためには一人の技術者として，それ以前に一人の人間として信頼される必要があると感じていた．そのため，「答申」の言葉が心に響き，正に琴線に触れる思いがした．これが強い動機となり，初年度にこの資格を取得するとともに，以降，日本技術士会原子力・放射線部会で活動してきた．部門新設の経緯から，同様の動機を持つ電力系技術者がこぞって受験し，各組織内には上記趣旨を理解した技術士が溢れ，技術士会活動等を通じて，組織の壁(規制者／被規制者，発注者／受注者等)を越えた健全な技術者コミュニティーが形成されるものと期待を膨らませた．しかし，現実は期待とは程遠く，とりわけ部門設置の端緒となった電気事業者の関心が薄いことが甚だ残念である[4]．

　原子力・放射線の実務の現場において，前項で述べたような特徴を持つ技術士資格が果たして本当に必要なのか？　有効に活用され社会的信頼を得るには技術士自身は何をし，国・業界・学界には何を働き掛ければ良いのか？　技術士自らが自問自答し技術士制度活用策等の提言活動を行ってきた．しかし，残念ながら広く関係者の理解を得るには至らず，インセンティブが働かないこと等から，受験者は個人レベルで制度趣旨を理解し共鳴した者に限られ，未だ原子力界では技術士とその制度に関心が向けられないまま，ほとんど活用が進んでいない．このような状況で2011年3月11日を迎えることになる．

4.「1F事故」と技術士

　技術士「原子力・放射線部門」の有資格者で組織する日本技術士会原子力・放射線部会(以下「部会」)は，部会員の100％近くが原子力関係組織に所属する「組織内技術士」である．そのため，1F事故発生直後から部会員の大多数は各所属組織において直接・間接に事故の早期収束，避難住民支援，汚染状況調査，除染活動，事故や放射線被ばくに関する正確な情報提供等の業務に取り組んでいた．部会としても部会員がそれぞれの立場で職責を全うすることが先ずは最重要と認識していた．
　しかしその一方で，やはり事故直後から部会員間で「(所属組織とは別に)技術士として何か行動を起こすべきではないか」との声が多く上がり，それらの素朴な思いが，不十分ながらも以下のようないくつかの具体的な活動に繋がった(桑江 2012)．

(1)　避難住民の一時帰宅プロジェクトへの参加
(2)　警戒区域内避難対象自治体への支援協力
(3)　都内避難住民対象相談会への協力
(4)　「除染情報プラザ」への専門家としての協力
(5)　原子力・放射線に関する客観的知識の普及

　(1)では，組織に属する技術士が，初めて所属組織を離れて「技術士」の肩書で国のプロジェクトに参加した(写真1)．研究機関，電力会社，メーカー，民間技術協会，大学，病院等に所属する部会員が正に"組織の垣根を越えて"参加した．その一方で，所謂"組織の壁"の具体的な実態も見えてきた．
　(2)では，町全体が20km圏内にあり避難対象となった自治体の「災害復興ビジョン策定委員会」に部会員有志が常時オブザーバー参加し，放射能・放射線に対する誤解から議論が誤った方向に向かわないよう客観的な情報提供とアドバイスに努めた(写真2)．
　(3)では，被災地から東京都内に避難されている方々の不安の声に耳を傾けるため，部会員有志が弁護士，司法書士らとともに継続的に参加している(写真3)．
　(4)では，国と福島県が設置した「除染情報プラザ」の専門家として，部会員有志が地域住民に対する説明会等に継続的に参加している．
　(5)では，事故直後には，一般市民から寄せられる放射線に関する電話質問に答える「福島コールセンター」に部会員有志が参加するとともに，事故発生の翌年から，原子力・放射線に対する世間の急速な関心の高まりに応えるため，一般社会人向け講座(「知の市場」)で，原子力・放射線に関する講座を部会員有志が担当している(写真4)．
　これらの活動を通じて，所属組織としてではなく技術士個人として一般社会に出て，被災者や，「原子力」に対して様々な意見を持つ一般市民と直接接する経験をした．
　しかし，以上のような活動も，被災者が今もなお受けている多大な苦難に比べれば微々たるものに過ぎない．また，技術士会の他部会からは，「起きたことへの後追いの対応であり，本質的な議論を避けているのではないか」，「当事者としての反省が見えず，偽善的行為とも映る」，「技術士でなくても出来ることばかり．もっと技術士に相応しいことがあるのはないか」等の厳しい意見もあった(おそらく一般市民の感覚もこれに近いものだろう)．それでも，事故発生直後にいち早く「何かしなければならない」という意識が部会員間で共有されたことは，一人一人の意識の中に未成熟な

がらも辛うじて技術者としての倫理が存在していたことの表れと言えないだろうか．この点において，単に組織に組み込まれただけの技術者とは明らかに異なる技術士の「倫理意識」に少なからず"可能性"を感じる．

5.「1F事故」に対する技術士の責任

技術士は高度な専門的応用能力と高い職業倫理（技術者倫理）を有するとされる[5]．「技術者倫理」を単に応用倫理学の一分野に止めず，技術者自らが自分自身のこととして捉え行動することの意義は，自らが携わる技術による事故などの負の影響を未然に防ぐことにある．言い換えれば，学者等が客観的立場で説く「言葉の倫理」が，技術者の「行動の倫理」となって初めて「技術者倫理」なるものが意味を持つ．「言葉の倫理」は技術者以外の者も語ることが出来るが，（技術に関する）「行動の倫理」は技術者のみが発揮し得る．だとすれば，1F事故に対して，原子力および放射線の技術に携わってきた技術者，とりわけ「技術者倫理」を標榜してきた原子力・放射線部門の技術士は如何なる責任を負うのか．これに関連して，部会としての見解（部会報の「オピニオン」欄）をまとめる過程で，部会役員間でいくつかの議論があった．完全な認識の一致には至らなかったものの一応以下の表現に落ち着いた．

(1)部会報第9号（2011年7月）

「……東京電力福島第一原子力発電所の事故により避難生活を余儀なくされている皆様方，不安を抱えて日々を送られているさらに多くの皆様方に対しまして，原子力・放射線技術を担ってきた当事者として，ここに痛切なる反省の意を表すと共に，今後でき得る限り様々な形でご支援申し上げることをお約束いたします．……」[6]

ここでは，事故の直接の当事者ではないものの「原子力・放射線技術を担ってきた当事者」として，「謝罪」すべきなのか，「反省」で足りるのか，について議論が交わされた．

(2)部会報第10号（2012年3月）

「……東京電力株式会社福島第一原子力発電所の事故とその後の社会的混乱を未然に防ぐことができなかったことについて，原子力および放射線の技術に携わってきた技術者，とりわけ「技術者

倫理」を標榜してきた我われ原子力・放射線部門の技術士は（個人レベルでの程度の差はあるにせよ）相応の倫理的責任があることを深く認識し猛省しなければならない．……」[7]

一口に「原子力・放射線部門の技術士」と言っても，「原子力」に関わってきたか「放射線」に関わってきたかの違いにより1F事故に対する受け止めは当然異なる．また，所属組織（電力，メーカー，研究機関等）の違いによっても同様である．それらを踏まえたうえで，ここでは，1F事故に対する原子力・放射線部門技術士としての「倫理的責任」について議論が交わされた．

1F事故をめぐる責任論の混迷状態について，高橋（2012）は，事故を起こした直接の当事者を責める風潮がある一方で，恩恵を受けていた皆に責任があるとする風潮があり，前者は「自分には責任はない」という意識を生み，後者は「誰も責任をとらない」こと（「総懺悔論」，「自業自得論」等）に通じると指摘する．また，正しい問題認識のためには，責任の種類（質）と程度を区別して問題を整理することが必要であり，その際，カール・ヤスパース著「責罪論」（Jaspers, K. 1946）が参考になるという．

ヤスパースは，1945年のドイツ敗戦後，ナチス統治下でドイツが犯した「罪」について考察する講義を行い，それをまとめて「責罪論」を著わした．その中で，以下の4つの「罪」がそれぞれの「審判者」とともに示されている．

①「刑法上の罪」（審判者：法に基づく裁判所），②「政治上の罪」（同：戦勝国の権力と意志），③「道徳上の罪」（同：自己の良心），④「形而上の罪」（同：神）．

このうち，①は犯罪当事者の罪であり，②は（程度の差はあるが）政治を支えた国民全体の罪であるとする．さらに，③は自己の良心によって（あるいは「精神的な交流のある仲間との間」で）自覚される罪であり，④は神によってのみ裁かれる罪であるとされる．

これを参考に1F事故について考えると，技術者倫理を意識する者が感じた罪（責任）の意識は，③の「道徳上の罪」に相当するものと言える．

ヤスパースはドイツ国民に向けて以下のように言う．

「罪の問題は他から我われに向けられる問題というよりは，むしろ我われによって我われ自身に向けられる問題である．我われがこの問題に心の底からどのような答えをするかということが，我われの現在の存在意義・自意識の基礎になるのである」そして「この問題を経てこそ，我われに我われの本質性格の根源から発する革新を遂げさせるほどの転換が起こり得るのである」さらに，この問題は「ドイツ魂の死活問題」であるとも言う[8]．

1F事故に対する責任についても同じことが言えそうであり，ここに「技術士魂」あるいは「（原子力）技術者魂」を当てはめて考えることが出来る．

原子力に携わる者が自信と誇りを取り戻し，本当の意味での改革・改善に繋げるためには，関係者一人ひとりが自分の置かれた立場に応じて「自己の良心」に照らして徹底的に反省することが必要なのであり，それを率先して実行出来るのが"倫理意識"の芽生えた技術士なのではないかと思う．

6. 過去の客観的評価と今後の活動方針

過去を客観的に振り返り，目標や期待に対して出来たことと出来なかったことを明らかにし，自分たち自身の足りなかったところを反省することは決して後ろ向きの行為ではない．今後を自信と誇りを持って歩むために必要不可欠な前向きの行為なのである[9]．

このような考え方でまとめたのが，「原子力・放射線部会の過去10年を振り返っての今後10年の活動方針」（2014年6月）である．

6.1 過去10年の活動評価（概要）[10]

過去10年の部会活動を評価するにあたっては，前述の文部科学省「答申」のほか，2007年3月に技術士の意義及び活用策を社会にアピールするために部会名で発行した「期待に応える原子力・放射線部門の技術士」（以下「部会提案」），2008年12月に原子力eye誌が有識者の提言をまとめた特集記事「原子力と技術士―その制度利用の可能性―」（田中ほか2008，以下「有識者提言」）を検討材料とした．それらに述べられた目標，期待の一つ一つが実現出来たのか，出来ていないとすればそれは何故なのかを徹底的に掘り下げた．

この10年，部会では文部科学省「答申」に示された技術士資格の具体的活用例「ア．原子力技術分野の技術者のレベルアップ，イ．事業体における安全管理体制の強化，ウ．原子力システムに関する安全規制への活用，エ．国民とのリスクコミュニケーションの充実」を実現すべく，「①技術士制度活用の具体化，②制度活用に必要な技術士数確保，③継続的研鑽，④内外に向けた広報」を活動の4本柱と位置づけ種々の活動を行ってきた．しかし，「答申」で示された当部門技術士に期待される役割を具体化した「部会提案」及び「有識者提言」の多くは実現していない．その主な原因として各組織の技術士数が少ないこと，組織内外での技術士の認知度が低いこと，部会及び技術士自身の目標管理・努力が不足していること等を挙げた．また，さらにその背景要因として，資格の意義が不明確であること，組織内技術者としての立場，資格の有形的メリットが示せないことなどを挙げた．

一方で，被災者支援や復興支援活動のニーズが生じたこと，社会の原子力に対する関心が高まったことなどにより，技術士個人としての活動や部会の個々の活動では一定の成果を挙げているものもあるとした．

我われは，この間に起きた1F事故により，原子力安全が損なわれた場合の影響が如何に大きいかということ，さらにこのような事故を二度と起こしてはならないということを改めて強く認識した．そして，部会は，この事故の反省・教訓をしっかりと心に留めて活動をしていくことが必要であると総括した．

6.2 今後10年の活動方針（概要）[11]

上記の総括を踏まえ，今後10年に向けた部会活動の基本方針を示すにあたり，活動理念：「部会及び部会員は，原子力・放射線に携わる者のあるべき姿を常に認識し，意識や技術を向上させる活動を行うとともに，原子力・放射線技術に関する社会の理解に貢献する」を掲げた．この活動理念のもと，部会員アンケート調査結果も踏まえ，今後10年に向けた「活動の方向性」として次の3つを掲げた．

(1) 福島第一原発事故を風化させることなく，原子力安全の基盤となる安全文化醸成に資する活動を行う．
(2) 技術士の制度的活用に向けた，技術士に対する理解・認知度向上及び技術士増に向けた活動を行う．
(3) 部会員の技術士活動が効率的に行えるよう必要な支援を行う．

(1)については，部会員が事故の反省と教訓を常に心に留めて原子力安全への高い意識を持ち続けるための活動を行うとともに，組織の垣根を越えて対等な立場で議論が出来るという技術士の特長を活かし，原子力界全体の安全文化醸成に資する活動を行っていく．

(2)については，これまで技術士の制度的活用の具体化を目標として掲げながら実現できなかったことへの反省から，先ずは組織や社会からの理解や認知を得る活動に地道に取り組むこととし，制度的活用はその延長線上にあるものとして位置づけた．

7. 自主的安全性向上と技術士

2014年5月，経済産業大臣の諮問機関：総合資源エネルギー調査会/電力・ガス事業分科会原子力小委員会に設けられた「原子力の自主的安全性向上に関するワーキンググループ」は，約1年に亘る検討結果を(電力会社を中心とした)原子力事業者に対する提言：「原子力の自主的・継続的な安全性向上に向けた提言」[12] (以下「提言」)として公表した．

「提言」は，2012年9月に発足した原子力規制委員会が安全の確保を最優先に世界において最も厳しい規制を追及するとしていることを踏まえたうえで，さらに「規制水準を満たすこと自体が安全を保証するものではない」とし，「原子力事業者が自主的かつ継続的に安全性を向上させていく意思と力を備えることが必要であり，また，これを備えた存在として認識されなければ，国民の原子力事業への信頼も回復しない」としている．そして「これまでの反省と課題」の中で，「政府，事業者，学協会などの我が国の原子力関係者は，規制水準を満たしたうえで積み重ねられた安全の実績により自信過剰になり，自主的かつ継続的な安全性向上の努力を怠ってきた」とし，「安全神話」に囚われていたと指摘した．そのうえで「適切なリスクガバナンスの枠組みの下でのリスクマネジメントの実施」，「低頻度の事象を見逃さない網羅的なリスク評価の実施」，「深層防護の充実を通じた残余のリスクの低減」等の具体的な提言がなされ，さらに「特に求められる姿勢」として「批判的思考や残余のリスクへの想像力等を備えた組織文化の実現」等を挙げている．これに対し，各原子力事業者は，「提言」公表の翌月には「提言」に沿った内容の「今後の取組」を一斉に公表した．

「提言」及びそれに対する「今後の取組」の内容についてここで特に異論を挟むつもりはない．ただ，世界最高水準の規制に加えて「規制基準を満たすことだけでは不十分であり，事業者が自主的かつ継続的に安全性向上の意思と力を備えることが必要」とする要求に応えるためには，事業者としての並々ならぬ覚悟と相当大きなパラダイムシフトを伴うであろうと推測する．また，「自主的かつ継続的な安全性向上の努力を怠ってきた」との指摘が正しいとするならば，それは何故だったのか，についての徹底的な掘り下げが必要なはずである．残念ながら，(1ヵ月足らずで一斉に公表された)各原子力事業者の「今後の取組」の中には，そのように過去を総括した記述はほとんど見当たらない．

「法」とは，人々が順守するよう国家権力によって強制する他律的な規範であり，これに対して「倫理」とは，人々が自主的に順守するよう期待される自律的な規範である(杉本，高城2008)．この定義からすれば，今般，国の審議会が原子力事業者に対して「提言」の形で求めた(期待した)「自主的・継続的安全性の向上」は，正に事業者に「倫理」を求めたことにほかならない．そしてその求め(期待)は，法人としての事業者のみならず，それを構成する個人にも当然及ぶはずであり，また，そうでなければ「提言」に沿った事業者の「今後の取組」も実効的なものとはなり得ない．

個人レベルで「自主的・継続的安全性の向上」を求めることは，技術者に職業倫理(技術者倫理)と継続的研鑽を促すことにより科学技術の健全な発展と公益(一般公衆の安全，国民経済の発展等)を確保しようとする技術士制度の趣旨とほぼ一致する．このように考えてみると，今般の「提言」に対する各原子力事業者の「取組」が今後実効的なものになるかあるいは形だけの表面的なもので終わるかということと，技術士「原子力・放射線部門」の趣旨が関係者に理解され部会の「今後10年の活動方針」の目標が実現するかあるいは再び"道半ば"で終わるかということとは，かな

り強い相関を持つことになる[13].

8. 事業者が「自主性」を取り戻すために

　原子力技術に関する安全性向上とその延長線上にある社会的信頼回復のためには,「事業者の自主性」が重要であることに改めて気づく. 当然ながら, 法人としての事業者の自主性は, それを構成する個人, とりわけ, 実務の現場(シャープエンド)に位置する個々の技術者の自主性が「核」となる.

　原子力の分野ではこれまで, 事故・不祥事が起きる度に法令の部分が拡大され, 規制が強化されてきた. 例えば,「自主検査」が「法定事業者検査」として法律に明示されるようになり(2003年),「品質保証」,「安全文化」が, それぞれ, 国の認可を必要とする保安規定の記載事項とされた(2004年, 2007年). さらに1F事故を受けて制定された新規制基準[14]の中で,「品質保証」と「安全文化」を一体とした「品質管理監督システム」が規制対象として具体的に明示された(2013年). その結果, 実務の現場では規制対応そのものが目的化する傾向にある.

　安全に関する過度な規制介入による弊害については本稿が指摘するまでもなく, 例えば国内ではJCO事故の調査報告書[15], さらに海外では古くは英国産業安全の基本文書である「ローベンス報告」[16]等が指摘している.

　技術士資格への原子力・放射線部門の創設は, 規制強化とは全く対極の視点から, 原子力技術者に誇りを与え自律を促す稀少な制度である. 規制強化の負の側面を補うために, 原子力関係組織内の技術士が果たすべき役割は大きい[17].

9. 終わりに

　伊勢田(2014)によれば, 倫理的判断は自律的でなければならず, 他人の言うことに従うのはそもそも倫理的判断ではない.「自律」の前提条件として「決定の自立」,「精神の自立」があり,「決定の自立」をサポートする物質的な前提が「経済の自立」であるという.

　思うに, 組織に働く技術者にとって「決定の自立」は極めて限定的であり, 巨大総合技術を扱う原子力分野ではよりその傾向が強まる. また, それをサポートするはずの「経済の自立」も組織に属する限り厳密には成り立たない. 唯一「精神の自立」のみが個人の意識次第で可能ではあるが, 精神のみの倫理は空論で終わる. このように考えてみると, 原子力技術者が倫理を持つこと自体がそもそも本人の努力だけでは非常に困難であることが分かる.

　また, 札野(2015)は, ポジティブ心理学に基づく「well-being」に関する考え方を引用しつつ, 技術者が倫理的であることは, 他者の福利に貢献するだけでなく技術者自らの主観的幸福度を高め「より良く生きること」に繋がるとの見解を示した.

　技術士「原子力・放射線部門」の10年は, 残念ながら, 原子力界に技術者倫理を浸透させることの現実的困難性を実証することとなった. しかしその一方で, 1F事故直後から"技術士として倫理的でありたい"と考え行動することにより, 世間の厳しい目に晒されながらも原子力技術者としての精神的なバランスを何とか保ちつつ"自信"と"誇り"を取り戻す僅かな糸口を見出しつつあることから,「倫理」が「より良く生きること」すなわち「well-being」に繋がり得ることを技術士自らの体験を通して実感した.

　冒頭に述べたとおり, 原子力技術者が倫理を持つことは, 信頼回復, 技術存続のためには不可欠

である．個人の努力のみに依存せず，組織が仕組みを作り環境を整えれば，個々の技術者が倫理を持ちそれを組織さらには原子力界全体の安全文化醸成に繋げることは十分可能であると信じる．

　産みの親である国・学界と育ての親となるべき産業界が連携して原子力分野における技術士制度を有効に活用すべきである．そうすることで事業者の自主性が促進され，国の規制との間に適切な均衡が生まれ，真の安全性向上を図ることが可能となる．

■注

1）桑江(2015, 77)より引用．
2）核原料物質，核燃料物質及び原子炉の規制に関する法律．
3）「技術士試験における技術部門の見直しについて（答申）」2003.6 文部科学省 科学技術・学術審議会．
4）原子力関係の技術者は約4万人いると言われるが，平成24年度末までの累計合格者は約420名，その内，電力会社所属は約60名であり合格者の15％にも満たない．
5）「平成27年度 技術士第二次試験申込み案内」公社)日本技術士会技術士試験センター, P.2「はじめに」等参照．
6）公社)日本技術士会原子力・放射線部会 部会報第9号(2011.7), P.5「東京電力福島第一原子力発電所事故を重く受け止めこれに立ち向かう原子力・放射線部門の技術士」より引用(傍点は筆者)．
7）公社)日本技術士会原子力・放射線部会 部会報第10号(2012.3), P.2「『言葉の倫理』と『行動の倫理』―3.11から1年を経て思うこと―」より引用(傍点は筆者)．
8）Jaspers, K.(1946)の邦訳(橋本1998)より引用．
9）公社)日本技術士会原子力・放射線部会「原子力・放射線部会の過去10年を振り返っての今後10年の活動方針」(2014.6), P.2「反省することの意義―序にかえて―」より引用．
10), 11）桑江(2015, 78)より引用．
12）「原子力の自主的・継続的な安全性向上に向けた提言」2014.5.30 総合資源エネルギー調査会 電力・ガス事業分科会原子力小委員会 原子力の自主的安全性向上に関するワーキンググループ．
13）桑江(2014, 6)より引用．
14）実用発電用原子炉に係る発電用原子炉設置者の設計及び工事に係る品質管理の方法及びその検査のための組織の技術基準に関する規則(2013年7月8日施行)．
15）「ウラン加工工場臨界事故調査委員会報告の概要」1999.12.24 原子力安全委員会，「Ⅷ．事故調査委員会委員長所感(結言にかえて)」．
16）「ローベンス報告」は，1972年に公表され，2年後の英国労働安全衛生法に反映されるとともに，その後の自主的安全活動，労働安全衛生マネジメントシステム等の源流になったと言われている．邦訳は小木ほか(1996)．
17）桑江(2010, 7)より引用．

■文献

札野順 2015:『新しい時代の技術者倫理』放送大学教育振興会
伊勢田哲治 2014:「技術者の自立と自律―専門職研究の観点から―」『電気学会研究会資料』一社)電気学会教育フロンティア研究会，FIE-14-29
Jaspers, K. 1946: *Die Schuldfrage*；橋本文夫訳『戦争の罪を問う』平凡社ライブラリー，1998
桑江良明 2010:「真の安全文化醸成に向けて―原子力分野の技術士が果たすべき役割―」『公社)日本技術士会 第7回技術者倫理研究事例発表大会予稿集(2010年9月)』，5-8
桑江良明 2012:「福島における原子力・放射線部会の活動」『技術士』24(1)，24-5
桑江良明 2014:「自主的安全性向上と技術士」『平成26年度電気学会倫理委員会特別企画「Professional

Ethics—決定の自立—」講演要旨(2014 年 12 月)』, 6

桑江良明 2015:「日本技術士会原子力・放射線部会の活動」『日本原子力学会誌』57(3), 77-8

ローベンス, H. 1996: 小木和孝, 藤野昭宏, 加地浩訳『労働における安全と保健』労働科学研究所;Robens, L. *Safety and Health at Work*, Report of the Committee 1970-72,

杉本泰治, 高城重厚 2008:『大学講義 技術者の倫理入門(第 4 版)』, 丸善

高橋哲哉 2012:「犠牲のシステム—責任をめぐる一考察—」『福島原発で何が起きたか—安全神話の崩壊』, 岩波書店, 82-8

田中俊一, 成合英樹, 班目春樹, 服部拓也, 北村正晴, 藤江孝夫 2008:「原子力と技術士—その制度利用の可能性」『原子力 eye』54(12), 4-23

Possibility of Engineering Ethics in the Nuclear Field

KUWAE Yoshiaki*

Abstract

In 2004, a new technical discipline, "Nuclear & Radiation", was established in P. E. Jp (Professional Engineer, Japan) system mainly in order to restore social trust for nuclear technology. More than ten years have passed since that time. During this period, Fukushima Daiichi nuclear power plant accident occurred on March 11, 2011.

In 2014, Nuclear & Radiation Group of IPEJ (The Institution of Professional Engineer, Japan) celebrated its 10th anniversary and decided on its policy of the next ten years. The author will report on the past ten years activity of Nuclear & Radiation Group as it is, and will help the discussion about possibility of engineering ethics in the nuclear field.

Keywords: Nuclear engineer, Engineering ethics, Professional engineer, Japan ("Gijyutsushi"), Nuclear & radiation group of IPEJ ("Gijyutsushikai"), Voluntary safety improvement

---

Received: August 26,2015; Accepted in final form: February 20, 2016
*Director, The Institution of Professional Engineers; Japan, 4-1-20 Toranomon, minato-ku, Tokyo 105-0001; TEL(03)3459-1331 / FAX(03)3459-1338

「立場」をめぐる議論

福島第一原発過酷事故による被害とリスク・コミュニケーション

被災地からの視点

八巻　俊憲*

1. 問題の所在

　2011年3月11日に起きた東北地方太平洋沖地震とそれに伴う巨大津波によって過酷事故に至った東京電力福島第一原子力発電所は，度々の余震に見舞われながらもかろうじて冷温停止状態を維持しているものの，メルト・スルーした事故炉の処理や汚染水の扱いに苦闘を続けている．福島を中心とした広範囲におよぶ周辺地域の住民は，事故による被害とそれに付随した二次的，三次的な被害に翻弄されている．

　福島第一原発は東北地方にありながら東京電力株式会社の所有であったため，事故によって電力供給が危機に陥ったのは地元の福島ではなく，東京電力の管内である関東地方である．したがって，周辺住民（厳密には福島県外を含む広範囲の地域住民も含まれる）が原発事故による放射線のリスクを体感したのに対し，主な電力消費地である東京を中心とした地域ではむしろ原発による電力供給が失われる事実をリスクとして認識した．このことは事故後に活発化する原子力発電の社会的受容の論議にも影響する．

　論者は，居住地および事故当時の職場が福島県内にあり，当時福島第一原発から50km圏内にある職場と約60kmにある自宅において事故を経験した．事故前後を通していわばウチがわ[1)]から，事故を契機とする諸々の現象を目撃してきた立場として，現在まで起こった事実に対する認識を，できるだけ当時と現地の視点から報告し，問題の理解と分析に寄与したい．

　事故から既に5年近くが経過するが，当時起こったことが必ずしも十分に伝えられたとは言えず，したがって事故に伴って起こる問題やそれらへの対処法についての考察が十分になされているとは言いがたい状態が続いている．

　上記の理由から，いまだ進行中の問題についての小手先の分析は避ける半面，不完全でも重要と思われる事実は記述するという方針を貫くとともに，問題に対する自己言及においても，福島という地における立場からの視点であることを承知されたい．

2015年9月2日受付　2016年2月20日掲載決定
*東京工業大学社会理工学研究科博士後期課程，〒963-8845 福島県郡山市字名倉259（自宅）

2. 福島原発事故発生直後における住民の認識とリスク・コミュニケーション

2.1 事故直後の情報の不在による問題

まず，事故発生直後の情報伝達がどのように行われたかについて振り返ってみたい．特に，核燃料のメルトダウンや原子炉施設の爆発は起こりえないとされ[2]，そのしくみについての一般的な理解や関心が事故前にはあまりなかった原子力発電所の事故の状況についての説明や，放射能の危険性についての情報発信のあり方は，周辺住民にとっての避難行動をはじめあらゆる意思決定の根幹であるにも拘わらず，極めて不十分かつ不明確なものであった．

事故発生時から第一の公的情報源であるべき政府（原子力安全保安院および首相官邸）は，地震によるオフサイトセンターの被災によってその機能を発揮できず，事業者である東京電力からの報告に頼ることによって発信者としての立場を維持するのみであった．本来であれば現地対策本部において，県や関係自治体からの派遣要員が参加した合同対策協議会を通して，関係自治体と直接情報のやり取りが行われるべきところがなされなかった．自治体への情報は，事業者や政府あるいは県からの一方的な伝達のみであったという[3]．

このことは被災自治体にとっての政府に対する不信や不満の根源と考えられるが，この事故対策組織体制の不備によるいわば情報災害は，後々まで尾を引いた．

一方，独自の取材手段を有するはずのメディアは，取材の過度の自己規制[4]によって一次的な情報を取得することができず，報道は専ら政府の発表をなぞるだけのものとなった．それはまるで先の大戦時の「大本営発表」を思わせるものであった．現地の状況がこれほどベールに包まれた状態で事態が推移したことは，極めて異常なことであった．第1～4号原子炉の建屋で起こった一連の爆発現象にしても，地方の一TV局が設置したテレビカメラによるモニター映像[5]が一部のテレビ放送局を通してしか伝えられず，はじめは首相官邸さえ把握できなかった[6]という異常な経過を辿っている．

いったん機能を失えば首都を含む広大な地域に影響が及ぶような施設に対して，監視機能があまりにも脆弱であった．近年の対テロ対策の強化傾向を考えると，透明性よりも秘密性を優先する姿勢があると考えられるが，いったん事故が起これば，対処をスムーズに行うためには，可視性が死活的に重要となる．今回の事故は，対応が一私企業である東京電力に任され，住民としても非常に不安であった．

次に異常であったのは，近辺の津波被災地での救助活動である．漁港である浪江地区をはじめとした，避難指示区域にある津波の被災地域における救助が数ヶ月にわたってまったく行われなかったことによって，津波による被災者のうち救助を待っていたはずの住民の命を失わせる結果となった．なぜ，線量を測定しながら救助に向かうことができなかったのか，そのように専門家がアドバイスできなかったのか．今後の避難計画にかかわる教訓である．実際当地の汚染の程度は，結果的には救助が不可能なほど高くはなかったのであり，救助されなかった人々は，原発事故による直接の犠牲者というべきである[7]．

2.2 被災地から見た事故直後のリスク・コミュニケーションの実態

図1は，2011年の時点で論者が認識した被災者の立場から見た事故直後におけるリスク・コミュニケーション[8]の構造を図示したものである[9]．コミュニケーションの主体すなわち情報の発信者および受信者として，主に認識されたのは，被災者，被災自治体，一般国民・市民，電力会社，政

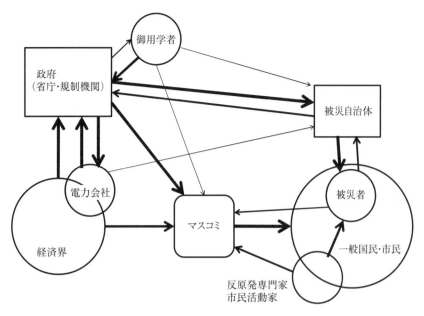

図 1　被災者の立場から見たコミュニケーション構造

府(省庁，規制機関)，御用学者，経済界，反原子力専門家・市民活動家，マスコミである．御用学者[10]とは当初は次の専門家といわれる人たちである[11]．主要なマスコミが報道における解説者として採用した原子力の専門家で，彼らはほとんど例外なく，原子力政策や原子力事業に対して，政府側や事業者側に寄り添い，当時においても結果的にも事態を過小評価する姿勢をとっていた．

　図 1 において，コミュニケーションの方向(誰から誰に対する発言か)および発言の強度(アピール度，要求水準，法的強制力etc.)を矢印とその太さで概略表示した．発言の形式は多様であり，報告，発表，命令(通達)，要請，抗議，報道，見解，解説，論評などが含まれる．それぞれの伝達手段としては，文書，会見，マスコミ，インターネット，書籍，雑誌，論文などが考えられる．因みに依拠する知識分野は多岐にわたり，科学，技術(工学)，社会学，経済学，法学，政治学，行政学，その他が挙げられる．情報やり取りの動機として，発言の元となる問題意識や関心は重要な役割を果たした．

　観察された実際のコミュニケーションの特徴をいくつか列記する．
①事故発生当時の情報が，TVニュース等を介した電力事業者およびその報告に基づく政府の発表に限られ，被災地の状況に関する情報はほとんどなかった．
②初期のTV番組に登場する専門家(すべて御用学者)たちは，危険性を最小限に評価することにより被災者に安心を与えようとして失敗した．
③御用学者以外の専門家の解説は，インターネットや大衆向け週刊誌等によって流布され，原子力におけるコミュニケーションが，メディアを含めて階層構造を示した[12]．
④放射線に関するデータ発表と説明が不十分で，居住者の不安を解消できなかった．
⑤マスコミの取材自粛により，体制への批判的機能が十分発揮されなかった．
⑥STS関係者を含め，専門家による自主的な社会への働き掛けが少なかった．

3. 不確実性に対する住民の認識と行動

事故直後における記憶として，水素爆発を起こした原子炉内の核燃料のメルト・スルーの予想が隠されたり，一時事故現場からの退避の可能性が報じられるなど，住民の不信をあおるできごとが続いたものの，論者の周囲の印象として住民の間に集団としてのパニックのような大きな混乱はなかった．論者を含め，危機下にある心理として，事故現場で危機に立ち向かう原発関係者や作業員たちに対する一定の信頼を抱いた（抱かざるを得なかった）とも言える．しかし，事故の進展のみならず放射性物質の飛散については，最悪の場合どんな事態になるのかについての情報が渇望された．それによって住民自身がそれぞれの判断で行動を決定しようとしたのである．そしてその決定は，それぞれの置かれた環境や諸々の条件に応じた社会的な選択であった．例えば，論者を含む多くの家庭では，若い家族を優先的に県外に避難させ，残った家族も避難に備える体制を取った．その後の避難の是非やその支援についての論争は，避難の基準に関してのみならず，決定権を政府や行政に奪われることに対する抵抗が背景にあると考えられる．

避難とそれによって新たに生じる困難を考えれば，避難行動自体が大きなリスクであり，避難に踏み切るかどうかは，単純には決められない．汚染によるリスク認識が，避難によるリスク認識を上回った場合に，避難行動に踏み切ることになる．

住民がとったリスク認識と避難行動のパターンは次の2つに大きく分かれる．まず，汚染の事実や程度が明らかになる以前に，汚染が生じるという怖れあるいは生じたという事実のみを以ていち早く避難あるいは移住とも言える行動を取った住民が存在する．この場合，汚染の程度による科学的なリスク判断はあまり意味をなさない．従って汚染のレベルが低い事実が帰還の判断に結びつくことはまれである．いわゆる「自主」避難者が現在でも帰還することに大きな抵抗を感じているのはその現れであろう．

もうひとつのパターンは，すぐには避難の行動を取らず，居住環境における汚染の程度を知った上で避難の行動を取るパターンである．その元になるのは，空間線量や表土汚染の実態の把握とそれに基づくリスク認識である．この場合，汚染度の把握は科学的にできても，リスク認識すなわち放射線に対する恐怖や警戒の程度は，個々人の主観的な要素を排除できないし，同じ家族間でも主に子供を見る立場の母親と職場や家庭の経済を支える立場の父親，長くその地で生活をしてきた高齢者といったそれぞれの立場や思惑によっても大きく異なる．従ってある個人が科学の客観的に判断することを心がけているとしても，その感覚を他と共有することは難しいし，それだけで避難行動を決定することはできない．

また，避難に踏み切るためには，家族や避難先の同意のほか，地域の結びつきの強い地方においてはコミュニティの一員としての判断も必要となる．従って，避難したくてもできなかったり，リスク認識の違いによって家族や地域との人間関係に齟齬を来すといった問題が後を絶たない．逆に，その後の避難指示の解除による帰還の動きに対しても，帰還を望みながらも，具体的な行動については個人単位で認識が大きく異なるのである．

以上から，多くが欠如モデルに基づく専門家の助言や，放射線リスクの不確実性に焦点を当てるSTSアプローチは，必ずしも問題の把握や解決にはつながらないことに留意する必要がある．

4. 放射能汚染と避難の遅れ

4.1 「ただちに影響はない」

　はじめは，どこまでが被害地かさえも明確ではなかった．放射線やその線源は目に見えず，放射線の計測器は個人用の簡易線量計でも直ぐには手に入らなかったため，それらを手元に所有していた少数の人々以外は基本的なデータを把握することさえできなかった．そのこと自体が不安を募らせ，ストレスを大きくした[13]．当時地元高校の物理担当であった筆者のもとには，好運にも購入後間もない高感度のGMカウンターが数台あり，3月15日の午後に飛来した放射性物質による線量率の急上昇を捉えることができた[14]が，一般に，自主的モニタリングにおいてデータを的確に把握するためには，相当の試行錯誤を要した．住民はばらつきの大きい数値に一喜一憂する一方，公式情報との差に疑問を持ち，不安と不信が増幅された[15]．

　放射性物質による住民への影響は，確定的なレベルではなく，確率的なレベルで論じられるべきもので，政府の発表においては「ただちに健康に影響はない」という表現が使われた．当時の官房長官によって何度も発せられたこの言葉は，住民には多様な意味に受け取られて納得のいかないものであった．

　数十年後に固形ガンによる死亡率がこれこれだけ高まるといった確率的影響に関する科学的説明について，「ただちに影響はない」という表現は間違っているとはいえないが，しかし同時に「いつかは影響がある（かもしれない）」ということを意味するとも解釈され，政府の姿勢への不信や，発表そのものに疑心暗鬼を感じた住民は多かったと思われる．実際，論者の職場ではテレビの前で不安や疑義を口にする同僚の姿が見られた．実際，それに続いて具体的な線量率のデータやその分布が発表され，避難などがスムーズに行われることが期待されたのだが，そうはならなかった．各地にモニタリング・ポストが設置されるなどして，身近な環境の数値がある程度把握できるようになったのは，事故発生から相当経ってからであり，緊急時の避難行動には間に合わなかった．

4.2 高濃度汚染地域からの避難の遅れ

　放射性物質の飛来による環境放射線量の上昇について，福島県ははじめ，影響を認めなかったが，3月下旬になって農産物の出荷停止や摂取制限が打ち出されはじめるとともに，土壌の汚染状況もより明らかになり，IAEAの飯舘村での現地調査をはじめとして避難不要論から計画的避難に政策転換していく．（表1参照）

　これらの展開は，放射線の健康に対するリスク評価が，科学的というより政治的に行われる事実を示している．県ははじめ，住民に対して影響がないことを強調し，安心させようとしたが，IAEAの現地調査により，その基準を超えた汚染が明らかになって，20km圏外の地域に対する計画的避難に踏み切ることになった．飯舘村をはじめとした20km圏外の住民は，事故後数ヶ月以上経ってから手遅れの避難を強いられることになった．放射性プルームの挙動が，距離ではなく，風向きと地形及び降雨に大きく依存することは既知であったはずだが，計画的避難がこれほど遅れたのは，政府や専門家がIAEAの介入やICRPの基準の採用に積極的ではなかったことにあると見受けられた．当初からの信頼が低い上に，国際的な基準をも軽視する姿勢が，住民の安全を軽視する姿勢と映り，これまでに安全を軽視してきた原子力体制のとってきた姿勢と重なった．後の県民健康調査においても，調査項目を極端に絞るなど，県民の希望に応えない形で行われてきた．

　その後，低線量被ばくの問題は，安全を求める方向性は共通でありながら，早期帰還を望む住民

表1　地元新聞の見出に見る放射性物質汚染に対するリスク認識(福島民報　2011年)

3月13日	福島第一原発で爆発／放射性物質拡散か
3月14日	被ばく者111人に
	放医研　郡山に医師派遣／ヨウ素剤使用法など指示
	被曝避ける注意点／マスク、帽子着用を
	放射能測定器を設置／県、避難区域境界など8カ所
	県，被ばく調査あす開始／全避難所対象／国に人員増など求める
3月15日	メルトダウンの恐れ／福島第一原発2号機／放射性物質大量放出も／住民への影響懸念
3月16日	高濃度放射能漏れ／屋内退避30キロに拡大／福島第一原発2号機損傷、4号機爆発
	放射能　福島、通常の478倍／県「健康に影響はない」
3月17日	健康に影響なし／県内放射能　福島は20.80マイクロシーベルト
3月18日	県，安定ヨウ素剤の回収指示／配布の三春町「住民すでに服用」
3月20日	米、危機管理に不信／放射線の監視強化／大統領　震災直後から警戒
	福島で放射能　高い数値／「まったく心配ない」専門家強調
	川俣の原乳，茨城のホウレンソウ／暫定基準超える放射能／政府「健康に影響せず」
3月21日	原乳の出荷自粛要請／県、放射性物質検出受け
	原乳出荷自粛要請／生産農家ら怒り「県の判断行き過ぎ」
	どこの何が安全か／政府はわかりやすく説明を
3月22日	水道、基準上回る放射能／飯舘　飲用控えるよう周知
	乳児は摂取制限厳しく／厚労省通知
	政府　ホウレンソウとカキナ／本県など4県、出荷停止
	除染基準を緩和／国「健康に影響なし」
	山下俊一氏に聞く／「健康上　心配ない」／時間とともに数値低下／早期の終息望む
	水汚染緊張広がる／飯舘の放射能検出／住民に飲料水配布
	菅野典雄村長に聞く／不安計り知れぬ／生活用水は問題ない
3月23日	海水から放射性物質／第一原発排水口付近／法令限度の126倍
	追い打ち　県内農家悲鳴／原乳・ホウレンソウ出荷停止／「やりきれない」／国，東電に補償
	要求，死活問題、いつ終結　ホウレンソウ農家
	県産野菜など　対象外でも返品相次ぐ／風評被害、拡大の恐れ
	原発周辺、海から放射性物質／漁業関係者　広がる不安
3月24日	県産葉物など摂取制限／放射性物質11品種基準値超え
	出荷と摂取　県、50品目自粛を
	「摂取制限」に衝撃　放射性物質／産地から悲鳴　忍び寄る風評被害
	食の不安どこまで／生産農家に大打撃／消費者「何を食べれば……」
	福島市中央卸売市場　地場野菜姿消す／県内ひとくくりに怒り
3月25日	県産野菜、返品相次ぐ／一部出荷停止が影響／市場、需要分を確保
3月26日	原発危機　20〜30キロ圏、自主避難／官房長官「指示」も検討
	高線量区域　避難促しを／原子力安全委員会が提言
3月28日	農家、危機感消えず／県のハウス7品「安全確認」／なお風評を懸念
4月1日	放射性物質　飯舘の土壌　基準値超え／IAEA「避難指示に相当」
	村長「改善策を実行」／県「健康に問題ない」／政府「避難の必要なし」
	出荷停止を解除／政府、地域単位で検討／野菜、原乳3回連続基準値以下なら
4月2日	風評吹き飛ばせ／県産野菜の安全訴え／県内キャンペーン始まる
	「被害助長許せない」牛肉再検査放射性物質なし／天栄村長，怒り
4月4日	県内小中校、幼稚園、保育所／あすから放射線量測定／原発20キロ圏外1400カ所
	避難・退避区域見直し／政府「放射線量分析し対応」
4月5日	コウナゴから高濃度ヨウ素／茨城沖／厚労省、魚も基準値検討
4月7日	県内農地用土壌調査／36市町村、作付け自粛解除／7市町村・地域は再調査
	幼小中など放射線量測定／浪江津島、飯舘で高い数値／「健康に大きな影響なし」
	高い数値に困惑　土壌調査／農家や自治体懸念「作付け遅れれば1年棒に」

4月8日	「牛、いずれ全滅」原発20～30キロ圏／生産者悲痛な声／国，いまだ見解示さず	
	子ども守れない／県内小中学校など／放射線量対応に苦慮／国や県の指針なく	
4月9日	コメ作付け制限へ／放射性物質基準超過で　本県の検査継続	
4月12日	20キロ圏外　計画的避難区域を設定／政府　指定から1ヶ月後めど	
4月14日	放射線基準で学校混乱／屋外授業を自粛／部活動屋内、行事中止	
	各教委「早く指針を」／保護者も苦情「どういう指導してるのか」	
4月16日	大気中放射線／学校安全基準めぐり混乱／文科相「年20ミリシーベルト」	
4月20日	放射線量再調査／13校・園の屋外活動制限／文部省が暫定基準	
	外で遊びたいのに／屋内活動制限／「残念」「不安」の声／13校・園説明、対策に懸命	
	帽子、マスクの着用求める　福島市	
4月21日	第一原発警戒区域／22日午前0時に指定／20キロ圏立ち入り禁止	
	古里さらに遠く／警戒区域指定／避難者、言葉失う	
4月23日	計画的避難区域指定／本県5市町村の1万人／来月下旬の完了目指す	
4月30日	内閣官房参与辞任／学校放射線基準に抗議	

と帰還を望まない避難者が同時に存在することや，完全にはリスクを除去することはできない除染活動をどう評価するかなどの議論の背景にある問題として現在に至っている．

5. 放射線被ばくに関するリスク・コミュニケーションの問題

5.1　発信側と受信側のリスク認識のギャップ

　事故後，リスク・コミュニケーションのあり方を反省する動きが，特に政府や行政に広まり，リスク・コミュニケーションの重要性を施策に反映させようとする動きが広がった[16]．が，パターナリズムや欠如モデルに基づく傾向が見られ，成功しているとは言いがたい．

　コミュニケーションということばからは，双方向のやり取りによる合意形成が含意されているはずだが，情報を発信する側（事業者，政府機関）と受け取る側（被害者，国民）の目的と志向ははじめから正反対である．受信側は主体的な判断・行動を行うための情報取得を目的とするため，情報の豊かさや多様性を志向するのに対し，発信側は社会に混乱や不安を引き起こすことを怖れ，情報の統一性を志向する．そのため，受信側にとって都合のよい情報発信が行われることは難しい[17]．

5.2　被害者と専門家との間の認識のずれ

　原発事故による被害とは，なんだろうか．現地の立場からすれば，原発事故が起こらなかった場合にはなかったはずの不都合な事態は，すべて原発事故による被害と見なされるべきである．そのように定義すると，放射線による直接の被害者は見いだされなくても，避難や汚染を継起とする2次的，3次的な被害は多様に存在する．

　たとえ小さな確率的影響であれ，放射線量の増加によって何らかの被ばくを余儀なくされ，将来の健康の異常発生の可能性が否定できなくなったことにより，自分や家族の健康に不安を抱いたり，将来に不安を感じながらの生活を強いられることは，それ自体が大きな被害と認識される．しかし，科学的思考を標榜する専門家は，このような考え方はせず，確率的影響の小さい低線量被ばくを気にするのはナンセンスであることを強調する．その際，①自然放射線や医療被ばくの存在を知らせる，②喫煙による健康への影響の大きさと比較させる，③気にする故のストレスに起因する活性酸素の増加によってかえって有害であることを免疫学の視点から説く，といった説明がよくなされる．しかし，①は被災者がもともと問題にしていない事実を持ってきても事故由来の放射線による不安

は消えない，②は，喫煙はやめることができるが，被ばくは避けられない点で不安から逃れられない，③は，すでに気にしないと決めている人にのみ効果がある，といった理由で認識にずれがある．一定の割合で存在する放射線リスクを重視する住民をはじめとして，上のようなリスク・コミュニケーションは成功しているとは言いがたい[18]．被災地に帰還して元の生活に復帰することを選んだ住民にとっては，免疫学の知識は歓迎されるだろうが，放射線のリスクを過小評価しようとする姿勢に共感する住民は少ない．「科学的に考えよう」という彼らのスローガンは，放射線のリスクが現時点で不確実であるという事実を，リスク評価に恣意的に利用している点で，「科学的な」姿勢とは受け取られにくい．これは専門家一般に対する不信のひとつの原因でもある．

5.3 「科学的に」行動した農業従事者

科学的に考えることがすべて否定されるわけでは決してない．実際，事故後に最も科学的に行動したと思われるのは，表土が汚染された場所での農業従事者であった．一例を挙げれば，天栄村の自営農家のグループは，放射性セシウムで土壌が汚染された圃場で，汚染されない米をいかに作るかという課題に事故直後から取り組み，成功させている[19]．その過程で取られた手法は，極めて科学的なものであったが，注目されたのは一部の専門家によってのみで，政府の支援などはなかった．同様の事例は他にも見られるが，共通するのは科学的に考える主体が，専門家ではなく当該の住民であるということだ．これははじめから科学的に問題を設定したというより，問題解決への強い動機が科学的な取り組みの姿勢につながったのではないかと推測される．

5.4　一般公衆に対する放射線防護という専門性の不在

福島の住民の間で深刻な問題となっているのは，放射性物質による居住地の汚染による長期的低線量被ばくがもたらす健康への影響の懸念である．論者も，放射性物質が職場や自宅に飛来した3月15日直後から，この問題に直面し続けることとなった．これについて次第に明らかになってきたのは，リスク・コミュニケーションの機能不全という問題にとどまらず，一般公衆に対する放射線防護という専門性の不在である．

現在放射線に関する専門家といわれるのは，その多くが放射線の技術的利用についての研究者か，産業現場における放射線管理の専門家であり，これまであまり必要とされなかった一般公衆の放射線防護とは立場と発想を異にするように見える．結果的に彼らのコミュニケーションは，放射線に対するポジティブなイメージが先に立ち，一般人の持つ放射線への警戒感や恐怖感を軽視し，危険性を最小限のものとして語る傾向を示すことによって住民の信頼を失っていった．

もうひとつの問題は，放射線の基礎知識は物理分野に属するが，住民が危惧する健康への影響は，放射線医学や遺伝学に属するため，物理系の専門家が健康への影響について語ることや，普通の医師が放射線の影響について相談に応じることは，専門を逸脱することになり，専門家として期待される役割を必ずしも果たせないという点である．事故直後において，医師によっては汚染を疑われる場所から避難してきた住民の診察を拒否する例まで現れた．現在でも低線量被ばくのリスクについての議論の背景にある問題のひとつとして，疫学研究の論文の解釈における医学系専門家の統計学的知識の不在などが指摘されている[20]．

6. 事故の反省と教訓

6.1 原子力事故のスケールの特殊性

　原子力事故によってあらわになったリアリティの一つは，そのスケールの大きさであった．論者も，山脈を隔てた生活圏を異にする場所から，放射性物質が実際に飛来するとは想像していなかった．核反応は，もともと表現する言葉がないため，原子力の「火」や核「燃料」など，化学反応とのアナロジーによって語られるが，そのエネルギー密度は 10^6 倍ほどもあるといったリアリティは伝わらない．一方放射線は不可視で感覚も生じない上，ベクレルやシーベルトといったリアリティの希薄な単位と数字で語られることが，リスクの認識に大きく影響した．さらに半減期の長い核種に対しては，1個人の寿命を遥かに超えるような時間的スケールによってしか対応できない．このような対応困難な社会的影響は，原子力技術のみに伴う特殊なリスクと言うべきであるが，これまでの技術論やリスク論においては軽視されてきた．事故で生じた核汚染物質や原子力関連施設における放射性廃棄物の扱いも含めて，社会的なリスクを再評価する必要がある．

6.2 教育の視点

　論者は，高校の理科教師の立場から，その社会的責任について事故後いくつかの点において反省させられた[21]．一般に中等教育の現場において，多くの教師の社会的責任の意識は，学習者に正しい知識を身につけさせ，健全な精神や肉体を養わせることに専念することにあり，卒業後の学習者の行動が社会にどのように影響するのか，すなわち，教師がその教育を通して実現する社会について，どう責任をもつのかといった観点はあまり語られない．教師の多くは，事故前，原発の必要性や安全性について，流布されていた情報に対する批判性が高くはなく，社会全体の構造に対するマインドセット[22]に与していたといえる．教師は自分の教える知識が将来の社会を決定する可能性について，もっと自覚を持つべきであったのではないか．

　高等学校においては，地震や津波などの自然災害についての教育内容が，主に「地学」において扱われる．現行の学習指導要領では，物理・化学・生物・地学4分野のうち，多くの高校では3分野が必修とされたので，前指導要領下における教育課程に比べて地学の履修率はアップしている．しかしこれまで，理科における自然災害の扱いは，自然現象の科学的解説が主とされ，防災の観点が必ずしも厚いとは言えない．現に，2004年にインド洋大津波を伴って起こったスマトラ沖地震は，2011年の東北地方太平洋沖地震と同様，海溝型の巨大地震であった．この例は，日本でも同様な災害が発生する可能性とその対策の重要性について学ぶよい機会でもあった．もしそのような教育が過去において行われ，自然災害の危険性を理解した学習者が卒業後原子力技術の専門家や電力会社の経営者になっていたとすれば，福島原発の事故はあるいは防げたかも知れない．実際，東北電力の女川原子力発電所は，貞観津波の教訓を踏まえた担当者がいたおかげで，巨大津波を想定した設計になっていたといわれる[23]．しかし実際には，地学の教育は，理科4分野の中では優先度が低く，科目選択制のもとでは履修者数そのものが少ないのである．東京電力の経営者たちが，東北地方沿岸の津波の危険性をある程度知りながら，軽視するに至ったのは，そのようなリテラシー教育の事情が反映したとは考えられないだろうか[24]．

7. STS問題としてのフクシマ

7.1 フクシマで起こった問題とSTSとの関連

論者は，1990年代より理科教育との関係においてSTS教育の意義に注目してきた．STS問題の一つとして，原子力問題を教材化し，高校物理の授業として実施したことがある[25]．事故発生時には，同僚や生徒向けに事故の過程や放射線とその影響の知識について，必要と思われる情報を提供して説明を行った．その際，インターネット上の情報はアクセスしやすい一方，飛び交う多数の情報を選択しなければならず，自ら風評を発信しないようにするために情報源の信頼性は重要であった．たとえば，調麻佐志の情報は，放射線リスクの評価についてはICRP（国際放射線防護委員会）基準を参照するのが適当であると判断する上で有用であった[26]．

既述のようなコミュニケーションの機能不全の背景にある問題は，すでに2000年代始めにおいてSTSコミュニティによって論じられており，福島原発事故後に，それらの妥当性を認めることとなった．小林傳司は科学技術と公共性というテーマにおいて「「リスク社会[27]」への対応」を新たな課題として指摘し，同時に「自然と人間の関係」についての人々の意識が，1970年代以降「自然を利用」から「自然に従え」に転換した事実に専門家主義が対応できておらず[28]，さらに科学技術のもたらす問題が専門家のみの問題意識に納まらないという事実を重要視した[29]が，それらは事故後の経過において現実となった．また，林真は，居住者の意思決定はリスクの「受容」（「否定」ではなく）に基づくものであり，それは絶対的な基準による（科学的な）「事実」認識ではなく，様々な「価値」観に基づく考え方によって行われると指摘していた[30]が，まさに現在もそのことが問題となっている．さらに松本三和夫は，「構造災」という概念を提起し，天災とも人災ともつかない事故が深刻な社会問題を増幅し，そこでは帰責の所在が不確定な一方，不利益を被る当事者は市井の人々であるという，まさに現在福島で続いている出来事を予知する議論をしていた[31]．

これに対し，八木絵香らが取り組んできた原子力技術専門家たちにとっての信頼回復のためのリスク・コミュニケーションという課題[32]は，福島事故を経て新たな局面を迎えた．多くが原子力推進体制において利益相反といえるこれらの専門家たちにとって，市民との歩み寄りは，単なる信頼回復以上の意味を持たねばならないが，「原子力ムラ」体制と強度の科学主義という2つの体質は，簡単に変わりそうには見えない[33]．

翻訳は2010年になってからであるが，ジェローム・ラベッツの「ポスト・ノーマル・サイエンス」論も，科学の不確実性の一般化を積極的に扱う科学論であり，福島原発事故以後の低線量被ばく問題において，ノーマル・サイエンスを超えた問題への取り組みにおける専門家の苦境を根拠づけている[34]．平田光司はワインバーグにおけるトランスサイエンス論の限界を指摘し，ポスト・ノーマル・サイエンス下において専門家主義は機能しないこと，それに対して周辺専門家が専門的議論に介入することによって合理性が高まると論じている[35]が，周辺専門家として最も期待できるのはSTS関連分野の専門家であろう．

科学論による問題の観測装置は一見揃っているかに見える．課題はそれによって得られたデータを誰が利用するかであろう．これまでも，科学論者と科学者の距離は必要以上に離れており，それはもうひとつの専門家主義の現れとも映る．専門家と市民の問題と並んで，分野の異なる専門家同士のコミュニケーションの場が必然となっていると考えられる．

これに関しては，2014年に出された日本学術会議におけるSTS専門家を含めた部会による専門家のあり方に関する提言の取り組みが注目される[36]．

前述した通り，STSの理論はフクシマにおいて有効性が高い事は確かであるが，半面，事故直後にSTS研究者が目に見える活躍をしたわけではなかった．どちらかというと，問題を恰好の研究テーマとして捉えるだけの姿勢に終わっている研究者も多いのではないか[37]．それはそれで研究者の役割かも知れないが，その中で被災地に何度も足を運び，住民との直接対話を通して問題解決に取り組む研究者の活動には敬意を表する．現地からの視点を持つことは，問題理解の出発点であり，そのことを住民は最も望んでいるはずである．

　現地にいる者としてSTS研究者に期待したのは，トランス・サイエンスや専門家と市民の問題といったSTSでは基本とされる視点を持たない原子力や放射線の専門家たちに何らかの影響を及ぼし，専門家の意識を変えるとともに住民とのコミュニケーションを活性化させることであった．住民たちの多くが，アドバイザーとして現地に来ている専門家に対して抱く，「彼らは空気が読めてない」，「そうじゃないんだけどな」といった違和感は，専門家の多くが善意ながらも科学主義に基づく啓蒙主義と欠如モデルに頼り，「科学的に考えよう」というフレーズを伝家の宝刀として乗り込んでくることにある．事故後初期においては，住民たちは白紙の状態で問題に直面したのだから，科学主義に凝り固まった専門家に比べてむしろ彼らの方が学習能力が高かったともいえるのである．

7.2　富の生産から安全の創造へ

　ベックがその「リスク社会」論において，発展した近代においては「富の分配」ではなく「リスクの分配」が問題となると指摘した[38]とき，彼はヨーロッパ社会を念頭においていたと思われるが，福島原発事故によってリスク社会は日本にも出現した．

　原子力による電力生産を中心においたエネルギー政策は，政府・経済界の意図に反して今後大きく転換することは不可避と思われるが，残された膨大な量の核汚染物質の処理を，社会の安全を左右する課題として継承することも避けられない．福島県の政策における，原子力受容から再生可能エネルギー推進への転換は，これまでの，「生産」の側面に注目した社会から，「安全」をより重視する社会への転換を含意している．発電技術として重視されてきた原子力関連技術は，核廃棄物の処理を中心としたリスク管理技術としての進展が必須となる．短中期的な生産技術よりも，長期的で世代を超えた安全技術を担う人材の育成が必須となるだろう．それは富の（生産と）分配からリスクの分配へというベックの図式に対応する．リスク社会への展望についてベックは，科学に関連して自己批判の制度化を提唱し，「対抗専門家」の役割について述べている[39]．これはSTS論者の主張と重なるところが多い点で興味深い[40]．

■注

1) 被災地域のウチとソトの視点の違いについては，八巻(2013b)で報告した．
2) 例えば2002年秋の日本原子力学会における市民公開フォーラムで，一市民が，「もし原発が爆発したらどうなるのか」という質問に対し，学会側の回答者は，「原発が爆発することはない」として質問には直接答えず，市民と専門家の間の意識のギャップが見られた．
3) 当時の双葉町長井戸川氏によると，本来の現地対策本部におかれた合同対策協議会ではなく，福島第一原子力発電所におかれた緊急時対策本部からの一方的な情報提供によるものだけであった．これによって，「国は本来の姿を整えずに自分たちの都合の良いやり方で事故処理をしている」と映り，東電本店における統合本部が置かれた後も「被害者の町は完全に蚊帳の外に置かれ続けている．国と東電，県は都合良く処理をしている」と受け取られる状況であった．（井戸川(2014)）．

4) 例えば事故に伴って避難指示区域となった20km圏内ばかりでなく，屋内退避とされた30km圏内は住民が生活している状態であったにも拘わらず，報道機関が現地入りをしなかったため，まったく状況が報道されなくなった．
5) 「福島のテレビ各社は原発を24時間監視するハイビジョン仕様のカメラを原発近くに設置していたが，いずれも大地震の揺れで使用できなくなった．福島中央テレビが原発から17キロ地点に予備で残していた旧式のカメラだけが機能した．」とされる．（福島第一原発の爆発映像 "公共財" として社会で共有を：メディアリポート，朝日新聞デジタル，2012/07/10 http://www.asahi.com/digital/mediareport/TKY201207060365.html）．
6) 官邸が1号機の爆発を確認したのは，爆発した15：36から1時間以上経った16：50，日本テレビによる全国放送を通してであったという．（下村（2013, 144-1145））．
7) この問題ではその後浪江町の津波の犠牲者173人の遺族らが東電に賠償を求め，裁判外紛争解決手続き（ADR）により和解が成立している．（「浪江町の津波遺族と東電の和解成立 捜索遅れで賠償」日本経済新聞2013年10月1日）．
8) 事故発生直後のような緊急時のコミュニケーションは，クライシス・コミュニケーションというべきであろうが，本論では特に区別せずリスク・コミュニケーションで統一する．
9) 八巻（2011b）．
10) 「御用学者」という語の定義は，一般の辞典による「時の政府・権力者などに迎合して，それに都合のよい説を唱える学者」（人辞泉）といったもので，図1において一定の機能を表すアクターの名称として適当と判断したのと，当時現地に居る立場として自然に想起され，かつ一定の範囲において人口に膾炙していたという事実から，本論文において使用した．事故後ネット上などで「御用学者」批判が広がったが，一般に公的資金で研究を行う立場にある研究者すべてを指すわけではない．
11) 後には，次のタイプの「御用学者」が現れた；放射線関連の専門家で，事故発生後まもなく福島県入りし，自治体のアドバイザーとして採用された人たちと，県外にいて放射線分野でリスク判断をリードした権威筋で，前者は地元において放射線のリスクに関する説明や行政に対する助言を行っている．
12) インターネットや週刊誌メディアによる情報の流れは明示的ではないので図1には表されていない．なお，インターネット情報は，都市部で感じるほどは地方では流通しないこと，いわゆるSNSは情報量は多いが選択性や信頼性の点で必ずしも緊急時の利用には向かなかった面があることにも留意されたい．
13) その後手に入ったとしても，放射線計測器（多くはGMカウンター）のデータの扱いは単純ではなく，誤差や偏差の大きい数値の解釈に戸惑い，シンチレーション・カウンターによる公式データとの比較においても，混乱や疑義が続いた．注15参照．
14) 八巻（2011a）．
15) 環境モニタリングにおける空中線量率は，ガンマ線の計測をもとにSv単位の線量率に換算されて表示されるが，公式発表に使われるシンチレーション・カウンターがガンマ線のみに反応するのに対し，個人の手に入りやすいGMカウンターは地表に拡散した放射線セシウムからのベータ線に対しても高感度で反応するため，両者の測定値の間で単純に比較ができず，誤解に基づく解釈による混乱を招いた．
16) 実際，学校や公的機関を対象として福島県が定期的に行っている放射線防護の研修会の内容には，「リスク・コミュニケーションのあり方」といったテーマが含まれている．
17) 平川（2011）は「専門知の民主化/民主制の専門化」について注目し，知識ソースの多元性を高めることが政策決定過程の信頼性を高めると論じている．また藤垣（2011）が指摘したように，ソースが一元的であっても，「行政は最悪のシナリオと最善のシナリオの両方をきちんと出す」ことも，事態の不確実性を隠すことなく，当事者に対して幅のある検討の材料を提示すると同時に平川のいう信頼性を高めるという点で意義が大きい．
18) 社会心理学者の吉川肇子は，このようなリスク・コミュニケーションの失敗の背景に，専門家の欠如モデルに基づくリスク・コミュニケーション技術の拙さ，地域住民との信頼関係の不在下におけるリスク比較の無効性，危機管理者側の誤解に基づく認識，およびパニック神話があることを論じているが，福島の現実にかなりの程度適合していると言える．（吉川（2011））．

19) 天栄村栽培研究会の取り組みで，ドキュメンタリー映画として記録されている（原村(2013)）．
20) 津田(2013).
21) 八巻(2012).
22) 国会事故調の委員長であった黒川清は，その報告書の序文において，事故の背景に既存体制に対する日本人の「思い込み（マインドセット）」があったことを指摘している（東京電力福島原子力発電所事故調査委員会(2012, 5)）．
23) 小川雅生(2012).
24) 3.11後の防災教育の視点については八巻(2011c)，STS教育や科学論の視点による科学教育の批判については八巻(2013a)で論じた．
25) 八巻(1994)，八巻(2003).
26) 調麻佐志(2011).
27) ベック(1998).
28) 小林(2002, 19).
29) A. Weinbergの用語で小林(2007)が論じた「トランス・サイエンス」概念は事故後よく引用されるようになった．
30) 林(2002, 76).
31) 松本(2002, 25)．また，松本(2012).
32) 八木等(2004).
33) 日本原子力学会の社会環境部会において，福島事故前後を通して市民との関係についての取り組みが行われているが，市民の意識を自分たちにどう近づけるか，というスタンスはあまり変わっていない（日本原子力学会(2013)）．
34) ラベッツ(2010)，塚原(2011).
35) 平田(2015, 44-15).
36) 日本学術会議(2012.9.11)福島原発災害後の科学と社会のあり方を問う分科会「提言：科学と社会のよりよい関係に向けて―福島原発災害後の信頼喪失を踏まえて―」
37) 松本はその著『構造災』のはしがきにおいて，原発事故についての原子力工学者に対する社会学者の責任について，さらにその他の分野の人々の責任について鋭く論じている．（松本(2012, ⅰ)）．
38) ベック(1998, 23).
39) ベック(1998, 458).
40) 例えば金森(2015)は，フクシマ後の科学そのものへの危機感というパースペクティブから「科学批判学」の重視を提唱している．

■ 文献

ベック，U. 1998：東廉，伊藤美登里訳『危険社会：新しい近代への道』法政大学出版局；Beck, U. Risikogesellshaft, Auf dem weg in eine andere Moderne, Suhrkamp, 1986.
藤垣裕子 2011：「災害における科学者の社会的責任とSTS研究者の社会的責任」『科学技術社会論学会第10回年次研究大会予稿集』，A-1-13.
福島民報社編集局 2015：『福島と原発3：原発事故関連死』早稲田大学出版部．
原村政樹（監督）2013：『長編ドキュメンタリー映画 天に栄える村』桜映画社．
林真 2002：「リスク概念とSTS」『科学技術社会論研究』第1号，75-80.
林衛，難波美帆 2011：「『政策プロパガンダvsオルタナティブ情報発信』福島原発報道の検証」『科学技術社会論学会第10回年次研究大会予稿集』，D-11-11.
平川秀幸 2011：「溶融する専門知：信頼性はいかにして構築しうるのか？」『科学技術社会論学会第10回年次研究大会予稿集』，A-11-13.
平田光司 2015：「トランスサイエンスとしての先端巨大技術」『科学技術社会論研究』第11号，31-49.

井戸川克隆 2014:「資料　町民との勉強会第1回(7月5日)」

金森修 2015:『科学の危機』集英社.

吉川肇子 2011:「危機的状況におけるリスク・コミュニケーション」『医学のあゆみ：原発事故の健康リスクとリスク・コミュニケーション』Vol. 239 No10, 1038-42.

小林傳司編 2002:『公共のための科学技術』玉川大学出版部.

小林傳司 2007:『トランス・サイエンスの時代：科学技術と社会をつなぐ』NTT出版.

松本三和夫 2002:『知の失敗と社会：科学技術はなぜ社会にとって問題か』岩波書店.

松本三和夫 2012:『構造災：科学技術社会に潜む危機』岩波書店.

日本原子力学会 2013: 平成25年度秋の大会(八戸工業大学)社会・環境部会企画セッション:「「原子力ムラ」の境界を超えるためのコミュニケーション」http://www.aesj.or.jp/~sed/CD/CD28/cd28.pdf，2015年8月22日閲覧.

小川雅生 2012:「女川原子力発電所が助かった理由」http://oceangreen.jp/kaisetsu-shuu/Onagawa-Tasukatta-Riyuu.html，2015年8月21日閲覧.

ラベッツ，J. 2010: 御代川貴久男訳『ラベッツ博士の科学論―科学神話の終焉とポスト・ノーマル・サイエンス―』こぶし書房；Ravetz, J. The No-nonsense Guide to Science, New Internationalist publications Ltd, 2006.

下村健一 2013:『首相官邸で働いて初めてわかったこと』朝日新聞出版.

調麻佐志 2011:「低線量被ばくによるがんリスク：論文解題」一般社団法人サイエンス・メディア・センター http://smc-japan.org/?p=2026，2015年8月22日閲覧.

添田孝史 2015:『原発と大津波　警告を葬った人々』岩波書店.

東京電力福島原子力発電所事故調査委員会 2012:『国会事故調報告書』徳間書店.

津田敏秀 2013:『医学的根拠とは何か』岩波書店.

塚原東吾 2011:「ポスト・ノーマル・サイエンスによる「科学者の社会的責任」」『現代思想12』39-118, 98-120.

八木絵香 2004:「リスクコミュニケーションにおける原子力技術専門家の役割」『科学技術社会論研究』第3号, 129-42.

八巻俊憲 1994:「原子核エネルギーと私たち：STS教育の試み」『研究集報』第29号，福島県高等学校教育研究会理科部会，58-70.

八巻俊憲 2003:「原子力を考える」：川村康文編著『STS教育読本』かもがわ出版，93-106.

八巻俊憲 2011a:「福島の現場から」『科学・社会・人間』117号，49-56.

八巻俊憲 2011b:「福島第一原発事故に伴うコミュニケーションの特徴」『科学技術社会論学会第10回年次研究大会予稿集』，D-11-11.

八巻俊憲 2011c:「防災教育の新たな視点：東北地方太平洋沖地震・福島第一原発事故を経験して」『科学技術社会論学会第10回年次研究大会予稿集』，E-12-13.

八巻俊憲 2012:「理科教師の社会的責任：東日本大震災及び原発事故に際して」『物理教育』vol. 60, No. 3, 201-6.

八巻俊憲 2013a:「ポスト3.11の科学教育を「フクシマ」から考える」『日本科学教育学会年会論文集37』，38-41.

八巻俊憲 2013b:「福島から見たフクシマ―被災地域から見たフクシマ問題とSTSへの期待」『科学技術社会論学会第12回年次研究大会予稿集』，102-3.

Damages and Risk Communication emerged by the Severe Accident of the Fukushima Daiichi Nuclear Power Station: A View Point from the Disaster Area

YAMAKI Toshinori [*]

Abstract

Concerning to the severe accident of the Tokyo Electric Power Company's Fukushima Daiichi Nuclear Power Station, characteristics of the damages and risk communication emerged by the accident are reported from the point of view of a resident in Fukushima. Information and communication about the ongoing crisis have been quite insubstantial and insecure, while the residents have tried to tackle the matters under the circumstance of each. Under the uncertain information about the radiation risk, large perception gaps are laid between the government or expertise and the residents. As the peculiarities accompanying the scales of the nuclear severe accident are clarified, usefulness of some STS theories has been reevaluated about the science transfigured after 1970's. Recognizing the emergence of the Beck's "Risk Society", safety oriented society and the new rolls of expertise are expected.

Keywords: Risk communication, Fukushima Daiichi Nuclear Power Station STS, Risk society

Received: September 2,2015; Accepted in final form: February 20, 2016
[*] Doctor candidate, Graduate School of Decision Science & Technology, Tokyo Institute of Technology; 259 Nagura, Koriyama, Fukushima, 963-8845; toshi_yamaki@nifty.com

総説

東日本大震災として考えるということ
「原発事故」が奪っていったもの

標葉　隆馬*

　2011年3月11日に発生した地震・津波，それに続く東京電力福島第一原子力発電所事故（以下，併せて東日本大震災と表記する）は，多様かつ甚大な被害と混乱をもたらした．震災の発生から4年半が過ぎ，その間にも復興に向けた不断の努力が行われてきたが，3000人に迫る行方不明者や，続く避難を始めとして，いまだ課題が山積みの状態にある現在進行形の問題である．

　この東日本大震災に対して，科学技術社会論に関わる我々は，そして筆者はどれだけの事ができただろうか．後述することになるが，筆者自身は少し込み入った，いやむしろ非常に単純な事情から，この東日本大震災に力不足のまま若干の関わりを持つことになった（いや，関わることにしたと言った方が正解だろう）．しかしながら，これまでにどれだけの事が出来たか，どれだけ向き合うことができていたのかと問われれば，正直な所，まったく自信はない．勿論，これまでの調査や活動の内実にも多くの課題が残っている．

　今回の特集号への寄稿を依頼された機会に，このような状況に際して，筆者は何を問題であると認識し，強調したいと感じ，また何を感じているのか，その点について，ここで改めて書き記すことにした．

1. 改めて東日本大震災の被害に立ち戻る

　どのような議論を行うにせよ，まずは被害の概要を確認することから始めることにしたい．東日本大震災で，特に甚大な被害を受けたのは震源地に近い宮城・岩手・福島の東北三県であった[1]．死者は，東北三県だけでもその総計は19000人を超え，宮城県では10000名を超えている．沿岸地域は津波による壊滅的な被害を受け，亡くなられた方の多くは溺死であった（内閣府2011）．また時間経過とともに漸減しつつあるものの，それでも行方不明者は未だ数多い．この行方不明者の多さは，同じく甚大な被害を出した阪神・淡路大震災と東日本大震災との性格の違いの一端を示している．阪神・淡路大震災では，死者6434名で行方不明者3名であったのに対し，東日本大震災では6県で2500名を超えている．そして，行方不明者の家族は，帰らぬ家族を待つという震災後の日々を過ごし続けている（石村2013）[2]．

　地震・津波の被害だけでも大きな災害であったが，加えて福島第一原子力発電所事故が事態を更

2015年9月10日受付　2016年2月20日掲載決定
*成城大学文芸学部専任講師，〒157-8511 東京都世田谷区成城6-1-20

に複雑なものとした．東日本大震災における避難者は 2015 年 5 月時点で全国で約 22 万人であるが，とりわけ東北三県(岩手・宮城・福島)における避難者の割合が大きい．なかでも福島県の避難状況は，福島第一原子力発電所事故の影響を受け特殊な事情を抱えている．宮城県や岩手県では，県内の別の場所への避難者数がかなりの部分を占めるのに対し，福島県の避難者数の内訳では県外避難者が他県に比べて突出して多いという特徴を持つ(表を参照のこと)．震災後に福島大学が福島県沿岸部双葉 8 町村を対象に実施した調査[3]では，「戻る気はない」回答は全体の 24.8% だったものの，若年層になるほどにその傾向は強まる傾向にあった(34 歳以下では，46.0% に達している)(福島大学災害復興研究所 2012)．また，避難指示を受けた者，自主避難者を含め，曝されている被害やリスク，事情は多様であり，現在の避難の状況や性質，今後の方針も様々である．また昨今では，自主避難者を巡る位置づけ，福島県楢葉町の避難解除や，原発隣接地域における帰還計画など避難に関わる問題はまだまだ数多い．

　加えて，今回の被災地の多くは，震災前から高齢化などの問題に直面してきた地域であり，また東京などの都市とは異なる産業構造を持った地域であったことは改めて強調しておく必要があるだろう(標葉 2013)．そして，震災の前から存在していた被災地域における貧困，過疎・高齢化などの社会構造的な問題は，震災後更に加速している．

表　東北三県における被害状況概要[4]

		岩手	宮城	福島
人的被害	死亡者数	5124	10534	3727
	行方不明者数	1129	1246	3
	避難者数	28482	67510	69208
	(県外避難者数)	(1557)	(7055)	(46170)
建物被害	(半壊＋全壊)	26163	238123	92905

2. 震災との関わり

　東日本大震災について触れる上で，筆者が持つ背景について少し記述しておく必要があるだろう．筆者は，大学進学で親元を離れるまでの多くの時間を宮城県仙台市で過ごしている．震災当時，母は宮城県大崎市にいて，父の一家は福島県南相馬市にいた．震災直後，最悪の事態も覚悟したものの，幸い怪我もなく，比較的早い段階で無事が確認できた．

　また福島県浪江町には，祖父・標葉一郎が営んでいた標葉医院があり，その自宅兼診療所となった家は，いまも浪江の中にある(写真 1 を参照のこと)[5]．幼少期には，家庭の事情から浪江町の祖父宅に長期滞在し，また小学校入学以降は，長期休み毎に 2 週間前後を浪江町で過ごした経験を持つ．祖父宅の大きな庭や，近くを流れる請戸川の光景は，掛け値なしに筆者の原風景となっている．やや情緒的な表現ではあるが，宮城と福島，被災した場所は故郷だった．

　しかしながら，ここで，直ぐに言葉を付け加える必要がある．実際問題として，家は地震によって破壊され，更にはその土地には町の許可証なしには立ち入ることができない[6]といった不便を被っている．昔のような形で浪江の風景との関わることは最早望むべくもないだろう．しかし，やはり同じ地域の住民の方々と同質の被災者ではない．筆者自身は，「被災者」でもなければ，「被害者」でもない．浪江町の人々が過ごしてきた時間や生活の有り様を考えると，筆者が東日本大震災をめぐる直接的な被災・被害の「当事者」であると言うことはとても難しい．しかし，現地の文脈

写真1 2013年4月11日撮影．福島県浪江町権現堂町場にある標葉一郎宅を庭から撮影した写真である．地震によって二階部分が崩れ，また全体的に歪んでしまっている．正面玄関はガレキで埋まってしまっているため，開いた窓から入るしかない状況となっている．

とは既に切り離されて久しいものの，縁もゆかりもあることも偽らざる事実である．とはいえ，「当事者」であると言うつもりは，やはり微塵も湧いてこない．関係はあるのだけれど，直接の当事者にはなりえない．しかし私情も含めて無視はできなくなってしまった．そのような中途半端な立ち位置から，東日本大震災に関わることになり，また当面は中途半端な関わり方であり続けることにしたという現状がある．今現在は，当事者のように振る舞う事も，そして当事者となることもしてはならないと思っている（研究者としてという理由からではない）．もしもそれをするならば，それはきっととても暴力的な事に違いない[7]．

いずれにせよ筆者の書く内容は，このようなバイアスの下で書かれていることをご考慮頂きたい．

3．東日本大震災の残した爪跡：福島県浪江町から

福島県浪江町は，地震・津波・福島第一原子力発電所事故という3つの災害が残した爪跡，またそれらが複合的に絡み合った結果がどのようなものであるかを端的に表している地域の一つである．

浪江町は，津波と地震で被害を受けて間もなく原子力発電所事故の影響により避難を余儀なくされた．その後，警戒区域と計画的避難区域が設定され，2013年4月1日に帰宅困難区域，居住制限区域，避難指示解除準備区域の三区域に再編された．このことにより，浪江町は三つの区分が混在する町となった．浪江町の内陸部は帰宅困難区域と居住制限区域が，町の中心部（駅前など）と沿岸部は避難指示解除準備区域におおよそ大別される．

再編以降は，立入規制の緩和が行われ許可の下での立入が可能になったものの，周囲の建物は，

写真2　2013年4月11日撮影，福島県浪江町内の目抜き通り．地震で崩れた商店がそのままとなっていた．外壁は崩れ，ガラスが割れたままの店も多い．店の前には，かつて並べられていたと思しき商品が転がっていた．

写真3　標葉一郎宅の玄関(左－2013年8月19日，右－2015年8月23日撮影)．時間の経過と共に次第に左上の天井の穴が大きくなり，崩落が進んだ様子が分かる．

　地震に破壊され，当時の状況をそのままに残している．写真2は，2013年4月11日の福島県浪江町の一角である[8]．当然と言って良いのだろうか，やはり人影は無かった．残念ながらゴーストタウンという表現が最もしっくりくる状況がそこにはあった[9]．多少の変化を見せつつも，震災後4年半経過した今もなお，壊れた家やビルがそのままになっている[10]．

　写真3は，祖父・標葉一郎宅の玄関である．年月と共に風化と劣化が進み，地震によって生じた穴が次第に大きくなってきている．また既に崩れていた二階部分は震災後3年半を経過したタイミングで崩落してしまった．その結果，下の階にあった診療所待合室はガレキで埋まってしまっている．そして落ちてきたガレキと溜まった土砂に，夏場は植物が生える状態になった．次第に自然に還っていく，そんな印象すら受ける(写真4)．家のあちらこちらの壊れた個所から風雪が侵入し，

写真 4　診療所待合室(左 – 2014 年 7 月 24 日，右 – 2014 年 10 月 5 日撮影)．二階が崩落したため，一階部分が埋まってしまった．また風雨に曝された床が腐り始めている．

写真 5　2014 年 3 月 2 日撮影．福島県浪江町請戸地区．津波に破壊された家屋・車・船が見える．浪江町の沿岸部であるこの請戸地区では，津波で破壊された家屋・建物・船・車が震災後 4 年余りに亘って残されたままとなっていた．

壁や柱，床下を侵食していく．床下も腐り始めており，そろそろ入ること自体が危なくなってきている．もう幾度か台風や大雪，あるいはある程度大きな地震が来たら，ドスンと完全に崩落することになるのだろうと諦めと同時に予想をしている．このような状態の家は，祖父宅だけではない．町内に少なからずある「ありふれた光景」と言える．地震と津波の被害が，ここではそのままに保存されてしまっているとも言える．そんな非日常が日常となってしまったのだ．

写真 5[11]は，2014 年 3 月 2 日に撮影した浪江町沿岸部(請戸地区)の様子である．2013 年 4 月 1 日の避難区域再編後に訪れた時には，津波で壊された車，船，家がそのままに残され時間はやはり止まっている．他の地域の沿岸部であれば，震災直後にあった風景がそのままに残されていた．目

に見える変化が見えたのは，震災後3年半を経過してようやくである．ガレキ置き場と焼却場が設置，壊れた車や打ち上げられた船の撤去がされた．これは，2014年9月の国道6号線の開通に向けた除染作業が行われ，更に国道6号線の開通前後になって進んだ事柄である．逆に言えば，写真で見るような時間の止まった状況が，3年半以上続いていたということでもある．言い換えるならば，場所によるものの，他の場所であれば震災後1年前後に既に生じていた変化が，ここでは「ようやく」だった．

その是非はさておいても，このような状況が続くこと自体が帰還を困難にしていく．早稲田大学のグループが浪江町と共同で行った最近の調査では，「帰還しない」(34.8％)，「わからない」(45.6％)という回答が多く，「国が示している期間後に除染が完了したら帰る」回答と「除染がどれだけかかっても，町内全体の除染が完了した時点で帰還する」回答は合わせて17.0％であった．また帰還しない回答の理由においては，「帰還しても元の生活がおくれない」回答が多い結果となっている(早稲田大学東日本大震災復興支援プロジェクト浪江町質問紙調査班 2015)[12]．既に避難から4年半が経過しており，避難先での生活が落ち着いてくる避難者もいれば，子どもの進路や友人関係を考慮して，また仮に帰還したとしても地域のインフラもコミュニティといった生活環境の問題が解決されていないなどの課題が残るなどが背景にある．

また，双葉地区の沿岸部では，上述のような被害状況の継続に加えて，避難区域として隔離されたが故の悲劇があったこともまた見過ごしてはならない．例えば，避難区域内の餓死者の問題はその筆頭であるだろう．父・標葉隆三郎は，震災当時，南相馬市内の病院に医師として勤めていたが，震災後に医療スタッフが人手不足となったことから当時の病院の閉鎖と患者の移送を決定している．その後，南相馬市内で検死に携わり，避難区域内で見つかったご遺体に餓死をされた疑いのある方がいたことを見出している(検死結果の死因は衰弱死と報告している)[13]．津波では命を奪われずとも，避難区域の中で足が不自由な方が移動もままならず，助けが来ないまま亡くなられたのだ．また，隔離されていたが故に，波にさらわれたまま行方知れずとなってしまったご遺体も少なからずあるだろう(石村 2013)．このような事柄は，福島第一原子力発電所事故がもたらした被害として検討されるべき事柄であるのではないだろうか．しかしながら，科学技術社会論を始めとして，このような側面は，放射線のリスクや原子力ムラを巡る議論に比して，どの程度顧みられてきただろうか．

4.「原発事故」が奪ったもの：社会的関心の収奪と関心の矮小化

東日本大震災において福島第一原子力発電所事故の影響は大きい．しかし，科学技術社会論を始めとする分野において，その影響はどのように検討が可能なのだろうか．例えば，放射線のリスクや不確実性といった問題の重要性は無論であるが，そのような問題設定に我々自身が議論の方向性を知らずと引きずられていなかっただろうか．

早稲田大学の田中幹人らと筆者は，震災直後より，東日本大震災を巡るメディア報道の分析を行ってきた[14]．その結果，見えてきたことは，中央メディアそしてソーシャルメディアにおいて，「東日本大震災を巡る報道量の低下」と「東日本大震災関連報道における『原発事故』関連テーマへの話題の集中」であった(田中・標葉・丸山 2012)．「原発事故」に関する話題が東日本大震災をめぐる報道を独占し，その結果，「地震」や「津波」に関する被害や，被災地を巡る社会構造的な課題などが相対的に背景化することになった．また東日本大震災を巡る報道量は時間と共に低下していったが，同時に「原発事故」中心の報道傾向はより顕著なものになっていった．「原発事故」が

有限である社会的関心を収奪していったとも言える[15]．

　福島第一原子力発電所の事故がもたらした影響とインパクトの大きさを考えるならば，「原発事故」に関わる事柄にフォーカスが強く当てられる傾向にあることは致し方ないことかもしれない．しかし，原子力発電所事故の影響は，直接的な被害に加えて，このような社会的関心配分の問題としても捉えられる必要があるのではないだろうか．そして，科学技術社会論に関わる我々もまた，同じようなフォーカスの偏りに捕われていなかっただろうか．そして「原発事故」に関わるフレーミングでさえ偏っていなかっただろうか．

　繰り返そう．東日本大震災とは，地震・津波・福島第一原子力発電所事故が組み合わさった複合災害である．「原発事故」あるいは「フクシマ」などの一言で括られるべき災害ではない．そのことは，そのまま今回生じた災害被害とその波及範囲を矮小化し，その風化に加担することになりかねないのではないかと筆者は危惧している[16]．

5．おわりに

　我々は，東日本大震災に対してどのように「関わり続ける」のか．震災からもうすぐ5年になろうとする今，何を語ることができるのか，また何を語るべきなのだろうか．いやそもそも「語るべき」なのだろうか[17]．時間と共に，問題のフレーミングは変化し，被災地とその外における乖離もまた益々大きくなってきたのではないだろうか．

　震災当時，宮城県石巻市にある石巻高校[18]で校長をされていた須藤亨先生は，震災後3年を経過する時点で，「まず現地に行ってみてください」との発言に，未だ続く被害への関心の風化への警鐘を込めていた[19]．それは，例えば仙台駅前のような風景を見るだけでは認識されない被害だ．そして須藤先生は，震災と過ぎていく時間を次のような端的な言葉で表現している．

「もう3年，まだ3年，たった3年」

　須藤先生の語る言葉には，東日本大震災当時の状況，いまなお現在進行形で続く被害，進みゆく状況／変わっていく地域の事情，時間の経過によって見えてくる／見えにくくなる課題，そして薄れていく関心，そういった様々な状況に対する情感が込められていたことは理解できる（標葉 2014）．

　我々は，この言葉の内実をどこまで想像することが出来ているだろうか．端的に投げかけられた言葉に応え得るだけのことをしてきただろうか．私（達）が見過ごしてきたもの／切り捨ててきたものは何であるのか．改めて考えていくことを，次の一歩としたい．

謝辞
　公益財団法人サントリー文化財団『人文科学，社会科学に関する学際的グループ研究助成』ならびに成城大学特別研究助成からの支援を頂いた．

■注

1）無論，この三県に限らず，茨城県，千葉県，青森県を始めとして他の地域においても東日本大震災の影響は大きなものであったことを強調しておく．

2）本稿でもそうであるように，東日本大震災における被害は，このように大きな数字に丸め込まれてしまうことが残念ながら多い．その本来であれば，被害一つ一つは，数字によって一括りにして議論できるような事柄ではないことは強調しておかねばならない．

3）2011 年 9 月～10 月に実施．発送数 28184，回収率 48.2%．

4）死亡者数（震災関連死含む）と避難者数等は宮城県・福島県・岩手県ならびに復興庁から，2015 年 5 月 8 日までに発表された数字に基づいている．尚，関連死のカウントなどから，警察庁発表の死者数とは数字が異なる．福島県の行方不明者数は死亡届の出されていない方の数となっている（これまでの届出は 224 名）．

5）なお，「標葉」はこの地域の昔の名前でもある．双葉という地名自体が「標葉」と「楢葉」を掛け合わせて作られた．また，このような表現は余り好きではないが，一族の墓も付近にあるため，お墓参りなどで訪れることもしばしばである．

6）国道 114 号線の部分開通により，家に立ち入るだけであれば，この状況はようやく変化した．但し，家の前に停車をしていると職務質問をされることもしばしばである．町中は防犯上の理由から絶えずパトロールがなされている．

7）科学と社会の問題に関わる分野にいながらこのような事をいう事は憚られるのだが，仙台で過ごした時間も含め，このような縁とゆかりが無ければ，筆者は東日本大震災の問題に関わることは恐らくは無かったであろう．いや正直な所，今回の地震・津波・原発事故が他の地域で生じていたとしたら，全く触れようともしなかったかもしれない．白状した上で自身の不明を恥じることしきりであるが，東日本大震災を経るまで，災害や原子力を巡る問題など，あまり関心がなかった．しかしながら，事前より関心を持っていたら，なお効果的な何かしかが出来ていたかと考えると，残念ながら，そうとも思えない．

8）本稿執筆現在では，国道 114 号線の一部開放に伴い，十字路の交差点毎に左折・右折で町に入るためのゲートが置かれる形となった．

9）2013 年 4 月 1 日の再編以降，筆者は平均すると月 1 回のペースで浪江町を訪れている．理由は，壊れた祖父宅から，祖父・祖母らの遺品や，両親の昔のアルバムの持ち出し，墓参りに合わせた現状確認，知己の研究者・ジャーナリストを同伴しての記録調査・取材など，様々である．

10）国道 6 号線の全線開通前後，国道 114 号線の一部開放などを契機としつつ，特に 2015 年度に入ってから，町内の除染作業ならびにガレキの撤去作業のペースは以前よりも上がっているように見受けられる．

11）東日本大震災直後には，写真 5 に示すような状況が海岸線数百 km にわたって広がっていた．東日本大震災を巡る議論は，この認識からスタートしなければならないのではないだろうか．

12）対象や調査時期などが異なるため一概には比較できず，あくまで参考であるものの，例えば，2013 年に南相馬市が旧警戒区域ならびに旧計画的避難区域の住民を対象に行った調査では，住民の 29.3% が「現時点で戻ることを決めている」との回答をしている（南相馬市復興企画部企画課 2013）．

13）この検死の様子については，朝日新聞や NHK などでも報道がなされている（e.g. 朝日新聞特別報道部 2012）．

14）なお最近の網羅的な研究例としては，池田謙一（編）『震災から見える情報メディアとネットワーク』（東洋経済新報社）がある．

15）東日本大震災を巡るメディア分析の事例としては，主にテレビ報道に注目した分析から，マスメディア上で報道された地域に偏りがあること，またその報道の偏りが被害の大きさを反映していないことが指摘されている（目黒 2011; 高野・吉見・三浦 2012; 稲増・柴内 2015）．例えば山本町などでは，人口に対する死者の割合が 4% を超えてしまうほどの人的被害を受けたにもかかわらず（標葉 2013），そういった大きな被害の実態は他の地域に比べてメディア上では余り取り上げられなかった（高野・吉見・三浦 2012）．このような事態は，「報道過疎地」とも表現されている（丹羽・藤田 2013）．

16）早稲田大学の田中らと筆者らの予備分析では，同じ新聞メディアであっても，全国紙と被災地域の地方紙において，異なる報道の視点があったことが示唆されている．例えば宮城県を中心とする河北新報では，「津波」キーワードが「原発」と同程度登場し続けるなど，全国紙では見られない傾向がある．またこのようなメディア間のフレーミングの差異は，現場の取材に関わるジャーナリストにとっても課

題となっている.
17）筆者や科学技術社会論の研究者がどのような形で今後の関わりを続けていくかは課題であるものの，菅（2013）の論考は一つの重要な参照点になると考えられる.
18）石巻震災によって最も大きな人的被害の出た自治体である．2015年8月10日の宮城県発表では，直接死・関連死で合計3545人が亡くなっている．石巻高校は，震災当時，高台にあったため津波による被災を免れ，地元地域の避難所として機能した．
19）2014年3月3日筆者によるインタビュー（標葉 2014）．

■ 文献

朝日新聞特別報道部 2012：『プロメテウスの罠2—検証！福島「原発事故」の真実』学研．
池田謙一（編）2015：『震災から見える情報メディアとネットワーク』東洋経済新報社．
石村博子 2013：『3.11 行方不明者—その後を生きる家族たち』角川書店．
標葉隆馬 2013：「複合的災害，その背景にある社会」中村征樹（編）．『ポスト3.11の科学と政治』ナカニシヤ出版：179-224．
標葉隆馬 2014：「東日本大震災 いま，改めて見つめたい『これまで』と『これから』」（http://synodos.jp/fukkou/7565　最終アクセス日 2015年8月31日）
菅豊 2013：『「新しい野の学問」の時代へ—知識生産と社会実践をつなぐために』岩波書店．
高野明彦，吉見俊哉，三浦伸也 2012：『311情報学—メディアは何をどう伝えたか』岩波書店．
田中幹人，標葉隆馬，丸山紀一朗 2012：『災害弱者と情報弱者—3・11後，何が見過ごされたのか』筑摩書房．
内閣府 2011：『平成23年度防災白書』（http://www.bousai.go.jp/kaigirep/hakusho/h23/bousai2011/html/honbun/index.htm　最終アクセス日 2015年8月31日）
内閣府 2011：『第4期科学技術基本計画』（http://www.mext.go.jp/component/a_menu/science/detail/__icsFiles/afieldfile/2011/08/19/1293746_02.pdf　最終アクセス日 2015年8月31日）
丹羽美之，藤田真文（編）2013：『メディアが震えた—テレビ・ラジオと東日本大震災』東京大学出版会．
福島大学災害復興研究所（編）2012：『平成23年度双葉8か町村災害復興実態調査基礎集計報告書（第2版）』（http://fsl-fukushima-u.jimdo.com/app/download/5674929767/24.2.14H23%E5%8F%8C%E8%91%89%EF%BC%98%E7%94%BA%E6%9D%91%E8%AA%BF%E6%9F%BB%E5%9F%BA%E7%A4%8E%E9%9B%86%E8%A8%88_ver2.pdf?t=1329268540　最終アクセス日 2015年8月31日）
南相馬市復興企画部企画課 2013：『南相馬市住民意向調査 調査結果速報—旧警戒区域及び旧計画的避難区域に住所のある方対象』（http://www.city.minamisoma.lg.jp/index.cfm/8,15096,c,html/15096/20131111-101640.pdf　最終アクセス日 2015年8月31日）
目黒公郎 2011：「東日本大震災の人的被害の特徴と津波による犠牲者について」，平田直，佐竹健治，目黒公郎，畑村洋太郎（編）『巨大地震・巨大津波—東日本大震災の検証』朝倉書店．
早稲田大学東日本大震災復興支援プロジェクト浪江町質問紙調査班 2015：『浪江町被害実態報告書—質問紙調査の結果から』（http://www.town.namie.fukushima.jp/uploaded/attachment/2040.pdf　最終アクセス日 2015年8月31日）

We should not only focus on the nuclear accident, but also consider the 3.11 as the triple disasters: what was deprived by the nuclear power plant accident?

SHINEHA Ryuma *

Abstract

On March 11th in 2011, a huge earthquake, tsunami, and Fukushima-Daiichi Nuclear Power Plant Accident struck Japan and resulted in many victims and various damages. Although a lot of effort for reconstruction has been done, the impact and damages of these triple disasters, called "Higashi-Nihon-Daishinsai" or "3.11," continue to this day.

To consider various issues resulting from "Higashi-Nihon-Daishinsai," we must understand the continuing damages and social structural issues behind the devastated areas. At the same time, scholars participating in researches on this triple disaster are required to think about "realities". How to describe? What should be discussed? Moreover, can we speak this triple disaster?

Keywords: Great east japan earthquake, Earthquake, Tsunami, Fukushima-daiichi nuclear power plant accident

Received: September 10,2015; Accepted in final form: February 20, 2016
*Tenured Assistant Professor, Faculty of Engineering, Seijo University; 6-1-20, Seijo, Setagaya Tokyo, 157-8511

ただ「加害者」の傍らにあるということ

福島第一原子力発電所事故とJR福知山線事故 2つの事故の経験から

八木　絵香*

1. はじめに

編集委員会から「狭義の科学技術社会論に限らず，原子力技術，原子力政策，それらに関する諸研究に対して，様々な意味での関わりを持つ人物，また当事者性を強く持つ人物に対し，(中略)特に明確に自己言及を意識した省察を幅広く収録する」ことを目的とした本特集号への原稿依頼を受けた時，福島第一原子力発電所事故以前から，原子力の課題に関わり続けてきた筆者が何を語ることができるのか，今さらながらに悩んだ．それは後述するような個人的な理由があるとはいえ，この問題について直接的には寄与できなかったという悔恨と，そうであるからこそ，別の仕方でこの問題に向かい合ってきたことへの自己省察が，不十分であったことの現れでもあろう．本特集は，個人的な省察を求めており，必ずしも学術論文である必要はないとの依頼であった．今回の機会に改めて，〈わたし〉の視点も含めた考察を試みたい．

2. 〈わたし〉にとっての福島第一原子力発電所事故

2011年3月11日の夕刻，あらゆる媒体から津波被害の情報を得ようとしていたその時，前触れもなく原子力緊急事態宣言という言葉が耳に飛び込んできた．その後，研究者としての筆者にできることはすべてやったつもりではいるが，それが十分であったか，実効的であったかと問われれば，そうとは言い切れない．

義理の家族の居住地は，福島県中通りにある．結果として汚染の程度が極端に高くはなかった地域だが，事故直後の段階では，幼い姪や甥は自宅にとどまるべきか，我が家に一時的に避難させるべきかを悩み，家族と議論を続けた．この先にどのように事態が進展するのか，具体的にどのような避難オペレーションが可能なのか，どのような情報提供が必要かということを，統治者視点（平川：2012）から見つめる筆者と，家族にとってどのような行動が最善かを悩む当事者視点の〈わたし〉がいた．それまでその両方の視点の融合が必要だと主張してきたにもかかわらず，本当の意味で自らが渦中の当事者になった時，それがどれほど困難な要求であるかが骨身に沁みた．

2015年9月10日受付　2016年2月20日掲載決定
*大阪大学コミュニケーションデザイン・センター准教授，〒560-0043 大阪府豊中市待兼山町1-16,
ekou@cscd.osaka-u.ac.jp

そして、母としての〈わたし〉．現在4歳となった娘がお腹の中にいた筆者は、研究者としてできることを行いつつも、もし自分が福島にいたらどう行動するのか、という逡巡を止めることができなかった．大阪という遠く離れた場所にいて、科学的ではないことは理解しつつも、つい自宅周辺の放射線量を気にしてしまったことを、今でも鮮明に記憶している．

3. 福島第一原子力発電所事故とJR福知山線事故

そんな筆者が、この問題に対する向き合い方について、ひとつの方向性を見いだせたきっかけは、これまでにもいくつか報告（八木：2013a，八木：2015a）してきたように、全く異なる分野、JR西日本福知山線脱線転覆事故（以下、「JR福知山線事故」）を通じた実践研究であった．

2005年4月25日に兵庫県尼崎市で発生したJR福知山線事故は、7両編成の車両のうち5両が脱線、先頭の3両が線路脇のマンションに激突し、死者107名[1]、負傷者562名を出した大事故である．福島第一原子力発電所事故とJR福知山線事故．この2つの事故を直接的に結びつける要素は、それほど多くはない．しかし、被害者のおかれる状況という観点から捉え直せば、見いだせる共通項も少なくない．当然のことながら、被害者と言ってもさまざまであり、必要な支援の形は異なること．何が被害であるかは、本人以外が判断すべきではないこと．事故による被害とは、直接的な被害のみならず、事故がトリガーとなって、かけがえのない日常が、徐々に破壊されていくことまでも含むこと．社会の中の弱い部分に、その破壊性がより強い効力もつこと．時間の経過とともにさまざまな形で被害者同士が分断され、口をつぐみがちにならざるを得ない状況．事故をきっかけとして新しい生き方を見つけて行く人もいれば、周囲の変化に取り残されるように、年月が過ぎるにつれて、より心身のダメージが積み重なる人がいること．この回復の差が明らかになってきた時にむしろ、別の深刻な被害が見えてくること．金銭補償が絡むがゆえの記述しにくい複雑な課題．そのいずれもが、JR福知山線事故の被害者の活動[2,3]に深くかかわってきた筆者には、福島第一原子力発電所をめぐる状況と重なって見えた．

それと平行して、事故から一年が過ぎる頃から、リスクコミュニケーションというテーマで依頼を受け、東京電力株式会社（以下、「東京電力」）の一般社員[4]にレクチャーする機会を得るようになった．そして筆者は、リクエストに直接応えることはせず、「被害者と呼ばれるようになる」ということはどういうことか、時間の経過とともにどのように被害が拡大し深刻化するのかについて、JR福知山線事故での経験をもとに、東京電力の「中」の人に語り続けてきた．

その過程で、電力会社という巨大な組織の中で、原子力とはほとんど無関係に生きていて（電力会社の社員であっても、原子力に関係する部門以外の社員は、原子力に対する知識や感覚は一般の市民と同様であった）、そして突然、加害企業の看板を背負うことになった人々に出会った．社会からの強い批判に耐えかねて、また会社の将来を悲観して、東京電力を去った社員も少なくない．そのような状況下でも、加害企業として東京電力にできることは何かと考え続け、次々と突きつけられる課題に立ち向かう人々がいるということに気づかされた．原子力に関する専門性は持たず、公の場で原子力についての発言の機会を持たなかった東京電力の社員と、東京電力には属していないが、原子力について公の場での発言の機会を持っていた筆者自身．この事故を未然に防ぐことはできなかった「責任」は、どちらの方が重いのだろうか．そう考えさせられたことも少なくない．

その当時、旧知の東京電力社員が次のように話してくれた．「正直、本店の中にいると、太平洋戦争末期の大本営かと思うような状態がままあります．それを問題だと思いつつ、一方では、自分もそれに荷担しているとの想いは、なかなか複雑です．（中略）それでも、自分たちが今目の前にあ

るひとつひとつから逃げ出すわけにはいかない．組織の問題が大きいので，なかなか自分が思うようには進展しないけれど，結局は現場にいる人が動かないことには，なにも変わりはしない．組織であっても，何かのきっかけで動き出す背景には，必ず人との繋がりがあると感じているので，いずれそうなればと思っています．」

　この当時，筆者自身も遅々として進まず場当たり的な，逃げ腰にも見える事故後の政府や東京電力の対応について，悲観的かつ，批判的であったように思う．しかしその限界を正面からふまえた上でも，諦めることなく前に進もうとする人々を目の当たりにした時，いま，ここで，筆者にできることは，むしろ東京電力の中の「人との繋がり」に目をむけることではないかと考え始めた．

4．「加害者」とともに事故に向き合う

　加害者となってしまったことを正面から受け止め，被害に遭われた方々の心身の安寧のために真摯に対応しようとする加害企業の中の人[5]こそが，被害者の方々の望む施策を実らせる「鍵」となる場合がある．そのことを筆者は，JR福知山線事故にかかわってきた経験から知っていた．そしてそのためには，表立っては語られてこなかったことだが，加害者となってしまった人々への支援が不可欠であることもまた，JR福知山線事故を通じて知っていた．このような事故に対する向き合い方は，科学技術社会論という分野や，その立脚する視点からすれば，むしろ相容れない向き合い方との批判もあろう．しかし福島第一原子力発電所の事故以前から，自らの研究の軸をアクションリサーチ[6]（矢守：2010）においてきた筆者は，「いま，ここで，〈わたし〉にできること」という形でまずは実践の中に身を投じることこそが，自分が研究者として成すべきことだと考えた．

　「未曾有の」という言葉が，大仰とは言えない大事故であり大災害である．もともと事故や災害の分野にはコミットしていなかった他分野の研究者も数多く被災地を訪れ，被害者を支援するという仕方でこの問題に向き合っている．そのような状況から，東京電力の中の人に知己がある筆者は，むしろ加害企業の側からこの問題に向かい合うことを，強く意識するようになっていった．

　前述のとおりこの背景には，妊娠期間と事故のタイミングが重なっており，筆者自身は，事故直後の福島へ足を運べていなかったことがある．もっと頻繁に福島に足を運び，事故以前に得ていた知見を可能な限り還元させていただききたいという想いはあった．しかし事故から一年余，現地に足を運ぶことさえできなかった私が，それができると思うこと自体が傲慢である．そうであるならばむしろ，科学技術社会論という分野の中に身をおき，今回の事故の発生とその後の展開を批判的にとらえつつ，別の仕方で貢献できることがあるのではないか，そう考えたのだ．

5．「傍らにある」ということ

　福島第一原子力発電所事故以降筆者自身が，この事故についてもっとも時間を割いてきたことは，被害者の声を加害者の耳に届くような言葉，文脈におきかえることだったのだろう．心の底から，納得のいく補償や示談というものはあり得ないということ．被害者の方々は，金銭的補償ではなく，ただ，事故の前にあった「日常」をそのまま戻して欲しいと望んでいるということ．被害は事故直後にピークがあるわけではなく，むしろ時間がたつほど深刻化する場合もあること．そのような被害の諸相を，JR福知山線の事故の経験をもとに語り続けてきた．

　福島第一原子力発電所の事故が進展中であるにもかかわらず，別の事故の事例をもって加害企業の方々に「被害者になるということ」を伝えるという方法が，迂遠であることは承知している．し

かしあの当時，四方八方から非難され，心情的に追い込まれた状況であった東京電力の人々の，自らに対する批判的な意見への感覚は麻痺していた．批判される一つ一つの課題は認識できていても，膨大な情報のなかで，そのどれもが断片的事実としてしか認識されていなかった．そのような状況で，鉄道事故という自らが被害者になりうる事故を通じて，「被害者になるということ」を東京電力社員に感じて欲しいと筆者は願っていた．立場を反転させて被害者の状況を我がこととして感じ，被害者の側から事故を見つめ直すためには，むしろ自らが加害者ではない事故を通じた方が，理解されやすい側面もあったのである[7]．

　東京電力の社員の方々と，JR西日本の社員の方々が非公式に対話する場もつくった．そこで語られた言葉は，敢えて記録としては留めることはしなかった．ただ痛ましさの種類は異なるにせよ，多くの人の人生を変えてしまう大事故を起こした側からの強い自省を伴う言葉の数々は，筆者自身の福島第一原子力発電所事故への係わり方をより明確にしていったように思う．

　そうして，それら営みの中で気づいたもうひとつのことは，筆者の役割は，専門性に基づいて知見を述べるという，加害者への支援だけではないということだった．会議の後や，移動の電車の中，歩きながらの会話といった「業務」を離れた場面で，筆者が行っていたことは，「こんなこと，被害者の方々に言える立場にないのですけれど……」「たくさんの方々が故郷を追われている中で，こんな泣き言を言っている場合ではないのですが……」という形で東京電力の社員から語られる言葉，社会から強い批判を自覚しつつも，そういう形で語らずにいられない言葉を，まずはそこにいて聴き続けることだった．震災から時間がたつにつれ，被災地で「頑張れとは簡単に言わないで欲しい」という声があがったのと同じように，加害企業の中の人々もまた「もっと頑張れ」と言われ続けることに疲弊していた．

　寄り添うでもなく，支援するでもなく，「ただ傍らにある」とはどういうことなのか．震災からの四年半，筆者の中に常にあった問いである．それは，東日本大震災から14日目に挙行された大阪大学卒業式での鷲田清一総長（当時）の言葉が，強く心に残っていたからでもある．鷲田は式辞の中で，精神科医中井久夫氏が「いてくれること」と翻訳したcopresenceという言葉を引用し，とてつもない被害の中にある人にとって，他人のcopresenceがいかに重要か，誰かから見守られている，誰かが案じてくれているという感覚が，とてつもない被害という場面で一番の支えになることについて指摘している（鷲田：2011）．別の論考で鷲田は「がんばってという言葉は，（中略）時とともにいよいよ厚く重くのしかかる困難に息も絶え絶えとなって，立っているだけで精いっぱいといった状況にある人には，むしろ過酷なものとなる」とも語っている（鷲田：2012）．

　また，阪神・淡路大震災の経験以降，国内外の数々の被災地に足を運び，そこで実践的な研究を行ってきた渥美（2008）は，その経験から「ただ傍らにあり続けること」の意味について論じている．それらの理念は，宮本（2015）により東日本大震災を通じて拡張され，「（問題解決を）めざす」かかわりではなく，「（共に）すごす」かかわりの重要性として示唆されている．ここに示された指摘は，一貫して被害者に対して向けられるまなざしであり，JR福知山線事故の被害者の方々と活動を共にしてきた筆者も，福島第一原子力発電所の事故直後までは，ただ傍らにあるということは，被害者の回復のプロセスという文脈の中で認識していた．しかしその後の日々の中で，ただ傍らにあるということは，加害企業の人々が，その責務を忘れず，被害からの回復のための営みを続けるためにも不可欠であり，それを指摘することの必要性も感じるようになっていったのだ．

6. 結びにかえて

　過去に発生した事故において，被害者から加害企業の個人をねぎらうような言葉が発せられたことは少なからずある．福島第一原子力発電所の事故においても，同様の事例があると聞く．一方で，どのような事故においても，人生そのものを奪われたことに対して，加害企業や規制官庁への強い怒りの感情があることも事実である．本稿で例にあげた二つの事故では，旧経営陣の刑事責任めぐり，検察審査会での審議を経て強制起訴が行われている．これは，大切な人や，家や，仕事をなくした多くの人が，事故から時間がたっても苦しみ続けている中で，誰一人として責任を問われないことに対する理不尽さを考えれば，もっともなことである．その意味で，本稿で記述の対象とした一般社員ではない，責任ある立場にあった当事者への追究は厳しく行われるべきである．

　加えてこのような形での裁判にはならないが，原子力業界の舵取りをする立場にある専門家の福島第一原子力発電所事故をめぐる言動には，その批判を緩めるべきではないと感じるものが少なくない．それらについては筆者自身も，あえて原子力学会誌という彼らの目に直接届く媒体を通じて，積極的な批判を行っている(八木：2011, 2013b, 2013c, 2015)．

　一方で，本稿で記述した通り，加害企業の中にいる一般社員に接してきた経験から筆者は，直接的な批判だけでは，福島第一原子力事故をめぐる，また原子力技術をめぐる社会のありようは変わらないと考える．そう述べると，科学技術社会論学会の内部から，「『原子力ムラ』の体質が変わらないかぎり無駄だ」「体よく『原子力ムラ』のガス抜きに使われているだけだ」という批判もいただく．それらの批判は真摯に受けとめなければならないと考えている．一方で，やはり批判の矛先を先鋭化するだけでは(また当然ながら，筆者がとったようなスタンスだけでも)この状況を打破できないこともまた事実であろう．

　「科学技術と社会の界面に生じるさまざまな問題に対して，真に学際的な視野から，批判的かつ建設的な学術的研究を行うこと」が，本学会の設立目的である．そうであるならば，福島第一原子力発電所をめぐる諸課題の「解決」のためには，多様なコミュニケーションの回路を内部に抱き，理論と現場のあいだを行き来しつつ，常に自省しながら，新しい科学技術と社会の関係を提案していくことこそが，この分野に求められることではないだろうか．

　福島第一原子力発電所の事故の後，被害者の視点から，JR福知山線事故での被害と重ね合わせた上で，科学技術社会論の今後についての論考(八木：2013a)を完成させた際，「被害当事者がそうであるように，そのどちらの(当事者と統治者の)フレームにも身をおかず，両方のフレームを一人の人間のなかに『ねじれ』として抱え込む．両者の間にある相容れなさを，矛盾を一人の人間の中に抱え込むことによってしか，なされ得ない仕事，そういういう科学技術社会論の一分野を切り開いていきたいと切に思う．」という言葉で原稿を締めくくった．今でもその考えは変わらない．歩みとしては遅々としたものであることへの罪悪感は常にある．それでもなお諦めず，頂く批判の言葉の重みを改めて噛みしめながら，新しい実践・研究へとつなげていくことが，科学技術社会論の研究者に課せられた使命のひとつであると考える．

■注

1) 死者数は，乗客106名，運転手1名の計107名である．JR西日本の公式発表などを含め，死者数の表記の仕方(運転手を含めるか否か)については議論がある．

2）筆者が，近年，その活動メンバーの一人としても係る「JRの会―JR福知山線事故・負傷者と家族等の会―」は，負傷者に視点を据え，JR福知山線事故の被害者やその家族のつながりの構築や，事故の検証・被害者支援方策に関する提案などに精力的に活動するネットワークの1つである．JR西日本福知山線脱線転覆事故の負傷者と家族等の有志により，2008年2月2日に設立された任意団体であり，メンバーは約20名．負傷者およびその家族の他に弁護士や臨床心理士等の専門家も参加している．

3）本稿では，JR福知山事故の中でも，特に負傷者とその家族（遺族は含まない）の活動における筆者のフィールドノーツ，およびインタビューデータをもとに考察を加えている．

4）本稿で東京電力の社員（人々）として記載した対象は，代表取締役社長直轄の「原子力改革特別タスクフォース」や「ソーシャル・コミュニケーション室」に配属される一般社員である．もともと原子力発電分野が専門の社員もいるが，福島第一原子力発電所の事故までは，原子力発電とはほとんど係わりを持たなかった社員（主に営業職）も多く含まれている．

5）すべての東京電力の社員がこのような姿勢で，福島第一原子力発電所の事故に向かい合っているわけではないことも事実である．一方で，本文でも記したように，被害に遭われた方々の心身の安寧をもとめて，昼夜を問わず真摯に対応しようとする東京電力の社員が存在することも事実である．本稿は，後者に着目して記述していることを改めて付記する．

6）矢守（2010）は，望ましいと考える社会的状態の実現を目指して研究者と研究対象者とが展開する共同的な社会実践のあり方をアクションリサーチと定義する．この定義によれば，アクションリサーチのキーワードは変化であり，介入である．望ましい社会の実現に向けて，変化を促すために，研究者は現場に介入していく．これがアクションリサーチの基本的な考え方である．

7）私が直接接していた社員の方々は，福島第一原子力発電所により被害を被った方々および被災地自体等と頻繁に接し，また主に福島県内における東京電力社内の活動をとりまとめる立場にあった．そのため，福島第一原子力発電所をめぐる諸課題と，その対応について東京電力が受けている批判や課題については，概ね把握していた．

■ 文献

渥美公秀 2008:「災害ボランティア再考」『災害ボランティア論入門（シリーズ災害と社会⑤）』弘文堂，83-108．

平川秀幸 2012:「科学における『公共性』をいかにしてつくりだすか……統治者視点／当事者視点の相克」『談　特集：理性の限界……今，科学を問うこと』No. 91, 11-32.

宮本匠 2015:「災害復興における『めざす』かかわりと『すごす』かかわり：東日本大震災の復興曲線インタビューから」『質的心理学研究』No. 14, 6-18.

八木絵香 2011:「ポスト3.11時代の科学技術コミュニケーション：社会は原子力専門家を信頼できるのか」『日本原子力学会誌』53(8), 16-19.

八木絵香 2013a:「第3章　科学的根拠をめぐる苦悩：被害当事者の語りから」中村征樹（編）『ポスト3.11の科学と政治』ナカニシヤ出版, 87-119.

八木絵香 2013b:「エネルギー政策における国民的議論とは何だったのか」『日本原子力学会誌』55(1), 29-34.

八木絵香 2013c:「今，必要とされるのは「コミュニケーション」なのか」『日本原子力学会誌』56(3), 62-3.

八木絵香 2015a:「学会の知を社会で活かすために」『日本原子力学会誌』57(4), 242-243.

八木絵香 2015b: 事故や災害の「負の遺産」をどのように保存すべきなのか――JR福知山線事故から10年（http://synodos.jp/society/13869　2015年8月31日現在）

矢守克也 2010:『アクションリサーチ：実践する人間科学』新曜社, 242-243.
鷲田清一 2011: 大阪大学平成 22 年度卒業式・学位授与式総長式辞　http://www.osaka-u.ac.jp/ja/guide/president/files/h23_shikiji.pdf　(2015 年 8 月 31 日現在)
鷲田清一 2012:「『語り直す』ということ　語りきれないもののために」『語りきれないこと：危機と痛みの哲学』角川文芸出版, 13-56.

Review

Staying Beside Persons Identified as Responsible for Preventing Accidents: Case Studies on the Fukushima Nuclear Power Plant Accident and the JR Fukuchiyama Line Train Derailment

YAGI Ekou *

Abstract

The author conducted many dialogue forums on issues concerning severe accidents before the occurrence of the Fukushima Nuclear Power Plant accident. In this essay, the author describes a self-reflection about the nuclear accident from a standpoint of a research practitioner about science communication. After 3.11, the author have been meeting those identified as responsible for the accident (some employees of the Tokyo Electric Power Company), and have talked them concerning the issues such as "What kind of damage have the victims suffered?" and "What can the responsible enterprise's employees do for the victims?" The author also examined another type of accident, the JR Fukuchiyama Line train derailment. The results of these investigations reveal that apart from focusing on providing support to victims of accident, we should also consider providing better resources for those responsible for preventing accidents. The author realizes that it is important to stay beside the person not to support them directly too.

Keywords: Public dialogue, Self-reflection, Support system to victims, Support system to responsible enterprise

---

Received: September 10, 2015; Accepted in final form: February 20, 2016
*Center for the Study of Communication-Design, Osaka University; 1-16 Machikaneyama-cho Toyonaka city, Osaka, 5600043; ekou@cscd.osaka-u.ac.jp

法と制度

原子力の専門分化による全体性の喪失

法学的視座から

交告　尚史*

1. 関心の所在

　本稿では，原子力発電所（以下原発と略す）の安全性を確保するには知の融合を図る必要があるという趣旨のことを語りたい．私は一介の法学者であり，いわゆる原発訴訟の判決を読んで思考したところを素材とするほかに術を知らないが，他分野の方々とも会話が成り立つように自分なりに努めたつもりではある．

　原発は大規模施設であり，燃料棒からタービンまで目配りしなければならないが，全体について一人の人物が高度の専門性を具えるのは難しいのではないか．これが，本稿のテーマを決めた時に私の脳裡にあった問題意識である．別段一人の人物が高度の専門性を具えなくても，燃料棒の専門家やタービンの専門家など個別の専門家を集めればよいではないかという意見もあるかもしれない．しかし，施設が一体となって稼働している以上，やはり全体を見据えることのできる人物が後ろに控えていてしかるべきである．

　全体を見据えるということは，訴訟になった場合における審理の進行という観点からも大切なことである．裁判官としては，被告の行政から原発の安全確保の仕組みに関して部分的に詳細な説明がなされても，装置としての原発の構造的連関について鮮明な理解が得られなければ，被告の主張の全体を理解することは容易ではあるまい．したがって，裁判官にそのような安全確保の仕組みの全体像を説明するプロセスが必要となる．

　そのようなことを漠然と考えていたのであるが，しばらくして，専門知の重ね合わせという問題もこのテーマに取り込むことができるのではないかと思うようになった．たとえば，配管の応力腐食割れについて対策を講ずるには，それに必要な知を集めなければならない．応力腐食割れは原発に限った現象ではないであろうから，これに関する研究の蓄積はあると思う．しかし，原発には原発という特異な環境ゆえの特殊な問題が伏在しているのではないか．仮にそうだとすれば，その特殊性に対応できる研究者を探し出す必要がある．もしそのような研究者が見つからないのであれば，関係する種々の分野で実績のある研究者を組み合わせて，原子炉の配管の応力腐食割れに対処し得る知を練り上げるのでなければならない．現時点で応力腐食割れを例に挙げることが適切なのかど

2015 年 8 月 31 日受付　2016 年 2 月 20 日掲載決定
*東京大学法学部教授，〒113-0033 東京都文京区本郷 7-3-1

うか素人の私には判らないが，専門知の重ね合わせという私の問題意識を説明する上での便宜ということで了解をいただきたい．

なお，専門知の重ね合わせの問題については，表題の「全体性の喪失」の部分が如何なる意味をもつのか判然としないとの指摘を受けるかもしれない．しかし，上記の例において，原子炉という環境の中での応力腐食割れを考察する必要があるというときに(仮にそうであるとせよ)，その環境を捨象してしまったのでは，実践知として必要な全体性を欠いているというべきではないであろうか．いささか苦しい説明ではあるが，私は，そのように考えて本稿をまとめたいのである．

以下の叙述では，安全確保の仕組みの全体像を裁判官に説明するプロセスという問題(5. 伊方の定式)よりも，専門知の重ね合わせの問題(4. 最善知探究義務)の方が先に登場する．それは，全体として私の研究歴に沿って叙述しているからである．

2. 前提となる法学の知識

法学者が法学者として原発について語るのは，たいていは原発訴訟との関連においてである．原発訴訟には，大きく分けて，民事の差止訴訟と行政訴訟とがある．前者は，付近住民等が発電事業者を相手取って原発の建設ないしは運転の差止めを求める訴訟である．後者は，原子力規制委員会が核原料物質，核燃料物質及び原子炉の規制に関する法律(以下原子炉等規制法という)の43条の3の5に基づいて[1)]事業者に与えた原子炉設置許可について，付近住民等がその取消しまたは無効の確認を求めて提起する訴え(行政事件訴訟法3条2項, 4項)である[2)]．許可の取消しを求めるものを取消訴訟，無効の確認を求めるものを無効確認訴訟と呼ぶ．

原発の建設ないし運転を巡る民事の差止訴訟は，本来は民法学者の研究対象である．しかし，原発絡みの判決を読みこなすには原子炉等規制法の知識も必要であるから，同法を読み慣れた行政法学者が取り組むこともある．私はその行政法学者であり，常日頃は行政訴訟の判決を読んでいる．読んで考えなければならないのは，たとえば，①基本設計論(4で論述)，②裁量論(災害の防止上の支障が存しないかどうかの行政の判断に裁量が認められるのかという問題[3)])，③主張・立証責任論(5で論述)，④違法判断の基準時といった論点である．いずれも興味深い問題であるが，行政法学者でも科学裁判への関心の薄い人は，①は敬遠するかもしれない．②と③は行政法学の重要な課題であり，講義で触れなければならないので，行政法教員であれば誰でもそれなりに知識を仕入れている．

④の違法判断の基準時は，次節(3)で触れる日本公法学会の報告で取り上げた論点である．付近住民等が原子炉設置許可の取消しを求める行政訴訟では，たとえば，行政が事業者に許可を与えた時点ではECCSに関する実験は極めて不十分であったのに，訴訟に時間がかかっている間に実験が進み，科学的知見が増大したという場合，裁判所としては，許可の違法性を審査するのに，行政が許可をした時点の科学技術水準を基準にするべきか，それとも判決を下す時点での科学技術水準を基準にするべきかという問題を生じる．私は原発訴訟に関しては後者の立場である[4)]が，ここではこれ以上踏み込まない．

3. 私の原発学習事始め

私が原発訴訟の研究に手を染めたのは，1990年の春間近の頃であったと思う．日本公法学会から依頼があって，原発訴訟について報告することになった．そこで，とりあえず原発訴訟の判決を

読み始めたのだが，全く歯が立たない．学会開催は10月であり，まだ間があるので，まずは原発とはどういうものかを知るべきだと考えた．当時勤務していた神戸商科大学(現兵庫県立大学)の卒業生で関西電力に勤務している知人に相談したところ，大飯原発への見学旅行を企画して頂くことができた．当時の大飯では3号機と4号機が建設中で，たしか3号機が7割程度，4号機が3割程度の進捗状況であったと記憶する．両者を比較して設計の有り様の変化を観察することができたのは幸運であった．

　大飯に向かう列車内でのこと，同行して下さった設計課長が列車内で英語の推理小説を読んでおられるので，その語学力を賞賛したところ，原発の勉強のためにアメリカに派遣されていた間は，お昼も弁当をかき込みながら分厚い英語の資料を読んだものだと話して下さった．大飯に着いて，しかるべき役職の方にご挨拶申し上げると，その方は「私は燃料棒屋です」と自己紹介された．どういう訳か，これら2件の言葉のやり取りは今でもはっきりと記憶に残っている．原子力との知的な関わりには色々な形があることを，この時それとなく感じ取ったのかもしれない．

　もちろん，書物による学習にも精を出した．とくに愛着を覚えた本が2冊ある．高木仁三郎『科学は変わる 巨大科学への批判』(東洋経済新報社，1979年)と近藤駿介『やさしい原子力教室Q&A』(ERC出版，1991年)である．前者は著者の科学観を綴った書であるが，原子力に2章が割かれているし，他の箇所にも原子力に関する記述が登場する．後者は，原子力専門家のKと専門家ではないが知的水準の高いSとの対話という形で原子力に関する諸問題を解りやすく解説した小著である．「地域に根ざした小型で人間的な技術」を志向する高木(177頁)と，「原子力は新しい共同体を生み出す側にある」と説く近藤(185頁)．立ち位置を全く異にする二人の著作がともに私を魅了した．

　高木の著書からは，科学の研究が細分化される中で個々の科学者がアイデンティティを見出そうと思えば，個別的な専門性を武器にしてスペシャリストになりきるほかはない，研究の流れを見通すような作業は一部のエリートに委ねられる(88頁)ということを訓えられた．また，ECCSの実証性について大いに考えさせられた．ECCSについては実際に事故状態を現出させて実験を行うことができないので，結局どの程度のモデル実験がなされていればよいかという問題が生じる．高木は「同じ手段を使えば，誰しもが共通の体験をなしうる」(157頁)というところに実証性の基盤を求めるから，ECCSの実証性には懐疑的であった．

　近藤の書物には，理論を信頼して生きるという強い合理的精神の発露が随所に見られ，それが小気味よく感じられた[5]．私は人間と科学技術の関わり方については高木の思想に親近感を覚えるが，近藤がKをして語らしめているところには頗る説得力がある．今の目で見れば，この本で地震に関する記述が手薄なのは残念である．

4. 最善知探究義務—基本設計をめぐって

　その後，福島第2原発事件の最高裁判決[最判1992(平成4)年10月29日判例時報1441号50頁]を学生向けに解説するという仕事[6]が舞い込んできた．この時，基本設計という概念をどう理解するかについてずいぶん悩まされた．原発訴訟の裁判例のなかには，基本設計を「工学上の」概念として説明するもの[福島地判1984(昭和59)年7月23日判例時報1124号34頁．該当箇所は118頁]があるが，私はそれには反対である．原発のような複雑な構造物を製作する場合に，基本設計から詳細設計へという段階を踏まえるのが常道であることは理解できる．その設計態度を工学という語で捉えることについても異存はない．しかし，原子炉設置許可という法律の仕組みにおいて，何が

審査の対象になるのかということは，法律の定めを基点として導き出されるはずである．それが工学上の概念であるというのなら，その手掛かりが法律の中に存するのでなければならない．私は，工学上の概念がそこで想定されていると解釈するのは無理と見た．原子炉設置許可に際しての審査対象を基本設計という概念で画するとしても，それは工学上の概念ではあり得ない．災害の防止という法目的を実現するために，具体に何をそこに含めるべきかについて，行政が最善知を探究するべきである[7]．原子炉設置許可の時点でどこまで審査するかという判断をするときに，その基礎となる学問を工学に限定する必然性がどこにあるのか．原子炉の安全を確保するのに必要な学問をすべて融合させるべきであろう．

　当然ながら，このような発言は直ぐに批判を浴びることになる．というのは，最善知とはいったい何かが明確ではないからである．行政に最善知探究義務があると言っても，その義務の内容が特定されないのである．私もそのことは承知しているが，最善を目指して努力する義務があるという趣旨であえて主張しているのである．ナトリウムが漏れれば鉄板に穴があくというのは，本当に学界の一部には常識とも言えることであった[8]のか．もしそうであるのなら，なぜその学界の人々の知が決定過程に反映されなかったのか．そのような知を有するのは，学界の片隅に佇む僅かな人たちだけなのかもしれない．しかし，この世界にどのような知が分布しているのか，行政はもっと額に汗して探究すべきであろう．行政そのものの中にそうした知の有り様に見通しの利く人物が配置されるように工夫する必要がある．

　このような私の発想は，おそらくスウェーデン法に学んだ事柄に影響を受けていると思う．私はすでに20年余りに亘ってスウェーデン行政法を研究しているが，スウェーデンでは行政活動は知的営為であると認識されているような気がしてならない．日本の行政とて知的活動ではあるが，スウェーデンにおいては，政策的色彩を帯びた案件（条文の機械的な適用ではないという趣旨）の処理に関しては，可能な限り良質な知を吸収しようという志向が格段に強い．そのことを端的に示すのがレミス（remiss）という行政決定の手続である[9]．行政機関は，専門知識を要する決定を行う際には，その専門知識を具えているはずの団体（民間の場合もあれば，公共機関の場合もある）に一斉に書面で意見を求めるのである．

5. 伊方の定式―主張，立証の意味

　比較的最近のことになるが，③の主張・立証責任論について自分なりに考えをまとめてみた[10]．まずは伊方訴訟最高裁判決［最判1992（平成4）年10月29日民集46巻7号1174頁］の一節をご覧頂こう．私は，この一節を「伊方の定式」と呼んでいる．

　「右処分が前記のような性質を有することにかんがみると，被告行政庁がした右判断に不合理な点があることの主張，立証責任は，本来，原告が負うものと解されるが，当該原子炉施設の安全性審査に関する資料をすべて被告行政庁の側が所持していることなどの点を考慮すると，<u>被告行政庁の側において，まず，その依拠した前記の具体的な審査基準並びに調査審議及び判断の過程等，被告行政庁の判断に不合理な点のないことを相当の根拠，資料に基づき主張，立証する必要があり</u>，被告行政庁が右主張，立証を尽くさない場合には，被告行政庁がした，右判断に不合理な点があることが事実上推認されるものというべきである（下線は筆者）．」

　さて，この下線部分の理解が問題である．私は，裁判所が被告に対して，この後の勝負の土俵（両当事者の間で展開される主張の応酬の前提）を構築するように求めていると解した．原告の方は，「ECCSに実証性が欠けている」といったことぐらいは発言しなければならないが，とりあえずそ

の程度のことを述べておけば，真摯な主張をしていると認めてもらえる．それに応じて，被告の方は，当時の原子炉等規制法24条1項4号にいう「原子炉施設の位置，構造及び設備が……原子炉の災害の防止上支障がないものであること」という要件の認定に関する判断の枠組みを説明しなければならない．原告の方でECCSの問題点しか指摘していないとしても，被告の方はECCSについての所見だけ開陳すればよいというものではなく，判断枠組みの全体について語ることを求められる．これが私の結論であった．

このように書くと，いかにも私がこの問題の専門家であるかのような印象を与えるかもしれない．しかし，主張・立証責任をどちらが負うかというようなことは，民事訴訟法学の議論に相応しい課題である．行政事件訴訟法には主張・立証責任についての規定がないので，「民事訴訟の例による」（行政事件訴訟法7条）ことになる．もちろん，普通の民事訴訟とは違った要素をいろいろ取り込んで考えなければならないから，行政法学者も，ここは自分たちの出番でもあるとみて，主張責任や立証責任の問題に取り組んではいる．けれども，訴訟法学的な考察の専門家と言えば，やはり民事訴訟法学者である．

もし私の論文が民事訴訟法学者の眼に触れることがあるとすれば，おそらく未だ学説として取り上げるに値しないと評価されるのではないか．単に被告に対する裁判所の要求を祖述しただけのものと受け取られそうである．民事訴訟法学者にとっては，まさにその裁判所の要求を理論的にどう説明するかが腕の見せ所である．しかし，私には，上記の下線部分は，主張，立証という語が用いられてはいるけれども，民事訴訟法学者の脳裡にあるような主張・立証責任を観念する場面ではなく，それ以前の「前捌きの場」とでも言うべき段階について語っているように見える．何故そのような前捌きの場を用意する必要があるのか．それは原発が大規模施設であるがために全体が見えないからだと私は素朴に解している．裁判官としては，全体としての安全確保の仕組みを説明してもらわなくては，個々の装置の機能や施策の意義を説明されても，災害の防止上支障がないものであるかどうかの判断ができないのである．

ここでの記述には立証といういかにも法学らしい用語が登場するので，一般の読者には無縁の議論という印象を残したかもしれない．しかし，この基本設計論というロジックは，行政が一応のことを説明できれば，工学的な判断の枠組みを受け容れようという姿勢の顕れであることを理解する必要がある．

6. 最近の関心事

近時の関心事と言えば，やはり大飯原発差止判決［福井地判2014（平成26）年5月21日］である．これは民事の差止め訴訟の判決であり，私が日頃読んでいる行政訴訟の判決ではない．しかし，さすがにこの判決には行政法学者の私も注目している．

最近，東京大学名誉教授の井野博満がこの判決を評価する論文を公表し，外部電源と主給水ポンプを耐震Sクラスにしないことについて裁判所が疑問を呈したのは，普通の市民感覚からすればまっとうであるし，原子力分野の考え方に染まっていない他分野の科学者にとっても頷ける発想であると説いている[11]．井野は金属腐食の研究者と聞き及んでいるが，この書きぶりでは，自らが原子力専門家であるとは認識していないと見てよい．それでも，関係する専門知の持ち主であるがゆえに，原子力安全・保安院に設置された「発電用原子炉施設の安全性に関する総合的評価」の意見聴取会委員として，大飯原発3号機，4号機の審査に加わった．そして，その席で，原子力専門家である他の委員から，外部電源と主給水ポンプを耐震Sクラスにするというのは原発の設計思想

を理解しない妄言だとの批判を受けたという.

　ここで私は困った事態に陥る.私の考えでは,井野も原発の安全確保に必要な専門知の持ち主であると言ってよい.それを原子力専門家と称するかどうかはまた別問題である.井野の主張を妄言視した委員は,明らかに原子力専門家として名の通っている人物と見受けられる.この両者の間に冷静な対話が成立する風土でなければ,本稿において私が最善知探究義務として観念しているものは現実化しない.ここが肝心なところであり,諸外国の実情も知りたいものである.

　井野によれば,外部電源と主給水ポンプが耐震Sクラスになっていないのは,コストと技術的困難性が理由である.したがって,原発を使い続けるのであれば,まずは技術開発に努めるべきだということになる.コストがかかるのは当然のことと考えるか,それともコストを下げる工夫をするかである.しかし,問題は本当にコストと技術的困難性だけなのか.外部電源と主給水ポンプを耐震Sクラスにすれば,その部分の重量がかなり増えると思われるが,そのことにより全体のバランスが崩れるということはないのか.これは私の全くの素人的な疑問である.ともかく,専門家の意見交換がなければ,素人は勝手な想像をするしかない.繰り返しになるが,ここで私の言う専門家というのは,原発の安全確保に関する専門知の保有者である.

■注

1）ここで引いた原子炉等規制法の条文は2012(平成24)年改正後のものであるから,それ以前の判決を読むときは,経済産業大臣(実用発電用原子炉の場合)が旧法23条1項に基づいて許可を出していたことを想起する必要がある.また,時の流れの中で組織の名称や在り様が変化していることにも注意したい.

2）今後は,行政訴訟として,その一類型である義務付け訴訟が使われるようになるかもしれない.現行法の43条の3の20第2項によれば,原子力規制委員会は,そこに列挙された要件のいずれかに該当するときは,1年以内の期間を定めて原子炉の運転の停止を命ずることができるし,必要であれば設置許可を取り消すこともできる.そこで,付近住民としては,この権限の発動の義務付けを裁判所に求める(行政事件訴訟法3条6項1号)ことが考えられるのである.

3）この問題については,阿部,淡路,交告,小早川,高橋(1993, 14-25)をお読みいただきたい.

4）交告(1991, 198).この論文は,1990年10月の日本公法学会での報告をまとめたものである.

5）近藤先生には後年研究会等でたいへんお世話になった.ご一緒させて頂いた企画のひとつが,内閣府原子力安全委員会事務局(当時)から財団法人原子力安全研究協会が受託した『リスクを考慮した安全規制の考え方の現状に関する調査』(2002年)である.この調査の専門委員会の委員長が近藤先生で,私も委員の一人に加えていただいた.このとき私はドイツの原子力分野における規制の仕組みに取り組んでいたが,近藤先生のお勧めに従ってイギリスの保健安全執行部のリスク論をも合わせて研究したところ,大いに得るところがあった.その成果が交告(2002, 92)である.

6）現在出ているものは,交告(2011a, 206-7).

7）交告(2014, 7-10).なお,松本(2015, 70-6)を参照されたい.私の最善知探究義務論がさしあたり専門家の知識の取り込みしか念頭に置いていないのに対し,松本の最善知求義務は公聴会による住民意見の聴取等をも視野に入れている.なお,松本論文の脚注(3)に「最善知探求義務は,井上の存在志向的多元主義と同義である」と記されており,私はここからさらなる思索の手掛かりを得たいと考えている.

8）小林(2005, 53-7)を参照のこと.

9）交告(2006, 210).

10）交告(2011b, 215).

11）井野(2015, 416-).

■ 文献

阿部泰隆, 淡路剛久, 交告尚史, 小早川光郎, 高橋滋 1993:「〈座談会〉伊方・福島第二原発訴訟最高裁判決をめぐって」『ジュリスト』1017, 9-35.
井野博満 2015:「原発の設計思想を問う」『科学』85(4), 414-8.
小林傳司 2005:「もんじゅ訴訟からみた日本の原子力問題」藤垣裕子編『科学技術社会論の技法』東京大学出版会, 43-74.
交告尚史 1991:「大規模施設と司法審査—原発訴訟を念頭において」『公法研究』53, 195-204.
交告尚史 2002:「法の視点から見た限度と目標」財団法人原子力安全研究協会『リスクを考慮した安全規制の考え方の現状に関する調査』, 92-101.
交告尚史 2006:「スウェーデンにおける総合的環境法制の形成—歴史と現状—」畠山武道・柿澤宏昭編著『生物多様性保全と環境政策 先進国の政策と事例に学ぶ』北海道大学出版会, 159-217.
交告尚史 2011a:「福島第2原発事件—原子炉施設の基本設計と安全審査の対象」淡路剛久・大塚直・北村喜宣編『環境法判例百選［第2版］』有斐閣, 206-7.
交告尚史 2011b:「伊方の定式の射程」森島昭夫・塩野宏編『加藤一郎先生追悼論文集 変動する日本社会と法』有斐閣, 245-69.
交告尚史 2014:「原子力安全を巡る専門知と法思考」大塚直責任編集『環境法研究』1, 1-33.
松本充郎 2015:「現代の貧困—批判的民主主義の制度論」瀧川裕英・大屋雄裕・谷口功一編『逞しきリベラリストとその批判者たち 井上達夫の法哲学』ナカニシヤ出版, 59-76.

Necessity of questing for the best mix of knowledge in the field of nuclear safety

KOKETSU Hisashi*

Abstract

The system of license for nuclear installations has been administered within the technological framework of thinking. In administrative law cases, the defendant, i. e. the authority, always explains that she should only examine only the "basic design" of the reactor at the time of the procedure for license. The authority considers "basic design" for a technological concept. But I will not support this view. It is the legal concept of "hindrance to prevention against a disaster" (the former Atomic Law §24(1) Nr. 4) that determines what should be examined in the procedure. In the "Ikata-decision" of 29th April 1992, the Supreme Court followed the popular principle of the civil procedure law that it is plaintiff who should bear the burden of proof, albeit it was an administrative law case. On the other hand, the Court required that the authority should first "prove" that her conclusions were not unreasonable. This means that the Court will accept the consequence of technological thinking of the authority, if she succeeded in "proving" that her conclusions were not unreasonable. But the technological way of thinking is not enough for a good administrative decision. I will state in this essay that the authority should aim at mixing of the related sciences and quest for the best mix of knowledge.

Keywords: Atomic law, License for nuclear installation, Burden of proof, Duty to quest for the best mix of knowledge

---

Received: August 31,2015; Accepted in final form: February 20, 2016
*Professor, Faculty of Law, The University of Tokyo; 7-3-1 Hongo, Bunkyo-Ku, Tokyo, 113-0033

総説

3.11と第四期科学技術基本計画の見直し

小林　傳司*

1. はじめに

　本稿は，2011年3月11日の東日本大震災及びそれに伴う東京電力福島第一原子力発電所の事故とSTS研究者の関わりの一断面を記録するものである．

　以下に記した内容は，今まで公表されたことはない．しかしプロアクティブな成分を含むSTS研究が，未曾有の自然災害と原発事故に際して，政府からの求めにどう対応したのか，を記録しておくことに意味があると考え，公表する次第である．このような対応をどう評価するかは，読者諸賢の判断に任せたい．なお固有名に関して敬称は省略し，所属等は当時のもので記載した．また事実関係についての記述も，引用文書中のものの場合には，当時の認識のままにしてある．

2. 経緯

　「ああ，エレベーターが動いているんだ．」2011年4月2日，大阪大学豊中キャンパスのエレベーターホールで，藤垣裕子(東京大学)が発した言葉である．東京電力管内では3月14日から28日まで計画停電が実施されるなど，電力供給に不安があった時期であり，東京大学でも節電の要請がありエレベーターの使用なども制限されていた．しかし，当時大阪では日常生活に特段の変化はなかった．このエレベーターの運用に見られる違いが，当時の東西の状況の違いを象徴している．

　4月2日に大阪大学にやってきたのは藤垣だけではない．平田光司(総合研究大学院大学)，小林信一(筑波大学)，中島秀人(東京工業大学)らも来阪していた．大阪大学側からはCSCDの小林傳司，平川秀幸，八木絵香，山内保典他及び全学教育推進機構の中村征樹が出迎えた．これらのメンバーは，2日，3日の二日間を費やして，第四期科学技術基本計画の見直しについて討議するために大阪大学に集まったのである．

　第四期科学技術基本計画は2011年度から開始されることになっており，そのための閣議決定は3月に予定されていた．しかし閣議決定直前に3.11が起こったため原案での閣議決定は見送られ，東日本大震災と福島第一原子力発電所の事故を受けての見直し案を作成することが政府内で検討さ

2015年9月16日受付　2016年2月20日掲載決定
*大阪大学教授理事・副学長，〒565-0871 大阪府吹田市山田丘1-1

れていたようである．この見直し作業の一環として，筆者は文部科学省の担当者から助言を求められたのであった．筆者は第四期科学技術基本計画原案に関する文部科学省案の作成のための委員会「科学技術・学術審議会　基本計画特別委員会」(2009年6月2日から2010年10月19日までの間に11回開催された)の委員を務めていた．この関係からの依頼であったと思われる．

その依頼メール(3月25日付け)を引用しておこう．

> 今回の震災を受け，第4期基本計画の年度内の閣議決定は見送りとなってしまいました．ゴール直前で残念ですが，仕方ありません……．
> 理由は，震災を受け，内容の見直しが必要になったということです．
> 総合科学技術会議とのやりとりの状況としては，ゼロベースで見直しをやっているとそれこそ1年かかるので，そうなると基本計画の空白期間が1年ということになり問題なので，基本的な骨格は変えず，必要最小限の見直しに留め，出来るだけ早く，夏までには閣議決定するという見通しを持っています．
>
> 今回の災害，特に原発事故の関係では，放射線の安全基準と市民社会との関係など(まだ大丈夫と言っておきながら，出荷制限がかかったりして，市民は混乱)，まさにSTSの問題が露呈していると思います．
>
> 来月から総合科学技術会議において見直しの検討が始まりますが，ご案内のとおり，総合科学技術会議にはSTSを議論できる人が皆無です．
> 文科省側からしっかりとインプットしてちゃんとした見直しの作業をしたいと思っています．
> 小林先生の方で，見直しの内容(特にSTSの部分)に関してアドバイスがございましたら，是非お願いいたします．もし可能でしたら4月半ばくらいまでにご意見いただけますと幸いです．

この依頼を受けて，筆者は大阪大学での検討会を計画したのである．メールからはSTS的観点からの助言が求められているのは明らかであった．当初，学会として正式に助言文書を提出することも考えた．しかしこれは，私が基本計画推進委員会の委員であったという縁によるメールを介しての依頼であり，半ば非公式のものと考えるのが妥当だと判断し，STS研究者有志による検討会(以下，「見直し検討会」と表記)という設定にした．

見直し検討会は，4月2日午後1時から5時まで，そして翌3日の午前10時から12時まで行った．

3. 見直し検討会冒頭配布文書

見直し検討会冒頭で，主催者である筆者から以下のようなメモを配布した．

なお，文中のページ数等は閣議決定直前までいっていた第四期科学技術基本計画案のページ数である．現在はhttp://www8.cao.go.jp/cstp/output/toushin11.pdfにおいて見ることができる．しかし，このサイトにある文書は見直しのためのパブリックコメント(以下，パブコメ)の際に掲載された資料であり，2011年3月に閣議決定をするために整えられていた文書とは少し異なり，「前文」に当たるページがない．我々が見直し検討会で参照したのは，閣議決定直前の「前文」つきの基本計画案，つまり1ページ多いものである．したがって，以下のページ数をパブコメ対応文書に合わせて修正しておく．

110402

今回の災害について

小林傳司

低確率事象の割り切り方の失敗
⇒合理的な「失敗」だったか否か

「想定外」の意味
　　　Unknown unknownだったのか
　　　わかっていたけれど，割り切ったのか
〈法的観点も重要：原子力損害賠償法の免責か否か〉
　　　人災か天災か
何が想定外？
　　　地震？
　　　津波？
　　　電源喪失？
　　　津波により電源喪失した原発の現場状況？
　　　危機管理体制？
　　　情報流通？
政策決定システムの問題？
　　　科学知と政治知の文脈の補正，翻訳の必要性
多方面の知識が適切に動員されていたのか，いるのか
危機管理体制
　　　平時と危機（戦争状態）
イギリスのBSE事件との類似性
　　　政府，政策決定システム，関係の専門家に対する信頼の喪失
文明論的課題
　　　国土条件を踏まえた場合に，原発推進は合理的か
　　　東京一極集中の弊害？
生活様式の見直しの必要性？

　修正箇所候補

　Ⅰ　基本認識
P.1
〈日本の危機〉
今般の地震により，原子力を中心としたエネルギー政策及び科学技術政策の信頼性の低下
科学技術の専門家に対する信頼の低下

P.2
〈科学技術システム改革〉

P. 3
〈国民に支持される科学技術〉
社会の要請を的確に把握する取り組みが構築できていなかったのではないか
科学技術に対する理解と支持と信頼を得るための「科学技術コミュニケーション」？

P. 3
目指すべき国の姿
「安全」とか「防災」とかが強調されていく可能性大
むやみに「安全」と叫ぶべきではない⇒確率論的世界を前提とした場合に，「合理的な失敗」の仕方に関する社会的討議が必要ではないか

P. 5
③「社会とともに創り進める政策」の実現
専門知の文脈と公共知あるいは政治知の文脈との違いをわきまえた，専門知の活用方策
⇒この場面でのコミュニケーションの重要性，クリアリングハウスの必要性
社会の期待や要請の把握⇒フォアサイト，ELSI

Ⅱ　成長の柱としての2大イノベーションの推進
P. 7
エネルギー供給の低炭素化
「安全確保を前提とした原子力発電の利用拡大に向けた取り組みを推進する」は変更だろう

ⅱ）エネルギー利用の高効率化及びスマート化
ⅲ）社会インフラのグリーン化
このあたりの書きぶりは，エネルギー政策の見直しと連動するはず
〈ライフイノベーションの位置づけをこのままにするかどうか〉

Ⅲ　我が国が直面する重要課題への対応
P. 16 −
基本方針
推進するべき分野の選定のための仕組みについて書きこむべきではないか
「社会とともに創り進める」という大義名分の実質化
重要課題達成のための施策の推進
ⅱ）生活における安全の確保及び利便性の向上
この項目の大幅な拡充がされるのであろう．

ⅲ）国民生活の豊かさの向上
何が「豊かさか」という議論を踏まえたうえでの科学技術

P. 19
(4)国家存立の基盤の保持

地震災害を踏まえ，原子力発電所に過度の依存しない，新たな国家モデルの構築

P.26
科学技術を担う人材の育成
「公共のための科学技術」という観点から，社会的責任や倫理を含む公共的精神をもった科学技術人材の育成を強調することが重要．

V 社会とともに創り進める政策の展開
P.33
大幅な組み換え？
科学技術と社会の研究センターの創設
フォアサイト
ELSIの拡大(esp. emergent S&T)
Public Engagement(市民参加も含む)の実施
生命科学と社会の研究センター創設
テクノロジーアセスメントの在り方の早急な検討

「科学技術コミュニケーション」の位置づけをどうするか
実態はどんどんとPA(Public Acceptance：本稿に再録する際，付加した注)的になっている．それが加速されかねない．

4. 見直し検討会の討議結果

　見直し検討会では，2日間にわたる議論の上で，下記のような文書をとりまとめた．われわれSTS研究者に一番期待されているのは，計画案の第Ⅴ章「社会とともに創り進める政策の展開」の記述であると考え，そこには可能な限り具体的な修正案を提案するようにした．しかし，3.11は巨大な事件であり，科学技術基本計画の他の部分にもさまざまな影響を与えると考え，全体的な論点に関しても文書中に記載することにした．文書の原案は筆者が作成し，見直し検討会参加メンバー間でメールによる議論と確認を行った上で，4月16日に文部科学省の依頼者に対して送付した．文部科学省には私の名前だけを伝えたことを付記しておく．

今回の事態に関する覚書

　今回の事態を受けて，科学技術社会論関係者でクローズドな討議を行った．下記の「修正箇所」はその結果を踏まえたものである．イタリックで記した部分は，基本計画案の文言の具体的な修正の提案である．それ以外のところは，該当箇所に対するわれわれのコメントである．
　修正箇所の提案に加え，われわれの討議の結果を若干披露しておく．

日本の科学技術システム自体のリスク管理

研究資源の集中による効率化が，リスクをはらむものであることが露呈したと言える（研究資源だけではなく，日本の国の在り方そのもの，東京一極集中，都市集中にも当てはまる）．研究拠点や研究活動の分散化を真剣に考えるべきであろう．

大学や公的研究機関の被害は相当大きい．これが日本の研究能力の低下につながることを危惧するので，早急な復興が必要．

他方，この事態を受けて，さまざまな研究提案が行われるが，精査しなければ「焼け太り」になりかねない．「サンシャイン計画」の二の舞にならないように注意すべきである．

日本社会への信頼性低下

検疫や防疫などの対策を国際的，国内的観点から見直し，安心保障システムの構築をするべきである．

医療制度や各種規制などを国際基準とすり合わせるべきである．

災害医療や災害介護などについて，平時から準備をする体制の構築が必要である．

科学技術者と科学者

科学技術基本計画と名乗りながらも，技術や技術者の問題に触れた個所が少ない．科学が限りなく技術とつながっている現代において，科学技術基本計画は技術者の問題を正面から扱うようにすべきである．

コミュニケーションあるいは情報流通

今回の事態において，コミュニケーションの問題は重要とみなされるであろう．しかし，問題は，ベクレルやシーベルト，原子力発電所の構造などの知識の普及啓もうではない．

むしろ問題は，誰が適切な情報を所持しており，それをどのように社会に流通させるかであった．とりわけ，ツイッターのような情報流通の仕組みが果たした役割を検証し，その功罪を検討すべきである．

同時に，分野の異なる専門家の間の意見の相違，同じ分野の専門家の間の意見の相違などをどのように扱うかも検討する必要がある．

また，津波による２万人近くの犠牲者を出しながら，東京中心のメディアがある時期原子力発電所の事故に関心を集中してしまったこと自体も，問題視する必要があると思われる．

科学技術コミュニケーションにせよリスクコミュニケーションにせよ，基本的に平時に行われておくべき活動であり，危機管理モードにおけるコミュニケーションはこれとは別のものであることをわきまえることが重要である．とりわけ，危機管理モードにおける政府等の情報提供は，単に科学の専門家の知識をわかりやすく説明するのではなく，正確性にこだわる科学の専門家の知的特性を理解しつつ，政治的文脈でどのように専門知を変換して語れるかが問われる．そのような任務を果たせる人材が官邸には存在しなかったように見える．

今後，科学技術コミュニケーションが重要という指摘が相次ぐと思われるが，啓蒙，啓発的なコミュニケーション活動の推進は，問題の解決にはつながらないことを銘記する必要がある．

BSE事件との類似

1990年代のイギリスにおけるBSE事件は，科学の専門家が作成した報告書に基づき，人間への感染リスクが低いということを，政府が繰り返し広報したことに問題があった．不安を表明する人々に対して，科学に基づかない情緒的，感情的議論であるとレッテルを張っていたのである．その挙句に，人間への感染が明らかになり，政府の信頼は地に落ちた．イギリスは，その後，科学技術の専門家や政府と国民の「対話」路線へと転換した（そのシンボルとなっている言葉がpublic engagementである）．

日本の原子力問題にも類似の構造があることは明らかである．今後，科学技術とりわけ原子力工学者は政府とともに，国民の信頼を失ったことに苦しむであろう．もしこれを打開すべくコミュニケーションを語るとすれば，それは啓蒙ではなく，「対話」のコミュニケーションでなければならないはずである．その意味で，第二期，第三期と強調してきた「科学技術コミュニケーションの推進」政策の検証が必要である．何を目指していたのか，何が実現できたのか，何を目指すべきであったのか，などである．

そして，ここで改めて検討すべきは，科学技術の社会的ガバナンスの問題である．

対抗的専門家の不在

原子力に特に際立つのがオールジャパン主義である．原子力の推進のための専門家が圧倒的に多く，また彼らには研究資源が潤沢に提供されてきた．他方，批判的な研究者は数が少なく，また研究資源も少なかった．今回，もしメディアが反原子力の研究者をもう少し登場させ，彼らに語らせれば，人々の不安はもう少し軽減されたかもしれない．少なくとも新聞記事やビデオなどでの彼らの発言は，決して勝ち誇ったような物言いではなく，むしろこの事態に対してどうすればよいか，何が懸念されるかについて誠実に語っているものが多かった．推進派の研究者の「大丈夫」という発言よりも，反対派の「そのような事態は起こらないと思います」の発言の方がはるかに説得力をもったであろう．

いずれにせよ，原子力のような巨大科学技術に関して，批判的に吟味する専門家（対抗的専門家）を社会に備えていないことのリスクも検討すべきかもしれない．

科学技術ガバナンスの再構築の必要性

今回の事態を受けて，今後，科学技術政策並びに科学技術者（とりわけ原子力関係）の責任を問う声が強まると予想される．そしてこの点で政策並びに科学技術者の社会的責任が重いものであり，問いただされることは一定，必要であろう．しかし事柄の根本には，科学技術を社会的にどのように制御・活用するかの仕組み（ガバナンス）の再構築という課題がある．

いたずらに，科学技術者の責任を問うだけで済ますのではなく，科学技術者の意欲をそぐことなく社会全体として科学技術の在り方について検討することが必要である．その点で，人文・社会科学者のこれまでの取り組みが十分であったか，も問われることになる．次世代を担う科学技術者の育成という観点からも，社会全体が科学技術の在り方に関わるという状況の構築が求められる．第四期基本計画の，社会的課題に答えるイノベーションは，本来このような社会の中でしか生きないはずである．

自然と科学技術

　今回の震災の引き金を引いたのは巨大地震と津波であった．われわれは今後，制御不可能な自然の巨大な動きに対して，どのようなやり方で，どの程度まで，科学技術を利用して対抗するのかが改めて問われている．地震予知，津波対策，原子力発電の利用，こういった問題はすべて，われわれが生きている日本列島の自然条件とのすり合わせの問題である．このような科学技術ガバナンスの課題も，社会的に検討されねばならない．

　最後に，EUの「専門性の民主化／民主制の専門化」という概念の図を記しておく．

	政府（政策決定過程）	市民社会（とりわけ市民社会組織）
専門性の民主化	政策決定過程における専門知利用の正統性の強化（透明性，アカウンタビリティ，多元性，有効性，アクセス・参加の増大）	知的視点の利用可能性の拡大（情報公開，知識普及，研究資源の開放利用，専門家との協働など）
民主制の専門化	政策決定の専門的基盤の強化	市民社会組織の専門的能力構築（科学的シティズンシップの醸成）

修正箇所候補

Ⅰ　基本認識

【P.1】〈日本の危機〉
　今般の地震による，原子力を中心としたエネルギー政策及び科学技術政策の信頼性の低下．
　科学技術の専門家に対する信頼の低下．とりわけ，海外からの信頼の低下が懸念されること．
　上記に鑑み，次のような内容を加筆する（後述の修正箇所候補と連動して）．
原子力・原子力安全，地震・津波，防災，ロボット等々の科学技術の検証．
不要・不急のプログラムの廃止，順延の検討．
日本からの情報発信（国際学会等）の強化．
これらを通じて，新しい日本の科学技術体制の構築．
「社会公共のための科学技術政策」の実質化．

【P.3】〈国民に支持される科学技術〉
科学技術に対する社会の要請を的確に把握するための取り組みの不足．
科学技術に対する理解と支持と信頼を得るための「科学技術コミュニケーション」だけでよいのかという疑念．

【P.3】（1）目指すべき国の姿
　「安全」「防災」が強調されていく可能性大であるが，「科学的根拠に基づく」「安全最優先」といった言葉は思考停止用語になりかねないことに留意．
　例えば，今回の原子力発電所事故の場合，津波対策だけを視野に入れた対応ではなく，より多面的な事態に対応できるようなresilientな対応策を構築することが必要．
　むやみに「安全」のみを強調するのではなく，確率論的世界を前提とした場合に，「合理的な失敗」の仕方に関する社会的討議・合意が必要ではないか．

【P. 5】③「社会とともに創り進める政策」の実現
　専門知の文脈と公共知あるいは政治知の文脈との違いをわきまえた，専門知の活用方策の検討と，この場面でのコミュニケーションの重要性．
　社会的課題を解決するために適切な人文・社会科学を含む専門知識を広く見出す方策としての「クリアリングハウス」の必要性．〈今回の事態においても，原子力発電所の事故の終息のために必要な専門知をどのように発見し，動員するかという問題で苦しんだ，苦しんでいるはず〉
　社会の期待や要請の把握のための研究・仕組みづくり（「フォアサイト」「ELSI」）．

　Ⅱ　成長の柱としての２大イノベーションの推進
【P. 7】ⅰ）エネルギー供給の低炭素化
「安全確保を前提とした原子力発電の利用拡大に向けた取り組みを推進する」という文言の修正・削除．

【P. 7】ⅱ）エネルギー利用の高効率化及びスマート化ⅲ）社会インフラのグリーン化
エネルギー政策の見直しと連動して，表現を修正する必要あり．
ライフイノベーションの位置づけについても要検討．
　Ⅲ　我が国が直面する重要課題への対応
【P. 16-】1．基本方針
推進するべき分野の選定のための仕組みについて書きこむべきではないか．
「社会とともに創り進める」という大義名分の実質化．
【P. 17】2．重要課題達成のための施策の推進
ⅱ）生活における安全の確保及び利便性の向上
　この項目の大幅な拡充がされるのであろうと予想するが，最低限下記のような言葉の追加が必要ではないか．（イタリックが追加候補）
【第二段落】
「また，人の健康保護や生態系の保全に向けて，大気，水，土壌における環境汚染物質の有害性やリスクの*多面的*な評価，その管理，*コミュニケーション*及び対策に関する研究を推進する．」

注記
「多面的な」：従来の，定量化や客観化至上主義的な評価のみならず，人の健康の意味や価値，環境の意味や価値を踏まえた社会的影響評価に取り組むべき．何が「幸福か」をめぐる議論抜きの評価は無意味．
「コミュニケーション」：リスク評価は本来的にコミュニケーションが全プロセスにおいて伴うべき活動である．最低限，BSE事件をきっかけに生まれた食品安全委員会の取り組みを踏まえるべき．

ⅲ）国民生活の豊かさの向上
何が「豊かさか」という議論を踏まえたうえでの科学技術．

【P. 19】(4)国家存立の基盤の保持

3.11 と第四期科学技術基本計画の見直し　133

基本的には，国家成長戦略やエネルギー基本計画の見直しと連動するであろうが，「今回の地震災害を踏まえ，原子力発電所に過度に依存しない，新たな国家モデルの構築」といった方向に進むことが望ましい．

【P. 25】(2)世界トップレベルの基礎研究の強化
　この項目の推進方策の最後に，方策の項目とは別に「なお書き」で下記の文言を付け加えてはどうか．
「なお，今回の東日本大震災とそれに伴う原子力発電所事故により，海外の研究者の日本社会への不安が高まっており，上記の施策の実施に障害が生まれているので，早急にそれらを解消するための対応を取るべきである．」

【P. 26】3．科学技術を担う人材の育成
　今回の災害を通じて，3．11以前に「やるべきことをやっていたのか」，3．11以後「やるべきことをやろうとしているか」が問われることは確実である．またメディアに出た東電や保安院，原子力安全委員等の発言や振る舞いが，社会的な信頼を得るに充分であったか否かも問われるであろう．その意味で，科学技術エリートの信頼性が問われるはずである．
　そこで，「公共のための科学技術」という観点から，社会的責任や倫理を含む公共的精神をもった科学技術人材の育成を強調することが重要となる．
　そのため以下のような文言の修正が必要となる．

大学院教育の抜本的強化
「国際的に通用する高い専門性と，*公共のための科学技術という観点からの社会的責任や倫理の意識を備え*，社会の多様な場で活躍できる幅広い能力を身につけた人材を育成する上で……」としてはどうか．
そして，推進方策において，冒頭にでも，
「・*国は，大学院教育において，公共のための科学技術の観点からの社会的責任や倫理の教育の充実を支援する施策を推進する．*」を入れてはどうか．

【P. 27】
また，下記についても修正を検討してはどうか．
③技術者の養成及び能力開発
推進方策の第一項目3行目
「また，国は，大学が，大学院において，実践的な技術者を目指す学生に対し，*幅広い視野と教養を与えるための複線的で多様なカリキュラム設定を検討するとともに*，……」

　Ⅴ　社会とともに創り進める政策の展開
【P. 33-】
　もともと，若干構成に難(例えば，(1)の③に人材養成が書かれ，そこに科学技術コミュニケーターが含まれているが，その後の(2)で科学技術コミュニケーションの項目が出てくる)があったこともふまえ，次のような組み換えと加筆修正を提案する．

2. 社会と科学技術イノベーションとの関係深化
国民の視点に基づく科学技術イノベーション政策の推進
政策の企画立案及び推進への国民参画の促進
〈推進方策〉の第二項目に,以下を追加.
「・今回の事態を踏まえ,科学技術と社会の関係についての研究を推進するとともに,ヨーロッパなどで行われているフォアサイトに取り組む.また,社会的課題を解決するために適切な人文・社会科学を含む専門知識を広く見出す方策(クリアリングハウス)を検討する.」

②倫理的・法的・社会的課題への対応
科学技術が進展し,その内容が複雑化,多様化する中,……深くなりつつある.*科学技術が本来,人間の福祉のために存在することを踏まえ,国として,科学技術が及ぼす社会的な影響やリスク評価に関する取り組みを一層強化する.*

〈推進方策〉の第四項目
科学技術が本来人間の福祉のために存在することを踏まえ,研究の計画段階から実施及び評価,成果の社会・経済への適用など,あらゆる機会を通じてテクノロジーアセスメントを導入するための検討を早急に行う.

社会と科学技術イノベーション政策をつなぐ人材の養成及び確保
これを
(3)社会と科学技術イノベーション政策をつなぐ人材の養成及び確保
に独立させ,(2)の後に置く.
その上で,冒頭の文章を修正し
「科学技術イノベーション政策に関わる取り組みを実効性のあるものとしていくために,また*科学技術コミュニケーション活動の充実のためには,それに携わる人材の役割が重要である.*」
〈推進方策〉の最後に追加.
「・国は,これらの人材が社会で活躍できるようなキャリアパスの創出を支援する.」

(2)科学技術コミュニケーション活動の推進
現行の記述を
国民の理解と支持と信頼を得るための科学技術コミュニケーション
とし,新たに
②リスクコミュニケーションの必要性
を追加する.文言としては,
「今回の事態を受け,社会や国民の安全を守る上で適切な情報を提供するために,日ごろから双方向性のリスクコミュニケーションを充実させる.その際重要なことは,リスクは必ずしも事前に把握でき,制御できるわけではないことをわきまえることである.したがって,把握可能で制御可能なリスクについてのコミュニケーションの充実と並んで,把握の困難なリスクが存在することを前提としたコミュニケーションの在り方の検討が必要である.同時に,人間のリスク認知の多面性にも着目し,それを踏まえたコミュニケーションの検討が必要である.」

> 〈推進方策〉？？？？
>
> 注記：「リスク認知の多面性」ということで意味しているのは，津波で1万人以上が死亡していながら，原子力事故の恐怖の方を重視するといった事態のことです．

6. その後

　この文書がその後，文部科学省の中でどのように扱われたかはわからない．ただ，内閣府は2011年6月14日から26日の間，第四期科学技術基本計画見直し案についてのパブリックコメントを行っている．そこに提示されたものは，3月11日以降の事態を受けて，内閣府総合科学技術会議において見直しが行われた案である．我々の提案がどの程度反映されたかはそれを見ていただければある程度わかると思う．特に，見え消し案 (http://www8.cao.go.jp/cstp/pubcomme/kihon4_shinsai/honbun1.pdf) を見ると，何がどのように変更され，削除され，加筆されたかがわかる．

　ただ内閣府の見直し案を見て驚いたことが一つある．我々は及び腰ながら，今回の事故をきっかけに日本でもテクノロジーアセスメントが定着することを期待した．そこで，提案文書には，先に紹介したように「科学技術が本来人間の福祉のために存在することを踏まえ，研究の計画段階から実施及び評価，成果の社会・経済への適用など，あらゆる機会を通じてテクノロジーアセスメントを導入するための検討を早急に行う．」と記載したのであった．しかし，内閣府のパブコメ用に提示された見直し案では「Ⅴ．社会とともに創り進める政策の展開」の「2．社会と科学技術イノベーションとの関係深化，(1) 国民の視点に基づく科学技術イノベーション政策の推進」の「②倫理的・法的・社会的課題への対応」の〈推進方策〉の項は，元々あったテクノロジーアセスメントに関する記述に加筆した上で，さらに新たに「国は，福島第一原子力発電所の事故の検証を行った上で，原子力の安全性向上に関する取組について，国民との間で幅広い合意形成を図るため，テクノロジーアセスメント等を活用した取組を促進する」と書き込まれていたのである．

　当時の状況が，科学技術政策に関わるエリート層にどのような影響を与えていたかがうかがえる記述である．筆者が科学技術基本計画策定につながる文部科学省の委員会に参加していたことは先に触れたが，この委員会において，「Ⅴ．社会とともに創り進める政策の展開」に関する発言をする者は筆者など一部に限られ，主流の産学官の委員はこの問題に関しては知識も無くまた冷淡であった．だからこそ，この記述の変容には本当に驚いたのである．と同時に，あまりに高い授業料ではないかという気がしてならなかった．

　その後の経緯はご存じの通りである．もちろんテクノロジーアセスメントが推進されることはなかった．ましてや，「福島第一原子力発電所の事故の検証を行った上で，原子力の安全性向上に関する取組について，国民との間で幅広い合意形成を図るため，テクノロジーアセスメント等を活用した取組」など，全く進まなかった．そもそも，日本はまともなテクノロジーアセスメントを実施したことがないという点で，先進国のなかでも珍しい国なのである．原子力発電所に関するテクノロジーアセスメントとは，いわば，甲子園の経験も無いのにいきなり日本シリーズに出場するといった案配であり，無理な注文ではあった．しかし，2012年に行われたエネルギー政策に関するDP (討論型世論調査) は，この基本計画見直しの際の政策エリートの気分というか動揺を少しは反映していたのかも知れない．とは言え，その後の経緯はご存じの通りである．すべてを忘れたがっている

かのように見える昨今の日本に，ささやかな記憶を残しておきたいと思う．一瞬ではあったが，日本人もこんな風に考えたのだと．そして，もう一回考えてもいいように思う．

　本稿は，冒頭にも断ったように，「プロアクティブな成分を含むSTS研究が，未曾有の自然災害と原発事故に際して，政府からの求めにどう対応したのか，を記録しておくこと」を目的としている．したがって，歴史的ドキュメントをできる限りそのまま記録することに努めた．我々の行動に関する評価は，あえて行わなかった．政府からの依頼があった当時，当然対応すべきと考えたことは事実である．それが結果としてどのような効果を持ったかを評価することは難しい．ましてや，現時点から振り返って，当時どうすべきであったかを立論することはもっと難しい．もちろんこの問題は，3.11のような巨大な災害の時にのみ生じるものではないだろう．社会が科学技術に大きく依存して運営され続ける限り，STSはさまざまな形で召喚され，見解の提示を求められるであろう．本稿での事例が，今後STSが召喚された際に，その対応を考える上で少しでも参考になれば幸いである．

Revision of the fourth Science and Technology Basic Plan after Fukushima 2011

KOBAYASHI Tadashi*

Abstract

The fourth Science and Technology Basic plan was supposed to start in April 2011, but the Great East Japan Earthquake followed by the accident of Fukushima Nuclear Power Plants struck in March. Then the Council for Science and Technology Policy decided to revise the Plan. In this process a government bureaucrat informally asked STS researchers to give advice for revising the plan. Several STS researchers discussed the revision of the plan and the result was sent to the bureaucrat.

This article describes how STS researchers cooperated the revision of the Basic Plan as objectively as possible by citing materials used in the discussion by STS researchers in those days. This is a historical report of STS researchers who thought to be proactive in giving expert advice to the government facing the great disaster.

Keywords: The fourth science and technology basic plan, STS researcher, The council for science and technology policy

Received: September 16, 2015; Accepted in final form: February 20, 2016
*Professor, Executive Vice President Osaka University; 1-1 Yamada-oka, Suita, Osaka, 565-0871

原子力安全規制の課題と対応

城山　英明*

1. はじめに

　科学技術と公共政策の交錯領域の具体的事例として，原子力安全規制に関心を持ち，一定の研究を行うとともに，実務にも若干関わってきた．本稿では，これまでの自身の原子力安全規制に関する研究における課題認識とその契機について整理するとともに，このような課題が実務においてどのように対応されてきたのか，また，福島原発事故後の状況の中でどのような課題が残っているのかについて検討したい．

2. 原子力安全規制に関する課題認識

2.1　社会技術研究─規制能力の確保と官民連携

　原子力安全規制の問題に取り組む契機となったのは，2001年7月に開始され，2006年3月まで続いた，社会技術研究システムの安全性に関わるミッションプロプラムにおける法システム研究グループの下での法学研究者，工学研究者，実務家等との共同研究であった．この研究グループでは，原子力安全，医療安全，化学プロセス安全，交通安全等の様々な分野における安全法システムのあり方を横断的に検討したが，社会技術研究設立の契機がJCO臨界事故であったこともあり，原子力安全は重要な分野であった．その後，東京電力の原子炉のシュラウドの検査記録改竄事件が起こり，対応が求められた経済産業省総合資源エネルギー調査会原子力安全規制法制検討小委員会に2002年9月以降，委員として関与した．

　このような文脈の下で，2003年6月に「原子力安全規制の基本的課題」（城山2003）をまとめた．この論文の基本的課題認識は，原子力安全規制は急速に発展する科学技術への対応が求められており，国の役割がより重要になりつつあるが，そのような規制能力は十分には確保されていないのではないかというものであった．

　具体的には，原子炉のシュラウドに関する技術基準は告示第501号として定められていたが，これは米国機械学会(ASME)の民間規格をいわば「翻訳」したものであった．ASME規格は3年

2015年11月1日受付　2016年2月20日掲載決定
*東京大学公共政策大学院・教授，〒113-0033 東京都文京区本郷7-3-1

毎に最新の科学技術情報に対応した形で改定されていたが，告示第501号はこの改定速度に十分追いつくことができなかった．また，技術基準の「翻訳」が選択的であり，ASME Section Ⅲ（設計・建設時における技術基準）に対応する技術基準が策定されたが，ASME Section ⅩⅠ（維持運用時における技術基準）に対応する技術基準の検討は遅れた．その遅延の間に東京電力によるシュラウドの傷に関する検査記録の改竄の事件が起こった．告示第501号の規定が維持運用時点においても傷がないことが求められるものと解釈され，それが実質的に達成不可能であるために，改竄活動を誘発したともいわれている．

そして，社会技術研究の最終段階では，「民間機関による規格策定と行政による利用」をまとめた（城山2006）．この論文は，規制能力確保が課題であるという問題意識を引き継いだ上で，行政改革の下では，公的部門の拡大は困難であり，民間規格の活用といった官民連携を実効的に行うことが重要であるという課題認識に基づいている．具体的には，行政が民間規格を活用する際の形式や手続き，さらには民間機関の規格設定手続き，また，民間機関が専門能力や科学的情報・知識を確保する必要性が論じられた．社会技術研究のプロセスでは，社会における規制能力を確保するという観点から，第三者機関，産業界の自主規制体制，規制体制における独立性の確保に関する研究も進め，海外との比較を含めて論文をまとめた（鈴木・武井・城山2004，鈴木・城山・武井2005，鈴木・城山・武井2006）．

2.2 原子力法制研究会—原子力安全規制体制と地方自治体の役割

その後，原子力安全規制に関する研究は，東京大学公共政策大学院の研究プログラムであるSEPP（地球環境とエネルギーの持続性確保と公共政策）と東京大学大学院工学系研究科原子力国際専攻が共同で2007年3月に設置した原子力法制研究会の設置において続けられた．原子力法制研究会は，法制の全体像に関するステークホルダーによる非公式な議論の場であり，様々なステークホルダー（電力事業者，重電メーカー，燃料メーカー，行政，研究者等）の参画の下で，現状の法制度の課題の洗い出しが「社会と法制度」，「技術と法の構造」に関する2つの分科会に分けて行われた．

そして，社会と法制度分科会の2007年から2008年における活動を基礎に，社会と法制度分科会の中間報告が2009年6月に取りまとめられた（東京大学公共政策大学院2009）．その主要な内容は，原子力の社会合意（地域の社会的意思決定，安全協定）等に関わる役割分担（地方自治体の役割等），バックフィット，事業規制方式，原子力安全規制体制（原子力安全委員会の在り方）に関わる規制の品質管理，機微情報管理等に関わる3つのS（safety, safeguard, security）であった．このなかで，自身で主として関心を持っていたのは，原子力安全規制体制の問題，原子力安全規制における地方自治体の役割の問題であった．

原子力安全規制体制については，「原子力安全委員会の現状と課題」をまとめた（城山2010）．第1の課題は，安全規制における独立性確保のあり方であった．国際的にはIAEA安全基準において，推進からの規制の実質的独立（effectively independent）が求められている．日本では，経済産業省の中で，原子力安全・保安院が資源エネルギー庁の特別な機関として位置づけられ，一定の独立性を確保するとともに，ダブルチェックを行う原子力安全委員会が独立して存在するという独特の形態がとられてきた．そのような当時の状況に対して，経済産業省内での独立性の確保では不十分であるという立場をとった場合，経済産業省の外部に独立機関を設置することになり，その場合の選択肢として，委員会形式を取るのであれば三条委員会あるいは公正取引委員会のような内閣府外局委員会という方式，あるいは開発推進担当大臣ではない大臣が指揮する内閣府あるいは省庁の下に局あるいは庁として設置するという方式という制度選択肢を提示した．第2の課題は，専門的能

力の確保であった．省庁再編の結果，経済産業省の原子力安全・保安院は強化され，その下に公益法人等からも機能を吸い上げた独立行政法人・原子力安全基盤機構が設置された．また，原子力安全委員会も事務局機能が強化された．しかし，原子力安全・保安院，原子力安全基盤機構は，メーカー等から多くの専門家を中途採用したが，これらのメーカーの専門家を如何に規制の専門家に育て上げるのか，また，世代の偏りを如何に補正するのかといった課題を抱えていた．原子力安全委員会も多くの技術参与を採用してきたが，このような技術参与にどのような役割を期待するのかをめぐっては試行錯誤がみられた．

　地方自治体の役割については，フランスにおける調査を踏まえて，「フランス地域情報委員会の原子力規制ガバナンス上の役割」(菅原・城山 2010)をまとめた．原子力安全委員会によるダブルチェックには，科学的技術的知見に基づくチェックだけではなく，立地の意思決定の際に実施される公開ヒアリング等のメカニズムを通して立地地域とのコミュニケーション回路を確保するという機能も期待されていた．しかし，原子力安全委員会はこのような機能を十分には果たせず，現実には非公式的制度であった立地地域の地方自治体と事業者との間の安全協定の運用にコミュニケーション回路を確保するという機能の多くが委ねられていた．他方，フランスでは，2006年6月に成立した原子力安全及び透明性に関する法律により大統領府の下に設置された独立性の高い原子力安全規制機関(ASN)は，安全確保とともに透明性の確保を目的としており，立地自治体等による情報共有を通した信頼性確保により積極的に関与した．立地地域の地方自治体が設置し，事業者や環境団体，労働団体等さまざまな関係主体が参加しているフランスの地域情報委員会(CLI)に対して，ASNは積極的に参加して説明を行うとともに，CLIの運営経費の半分を負担していた．

　このようなフランスの体制の検討も踏まえ，「原子力安全規制の国と地方の役割分担に関する制度設計案の検討」(菅原・城山・西脇・諸葛 2012)をまとめ，日本において地方自治体の役割のあり方として，4つの制度選択肢を提示した．第1案は，独立規制機関＋説明責任明確化案であり，規制機関の独立性及び専門性を向上させた上で，新規制機関の地方等への説明責任を明確化するというものである．第2案は，日本版地域情報委員会設置案であり，安全規制は国の規制機関が一元的に担うものの，規制機関と立地地域との相互作用を確保しつつ，立地地域におけるコミュニケーション機能については自治体にその役割を付与するというものである．第3案は，自治体の環境モニタリング法定化案であり，環境放射線モニタリングの役割を法的に自治体の役割として担わせるものである．第4案は，国の規制機関と自治体との協議法定化案であり，事前了解等も含めて，安全協定の内容をより包括的に法定化するという案である．

　なお，このような原子力法制研究会における検討結果については，原子力委員会や日本原子力学会において報告された．また，地方自治体の役割は，福島原発事故後においては，原子力防災や避難との関係でより重要性を増しており，この点に関しては「原子力防災と地方自治体」(菅原・城山 2012)をまとめた．

2.3　福島原発事故後の調査・研究と発信

2.3.1　事故調査—複合リスクへの対応

　福島原発事故後，2011年6月から2012年7月にかけて，政府事故調(東京電力福島原子力発電所における事故調査・検証委員会)に，事務局政策・技術調査参事として関与した．また，2012年度から2014年度にかけて日本学術振興会が実施した東日本大震災学術調査において，科学技術と政治・行政班を担当した．科学技術と政治・行政班の主要なテーマは福島原発事故であった．この調査は，社会科学の観点から東日本大震災に至る経緯や震災への対応を評価することを目的とした

ものであり，いわば震災・事故後4年の段階での中長期的観点を踏まえた上での非公式な事故調査という性格を持つものであった．そのような調査を通して，「つなぐ人材・見渡す組織―複合リスクマネジメントの課題と対応」(城山2013c)，『大震災に学ぶ社会科学第3巻：福島原発事故と複合リスク・ガバナンス』(城山2015)をまとめた．

東日本大震災学術調査の主たる関心は複合リスクへの対応であった．科学技術に関わる知識の世界は分野別の縦割り的性格が強く，便益や課題の見え方は分野やアクターの立ち位置によって異なる．そして，リスクについても，各々のリスクを主として扱っている分野によってリスクの認知は異なる．そのような中で，様々なリスクは相互に関連しあっており，複数のリスクがトレードオフ関係に立つことがあれば，あるリスクへの対処が別のリスクへの対処にもなることもあり，あるいは，複数のリスクが相互連鎖を引き起こすことでより大きなリスクを惹起することもある．このような複合リスクに対応する際には，そのような意思決定メカニズムが必要になるのかというのが課題であった．

東日本大震災を契機とする福島原発事故及びその帰結は，このような複合リスクマネジメントに関わる多くの課題を示唆していた．原子力発電所の事故は自然災害に起因する技術災害であり，その帰結は様々な分野に及んだ．また，取水口の設置位置等に関する，津波という自然災害リスクに対する対応策とテロといった安全保障リスクに対する対応策は同じものになりうる点も指摘されている．また，避難時における放射線リスクとそれを回避するために避難行動をとることに伴うリスクとの関係や，原子力発電所の再稼働検討時における安全リスクとエネルギー安全保障リスクのとの関係に関しては，リスク・トレードオフ関係も観察される．

事故前のプロセスとしては，地震に関する理学系研究と原子炉設計に関する工学系研究をつなぐことを求められた2001年から2006年の耐震審査指針の改定プロセスは，当初の3年という予定を大幅に超えて5年かかり，最終的には主要な論客であった地震学者が最終段階で辞任するとになった．最大の課題は，誰が繋ぎの役割と責任を担うのかという点であった．耐震審査指針改定プロセスでも，事務局と委員の役割分担に関する指摘があった．このような理学系と工学系，あるいは理学系相互間の分野横断的コミュニケーションを，研究者自身が社会全体を視野に入れてするべきなのか，事務局等のファシリテーターの役割が不可欠なのかは大きな課題であった(城山・平野・奥村2015)．

そして，地震に関わる部分の議論に集中したため，結果として，地震随伴事象，特に津波の検討が疎かになってしまった．ただし，津波に関しても，一定の対応は行われてきた．2002年2月には土木学会津波評価部会によって「原子力発電所の津波評価技術」が刊行された．この津波評価技術は，基本的には，文献調査等によって確認される既往の最大津波を基礎として，パラメーターを若干変化させて津波高を評価するというものであったが，想定高はある程度上方修正された．しかし，津波に関する知識は同時代的に急速に高度化していたが，規制者や事業者はこのような動きには対応できなかった．地震調査研究推進本部地震調査委員会は，2002年8月にプレート境界海域で既往地震以上の地震が起こる可能性を指摘し，歴史的に一定の記録のある地震である貞観地震に関しても，堆積学的研究を基礎にする新たなシミュレーション研究がおこなわれ，福島県沿岸地域においてより高い津波高が推定されるようになった(政府事故調2011)．このような研究も背景に，津波の専門家は津波予測の不確実性を強調し，防潮堤等による物理的防止の限界が主張されるようになったが，津波の専門家のこのような不確実性の感覚は，原子力安全のコミュニティーに伝達されなかった．

分野横断的コミュニケーションを促すためには，どのような組織体制が必要なのかという問題も

ある．福島沖の地震可能性についての判断に関しては，一元的な情報収集・判断主体であるといえる内閣の中央防災会議が関与していた．しかし，中央防災会議の日本海溝・千島海溝周辺海溝型地震に関する専門調査会(2003年10月設置)は，繰り返しが確認されていないものについては，発生間隔が長いものと考え，近い将来に発生する可能性が低いものとして対象から除外することとし，地震調査推進本部で発生可能性があるとされた福島県沖・茨城県沖のプレート間地震等については検討対象から除外された(政府事故調2011)．このように，可能性が指摘されたにもかかわらず，統合的主体である中央防災会議は，資源の制約等も考え，対象とする地震・津波を限定することとなってしまった．逆に言えば，統合的主体のリスクへの感受性をどのように高めるかが課題となる(城山・平野・奥村2015)．

2.3.2 政策形成過程研究

原子力安全規制に関わる政策形成過程についての研究も行い，「原子力安全規制政策―戦後体制の修正・再編成とそのメカニズム―」を公表した(城山2012b)．ここでは，まず，原子力安全規制政策の再編においては，事故が大きな役割を果たしていることを確認した．旧通産省と原子力安全委員会によるダブルチェック体制の成立には原子力船むつ放射線漏れ事故が，経済産業省資源エネルギー庁における特別な機関としての原子力安全・保安院の設置と原子力安全委員会の強化ではJCO臨界事故が重要な要因となり，また，原子力規制委員会創設へ向けたプロセスでは福島原発事故が大きな契機となっていた．ただし，事故が大きな役割を果たしている場合でも，事故調査に基づく検討結果というエビデンスが原子力安全規制政策の再編にどれだけ寄与しているのかには多様性がみられた．例えば，原子力船むつ放射線漏れ事故の際には，制度改革を提案した原子力行政懇談会の中間報告，最終報告は，「むつ」放射線漏れ問題調査委員会の報告を踏まえて作成された．また，JCO臨界事故の場合は，原子力安全委員会内に設置された「ウラン加工工場臨界事故調査委員会」が1999年11月に緊急提言・中間報告を，12月には最終報告を取りまとめ，これを踏まえて，原子力安全委員会は「原子力の安全確保に関する当面の施策について」(1999年11月原子力安全委員会決定)を決定し，1999年12月にはオフサイトセンターの設置等を規定する原子力災害特別措置法の制定と許可以降の後続規制の強化に関わる炉規制法の改正が行われた．他方，福島原発事故の場合，後述のように原子力安全規制体制の再編成は担当大臣と事務局を中心に進められ，事故調査の報告に先立って，2011年8月には基本方針が示された．

また，省庁再編や政界再編・政権交代といった一般的なシステムの転換も，一定の役割を果たしていた．例えば，経済産業省資源エネルギー庁における特別な機関としての原子力安全・保安院の設置は，JCO臨界事故への対応と，既に検討が進んでいた省庁再編が相互作用の結果であった．また，福島原発事故後の原子力安全規制体制再編が，従来のように事故調査委員会や諮問的委員会における議論を待つのではなく，担当大臣等を中心として政治主導で進められたという点に関しては，政権交代の影響があったと思われる．

また，国際的なルール形成と国内的政策形成の関係については「原子力の平和利用の安全に関する条約等の国内実施」(城山・児矢野2013)において検討した．原子力安全に関しては，条約における関連規定と2000年代以降具体化が進んだIAEA安全基準が存在するが，条約規定が締約国に広い裁量を認め，また，IAEA安全基準には法的拘束力がないため，国内的対応は進まなかった．しかし，福島原発事故後は，国際枠組みの国内実施が正当性補完のための戦略として採用された面もあり，国内対応が進んだ．具体的には，原子力規制機関は環境省に三条委員会として設置され，推進部局から独立性を持った機関となり，外部事象に関するシビアアクシデント対策やテロに対す

る対応が進み，環境保全に関しても原子炉等規制法の目的として明示されるとともに，環境影響評価法が改正された．

2.3.3 発信—独立性・統合と残された課題

福島原発事故後の原子力安全規制体制の改革論議の中で，それまでの研究を基礎に，一般的な媒体を通して問題提起を継続的に行った．

日本経済新聞の「経済教室」において，2011年5月20日，2012年5月15日，2013年4月22日の3回にわたって問題提起を行った（城山2011a，城山2012a，城山2013b）．2011年5月の段階では，規制機関の独立性強化，統合的専門的能力の強化・透明性確保，自治体の役割に焦点を当てた．2012年5月の段階では，政府案，自民党等による対案が出揃っていたので，独立性，統合の範囲の観点から比較を行うとともに，双方の残された課題として専門的能力の育成，自主保安の再構築，地方自治体の役割を指摘した．2013年4月の段階では，透明性・独立性確保については一定程度達成したと評価するとともに，専門的能力の育成，自主保安の再構築，地方自治体の役割については課題が持続していると指摘した．

同様に，雑誌『公明』においても，2011年，2013年の2回にわたって寄稿した（城山2011b，城山2013a）．2011年においては，規制機関の独立性，統合的専門的能力の確保，地方自治体の役割について論じ，2013年においては，原子力規制委員会のリスク管理の運営方式，専門的人材育成，自主保安の再構築，地方自治体の役割について論じた．

いずれの媒体においても，規制機関の独立性，関連業務の統合が2011年段階での主たる論点であったが，これらの点に関しては後述のように実際に取組みが進展するのに応じて，徐々に残された課題である原子力規制委員会のリスク管理の運営方式，専門的能力の育成，自主保安の再構築，地方自治体の役割といった論点に重点が移っていった．

また，福島原発事故に対しては，海外でも関心が高く，様々な国際ワークショップ等が行われた．その1つとして，カリフォルニア大学バークレー校で2011年夏に開催されたサマーワークショップに参加し，その内容については後に英文で公表された（Shiroyama 2015）．

3. 福島原発事故後の対応

3.1 原子力安全規制体制改革

原子力安全規制体制の改革は，以下のような経緯をたどった（城山・菅原・土屋・寿楽2015）．まず，原子力安全規制に関する組織等の改革の基本方針が，事故調査委員会等の報告を待つことなく，2011年8月15日に閣議決定された．基本方針では，規制と利用分離による信頼確保を目的とした環境省の外局としての原子力安全規制機関の設置，原子力安全規制に係る業務の一元化による機能向上，危機管理の体制整備，人材の養成・確保といった方向性が示された．そして，2012年1月31日には原子力組織制度改革委法案等の閣議決定が行われた．基本方針との関連でいえば，原子力規制庁の環境省への設置，放射線審議会の統合，原子力規制庁を事務局とする原子力災害対策本部の体制・機能の拡充，専門性を持った人材の育成・活用と透明性の確保という方向での具体化が行われた．

自民党では，2012年3月末には，原発事業者や経済政策その他を担う政府機関からの独立性の確保，放射線モニタリング・セキュリティー・保障措置を含めた一元性の確保，原子力安全規制の所掌事務と原子力災害対策本部長補佐の所掌事務の明確な分離，新たな原子力キャリアパスの構築

という方針が示され，公明党との共同により2012年4月20日には対案となる法案が提出された．

このような政府案，対案を基礎に，各党間の調整が行われ，原子力規制委員会設置法案が2012年6月20日に成立した．そして，2012年9月には，原子力規制委員会の委員が政府によって任命され，活動を開始したが，委員の国会同意が得られたのは2013年2月であった．最終的に成立した原子力安全規制体制は以下のような特色を持っていた．第1に，環境省の外局の三条委員会として原子力規制委員会が設置された．内閣府ではなく環境省に設置するというという点は政府案を維持しつつも，他の政府機関からの独立性も担保するため，三条委員会として設置することとなった．第2に，従来からの原子力安全規制に加えて，テロ対策等のセキュリティー，放射線審議会の機能，核不拡散を目的とする保障措置，一定の環境モニタリングについても統合的一元的に原子力規制委員会において実施されることになった．

また，2014年3月に原子力規制委員会と独立行政法人原子力安全基盤機構の統合が実施された結果，原子力規制庁の定員は545名から1025名に増大した．このような一連の体制の改革とともに，原子力安全規制行政における透明性確保も図られた．例えば，原子力規制委員会の会合，各種検討会の会合等は公開され，外部有識者の電気事業者等との関係に関する情報を公開するため仕組みが確立された．

3.2 残された課題

これまでの原子力規制委員会の運用等から浮かび上がってくる今後の原子力安全規制の課題として，以下の点を指摘することができる（城山・菅原・土屋・寿楽 2015）．

第1に，原子力規制委員会が，リスク評価だけではなく，リスク管理をも担う機関として，どのような運営方式を確立していくのかという課題がある．リスク管理とは，科学的知識に基づくリスク評価を前提として，どのレベルのリスクまで許容するのかという線引きの判断を行う活動を指す．リスク管理の判断に際しては，当該技術のもたらす便益とのバランスを考慮することも場合によっては不可避となり，これはある種の社会的意思決定である．今後は，社会的意思決定を行う機関として，どのように社会の様々な関係者と実効的なコミュニケーションを行っていくのか，どのようにして独立した規制行政機関として社会の信頼性を確保していくのかというのが重要な課題といえる．規制当局が事業者の虜になってきたという批判（国会事故調 2012）を前提とすれば，科学的判断に基づく独立性というものを戦術的に信頼回復へのプロセスにおいて重視するという判断はありうる．しかし，最終的には，社会の多様なステークホルダーとのコミュニケーションを前提として，バランスの取れた独立的判断を行うことへの信頼を確保する必要がある．

第2に，実質的独立性を確保していくためには，規制当局が十分な能力を確保することが重要になる．地震や津波への対応に関しても，事業者以上に規制主体が新たな知識の発展に十分に敏感ではなかったという問題が見られた．そして，そのような能力を確保するためには，事業者や推進サイドから独立した専門的人材育成をどのように行っていくのかという課題が重要になる．原子力規制委員会において，従来からの原子力安全規制に加えて，テロ対策等のセキュリティー，放射線審議会の機能，核不拡散を目的とする保障措置，一定の環境モニタリングについても一元的に実施されることになったということは，統合的な人材育成が可能になるという点で，独立した専門的人材育成にプラスになると考えられる．しかし，それだけでは不十分であり，より能動的な人材育成政策が必要である．さらに，必ずしも原子力安全に限定されないレギュラトリーサイエンスや危機管理の専門家のキャリアパターンを日本として構築することも重要であろう．

第3に，自主規制の再構築という課題がある．国会の事故調査委員会報告書において，事業者の

「虜」となった規制当局と指摘されたように(国会事故調 2012),事業者による自主保安への過度な依存は問題であるものの,規制機能の全てを政府で担うことは不可能である.そのような観点からは,緊張感を持った自主保安の体制をどのように事業者レベルで再構築するのかは重要な課題である.その点,スリーマイル事故の後に,事業者・メーカーによる自主規制組織としてアメリカで設立された原子力発電運転者協会(INPO)の経験は興味深い.原子力については,他社の事故も自社の活動への社会的評価に直接影響するため,お互いに厳しくピアレビューを行う仕組みが構築されている(鈴木・城山・武井 2005).

第4に,地方自治体の役割をどのように公式的に位置づけるのかという課題がある.従来,立地道県及び立地市町村が事業者との間で安全協定を締結し,地方自治体はさまざまな実質的関与を行ってきた.このような地方自治体の役割に対しては,立地地域におけるコミュニケーションの担い手として重要であるという指摘とともに,関与の根拠が法的基礎の明確ではない協定であり,また,関与の基準が明確ではないという点に関しては批判もあった.しかし,今後は,地方自治体の関心は事業者のあり方だけではなく国の規制のあり方でもあるため,規制主体である国がある程度前面に出るとともに,責任ある自治体の役割を国の公式の制度として位置付けることが必要であろう.

4.おわりに

以上のように,規制能力の確保の必要については,一貫して課題として認識されており,そのような認識は各種のステークホルダーの対話の場であった原子力法制研究会といった場においてもかなりの程度共有されていた.しかし,具体的にとられた措置は限られており,また,このような能力問題が複合リスクマネジメントの問題として認識されたのは福島原発事故後の事故調査プロセスにおいてであったという点で限界があった.

また,福島原発事故後の政府による対応の中で,規制機関の独立性の確保,透明性の確保は実現された.しかし,一貫して認識された課題である規制能力の確保については,規制機関の人的規模は急激に拡大したものの,職員の能力育成やキャリアパスの構築,原子力規制委員会の運用等については課題が持続している.さらに複合リスクに対応するために多様なシナリオを俯瞰的に検討するための統合的メカニズムについてもまだ十分に検討されていない.また,自主保安の再構築,地方自治体の役割の再定義についても課題が持続しているといえる.

■文献

国会事故調 東京電力福島原子力発電所事故調査委員会 2012:『調査報告書』.
城山英明 2003:「原子力安全規制の基本的課題」『ジュリスト』第1245号.
城山英明 2006:「民間機関による規格策定と行政による利用」『ジュリスト』1307号.
城山英明 2010:「原子力安全委員会の現状と課題」『ジュリスト』1399号.
城山英明 2011a:「経済教室:エネルギー政策再構築⑦原子力安全の体制見直せ」日本経済新聞 2011年5月20日.
城山英明 2011b:「原子力安全規制体制の在り方を考える—海外の事例も参考にして」『公明』68号.
城山英明 2012a:「経済教室:原子力規制組織 残された課題:自治体の関与 規定明確に」日本経済新聞 2012年5月15日.
城山英明 2012b:「原子力安全規制政策—戦後体制の修正・再編成とそのメカニズム—」森田朗・金井利之

編著『政策変容と制度設計』ミネルヴァ書房.
城山英明 2013a:「原子力安全規制体制の再編成と今後の課題」『公明』85号.
城山英明 2013b:「経済教室:原子力規制の論点⑦自治体の役割 制度整備を」日本経済新聞2013年4月22日.
城山英明 2013c:「つなぐ人材・見渡す組織─複合リスクマネジメントの課題と対応」『アステイオン』78号.
城山英明編 2015:『大震災に学ぶ社会科学第3巻:福島原発事故と複合リスク・ガバナンス』東洋経済新報社.
城山英明・児矢野マリ 2013:「原子力の平和利用の安全に関する条約等の国内実施」『論究ジュリスト』7号.
城山英明・菅原慎悦・土屋智子・寿楽浩太 2015:「事故後の原子力発電技術ガバナンス」城山編 2015 所収.
城山英明・平野琢・奥村裕一 2015:「事故前の原子力安全規制」城山編(2015)所収.
菅原慎悦・城山英明 2010:「フランス地域情報委員会の原子力規制ガバナンス上の役割」『日本原子力学会和文誌』9巻4号.
菅原慎悦・城山英明 2012:「原子力防災と地方自治体」『自治体危機管理研究』9巻.
菅原慎悦・城山英明・西脇由弘・諸葛宗男 2012:「原子力安全規制の国と地方の役割分担に関する制度設計案の検討」『日本原子力学会和文誌』11巻1号.
鈴木達治郎・城山英明・武井摂夫 2005:「原子力安全規制における米国産業界の自主規制体制等民間機関の役割とその運用経験:日本にとっての示唆」『社会技術研究論文集』第3巻.
鈴木達治郎・城山英明・武井摂夫 2006:「安全規制における「独立性」と社会的信頼─米国原子力規制委員会を素材として」『社会技術研究論文集』第4巻.
鈴木達治郎・武井摂夫・城山英明 2004:「原子力安全規制における第三者機関の役割」『社会技術研究論文集』第2巻.
東京大学公共政策大学院 2009:「エネルギー・地球環境の持続性確保と公共政策」『原子力法制研究会社会と法制度分科会・中間報告』.
政府事故調(東京電力福島原子力発電所における事故調査・検証委員会)2011:『中間報告』.
Shiroyama, Hideaki 2015: "Nuclear Safety Regulation in Japan and Impacts of the Fukushima Daiichi Accident", Joonhong Ahn, etc., eds., *Reflections on the Fukushima Daiichi Nuclear Accident: Toward Social-Scientific Literacy and Engineering Resilience*, Springer.

Nuclear Safety Regulations Issues and Actions taken by the Government

SHIROYAMA Hideaki*

Abstract

Issues relating to nuclear safety regulations in my own research, such as regulatory capacity and public private partnership, nuclear safety regulatory regime (independence, ensuring capability of experts), role of local government, managing complex risk governance, are summarized. Then, actions taken by the Government after the Fukushima Nuclear Power Plant accident were analyzed and remaining issues are identified. Strengthening the independence of nuclear regulatory body and achieving transparency of its operation were realized. Despite these efforts, the NRA (Nuclear Regulatory Authority) has been facing a challenge of human resource development, including staff capacity building and career path development, even though the size of staff of nuclear safety regulation became much larger because of the integration between NRA and NISA (Nuclear and Industrial Safety Agency). In addition, one of the failures revealed by the Fukushima accident is the lack of sensitivity to the issue of seismic risks, tsunami risks. But actions related to how to develop sensitivity beyond the main jurisdiction of the regulatory authority and how to ensure interdisciplinary communication among segmented fields are not enough. Finally, restructuring the role of industry self-regulation and the roles of local governments in nuclear safety regulations still remains.

Keywords: Regulatory capacity, Public private partnership, Independence, Local government, Complex risk governance

---

Received: November 1, 2015; Accepted in final form: February 20, 2016
*Professor, Graduate School of Public Policy, The University of Tokyo; 7-3-1 Hongo Bunkyo-ku, Tokyo, 113-0033

『通商産業政策史』にみる原子力技術

塚原　修一*

　『通商産業政策史』(以下では『政策史』と記すことがある)は通商産業省の正史である．戦前期については，前身である商工省を対象とした『商工行政史』(全3巻)と『商工政策史』(全24巻)があり，戦後期は，1945年から79年までが『通商産業政策史』(全17巻)，1980年から2000年までが『通商産業政策史 1980-2000』(全12巻)として刊行された．正史であるゆえんは構成や内容に通商産業省が関与するところにあり，たとえば書きあがった原稿は，省内の関係部局が内容を確認して，必要ならば修正と再確認をへて完成稿となる．

　筆者は，原子力技術に関する論考を『通商産業政策史』に執筆したことがある[1]．これを糸口として，通商産業政策における原子力の位置づけを考察してみたい．

1.　『通商産業政策史』の記述

　この『政策史』では対象となる時期を4つに区分し，1945～52年を第Ⅰ期(戦後復興期)，1952～60年を第Ⅱ期(自立基盤確立期)，1960～71年を第Ⅲ期(高度成長期)，1971～79年を第Ⅳ期(多様化時代)とした．原子力に関する記載は高度成長期と多様化時代にある．

1.1　高度成長期

　高度成長期(1960年代)については，第6章「総合エネルギー政策の形成と資源開発」の第3節「電気事業と原子力開発」(武井 1990)のなかに，第3項目として「本格化に向かう原子力発電」(561-78頁)が盛り込まれた．その概要は次のようである．

> 世界的な努力によって，1960年代には軽水炉による原子力発電が火力発電と競合できる経済性をもつようになり，国内の電力各社はその導入を開始した．1965年に設置された総合エネルギー調査会には原子力部会がおかれ，国産化の推進，原子力発電所の立地問題，核燃料の確保などが重点的な審議項目とされた．核燃料については，ウラン精鉱の長期購入契約，アメリカ政府によるウラン濃縮サービスの供与，軽水炉燃料の成形加工部門への技術導入と国内工場の操業開始などがなされた．国産動力炉，高速増殖炉，新型転換炉などの開発が計画される

2015年8月31日受付　2016年2月20日掲載決定
*関西国際大学客員教授，〒142-0063 東京都品川区荏原3-8-17-801(自宅)

とともに，原子力発電の開発目標として，1985年度の規模が6,000万キロワットと定められた．その一方で，導入した軽水炉に初期故障が続発したことに対応して，通商産業省は改良標準化調査委員会を発足させて軽水炉の定着をめざした．

1.2 多様化時代

多様化時代（1970年代）については，第7章「新先導産業の育成」に第3節「原子力技術の開発」（塚原1993）がおかれた．この章は，第1節「1970年代の産業技術政策」，第2節「情報産業の展開と展望」，第3節（上記），第4節「航空機産業の育成」，第5節「国際化時代の工業所有権政策」から構成され，原子力は，情報，航空機とならぶ新先導産業と位置づけられた．その概要は以下のようである．

1973年の石油危機ののち，原子力は，エネルギーの安定供給を確保する「準国産」エネルギーとして，その重要性がますます深く認識された．原子力機器は技術先端分野のひとつとみなされ，1号機の建設は外国企業が主契約者となるが，2号機以降は国内企業が主契約者となることで国産化をすすめ，90％以上の国産化率を達成した．

1975年には軽水炉の改良標準化が重要課題のひとつとされ，安全性についての実証試験・実証研究の実施，安全性の確保と信頼性の向上，稼働率の向上，品質管理体制の整備，技術の対外依存からの脱却などがあげられた．沸騰水型軽水炉については，原子炉格納容器[2]を大きめに再設計することによる機器配置の合理化と作業性の向上，応力腐食割れ対策，燃料交換の時間短縮，検査の自動化などが行われた．加圧水型軽水炉については，格納容器を鋼製からコンクリート製に変更することによる耐震性の向上，蒸気発生器の改良などが行われた．原子炉の標準化については，格納容器内の主要機器の基本配置や基本仕様の標準化をすすめ，耐震設計の標準化が検討された．

安全性・信頼性の実証試験として，蒸気発生器，とくに高い信頼性を要求される一次系および安全系のバルブ，燃料集合体，溶接部など熱影響部，ポンプなどの試験を行うとともに，世界最大の大型高性能振動台を建設して，原子力発電所の重要な大型設備について実機などによる実証試験を行った．これらの効果もあって，日本の原子力発電所の稼働率は1975年から徐々に高まり，1980年には世界的にも高い水準に達した．国産化は核燃料サイクルの各段階において推進され，新型炉（新型軽水炉，カナダ型重水炉，高速増殖炉，核融合）の調査と研究開発も行われた．

2.『通商産業政策史 1980-2000』の記述

2.1 資源エネルギー政策

この『政策史』では，対象となる期間が短いためか時代区分はなされず，政策領域ごとに巻が構成された．原子力は第10巻『資源エネルギー政策』（橘川2011）で取り上げられた．この巻は，総論にあたる第1部「エネルギー動向と政策遂行体制」と，各論にあたる第2部「資源エネルギー政策の展開」から構成される．第1部では，国内における非化石エネルギーの供給動向のなかに原子力が登場し，原子力発電所の所在地の一覧と，原子炉の2つの型である沸騰水型と加圧水型の原理が図示された（35-7頁）．

第2部では，第9章「電力・原子力政策」の2つの節において原子力が扱われた．すなわち，第4節「原子力開発の重点的追求」（314-31頁）と，第5節「原子力の安全確保」（331-40頁）であり，

これらの節では記述の一部が2001年以降まで延長されている．その概要は以下のようである．

　原子力発電は，国際情勢の影響を受けにくく，二酸化炭素を排出することがなく，安定的に運転すれば低価格で電力を生み出せるが，適切な安全確保がなされていないと大きな危険をともない，使用済み燃料の処理に手間と費用がかかる．日本の原子力発電は，石油危機後に拡大したが，チェルノブイリ事故(1986年)の影響で停滞し，核燃料サイクルの構築もあまり進展しなかった．2000年以降，地球温暖化問題と原油価格の高騰のなかで原子力発電は世界的に注目され，原子力ルネッサンスと呼ばれる状況が現出した．日本では2005年の原子力政策大綱のなかで原子力発電の推進が打ち出され，翌年には総合資源エネルギー調査会の原子力部会において原子力立国計画がまとめられた(第4節)．

　原子炉の重大事故として，スリーマイル島，チェルノブイリ，日本では，美浜発電所2号機蒸気発生器伝熱管損傷と，ウラン加工工場(JCO)臨界事故がある．このうち，チェルノブイリの原子炉は設計と構造が日本とは異なり，同様な事故が国内で発生するとは考えにくい．日本は，国内外で事故が生じるたびに，再発防止措置を講じるとともに，そこから教訓を導いて，原子力災害対策特別措置法(1999年)など制度面での改革にむすびつけて原子力の安全確保を推進してきた．2001年の省庁再編のさいには原子力安全・保安院を発足させた．2002年には，原子力発電における不具合の隠蔽が発覚して，不正問題の再発防止がはかられ，原子力安全規制が強化された．2005年の宮城県沖地震，2007年の新潟県中越沖地震をふまえて，耐震安全性が見直された．原子力発電所の安全確保には，異常の発生を防止する，異常が発生した場合は早期に検知して異常の拡大を防止する，事故が発生した場合にはその拡大を防止して影響を低減させる，という多重防御の考え方が採用されている．地震等に対しても，耐震安全性を確認するとともに，地震感知装置により安全に自動停止する仕組みが備えられている(第5節)．

2.2　産業技術政策

　この『政策史』には第9巻『産業技術政策』(沢井2011)もあるが，この巻は政策を単位として章が構成され，科学技術分野の名称は目次にもあまり見られない．章と節の名称から科学技術分野に対応するものをひろうと，医療福祉機器技術研究開発制度，環境対策技術の応用，サンシャイン計画とムーンライト計画［石油代替エネルギー技術と省エネルギー技術の開発政策］，ヒューマン・フロンティア・サイエンス・プログラム［生体機能応用技術の推進政策］などがあるくらいで，索引にも原子力という項目はない．章を構成する方式が異なるために留保が必要であるが，1980年以降，原子力技術は産業技術政策の主要な対象ではなくなったようにみえる．

3.　原子力技術の位置づけの変化

3.1　歴史的な経緯

　これらの『政策史』の記述を，より長期的な視野に位置づければ次のようになる．原子力技術の基礎となる科学分野は原子核物理学である．原子力技術の原理は原子核分裂の連鎖反応によるエネルギー放出であり，1933年にその概念が提唱され，39年に実現の可能性が示され，42年には実現された．連鎖反応は，制御をともなわない爆発的な反応として利用されることもあるが，制御された連鎖反応として利用されることも多く，これを実現する装置が原子炉である．アメリカで開発された当初は，プルトニウムの生産を目的として，発生する熱エネルギーを廃棄しつつ稼働していた

ようであるが，のちに熱エネルギーを産出する舶用動力源となり，さらに陸上の発電用装置となった．

　日本には，世界的な水準の原子核物理学が戦前からあったが，原子力技術はなかった．原子力技術の平和利用は1953年にはじまり，日本では，基礎的研究への着手と発電用原子炉の導入が並行してすすめられた．日本の実用炉はアメリカから導入され，試験用の小型炉からはじまって，前述のように1960年代以降は電力各社が原子力発電所を建設した．そのなかで，国産化の推進，初期故障の克服，改良標準化などが1970年代の産業技術政策の課題となった．当時の原子力は，新先導産業・技術先端分野として将来が期待されたが，改良標準化事業は1970年代に終えたようにみえる．原子炉を生産する日本の企業では，技術導入元であるアメリカ企業の設計書を変更しないことが不文律であったというから（吉岡・名和2015，26-7），改良標準化は周辺的な部分にとどまったのであろう．その一方で，さまざまな新型炉の研究開発も順調ではなかった．このことが1980年以降の『政策史』にあまり書かれていないのは，他省庁が関与するためと思われる．すなわち，1980年代以降は，実用炉の改良と新型炉の研究開発のいずれもが，産業技術政策の重要な課題とはなりがたい状況にあったといえよう．

3.2　その含意

　このような状態は，今後の技術革新があまり期待できないロックイン（袋小路）にあたり，現在の技術が今後も使用しつづけられると推測される．これを前提とすれば，たとえば以下のような議論があり得ることになる．すなわち，原子力発電所の経済性は安定的な運転によってもたらされるが，世界的にみて原子力発電の費用は時間とともに増えている（ブラウンほか2015，66）．その主な原因は発電所の建設に要する期間が長くなることにあるというが，これは技術だけでなく社会的な要因でもあって，かんたんに克服できるとは限らない．また，原子力発電は運転時に二酸化炭素を排出せず，地球温暖化対策に貢献するが，そのかわりに処理・処分がやっかいな放射性廃棄物を産出する．さらに，原子力発電は，エネルギーの安定供給を確保する「準国産」エネルギーではあろうが，それならば純国産の自然エネルギーの開発に注力する選択もありそうにみえる．

　原子力発電は，経済性とともに，地球温暖化対策やエネルギーの安定供給といった社会的要請によって推進されている．これに対応して，国家によるさまざまな支援策がなされているが，技術革新への支援が困難な状況は知識基盤社会をむかえた今日において望ましいこととはいえない．原子力発電の進歩が今後とも期待しにくいのであれば，より広い視野からの見直しを含めた検討が社会的な課題となろう．

　ところで，これまでにあげた原子力発電のさまざまな技術開発が仮に進捗していたとしても，福島の事故を回避することには貢献しなかったと思われる．福島では，地震を感知して原子炉は自動停止し，送電網から発電所への送電が途絶して非常用ディーゼル発電機が起動したが，これが津波で破壊されたことが事故の原因となった（ブラウンほか2015，73）．事故を未然に防止する措置のひとつは非常用電源を津波から防御することであるが，これは技術的に困難な課題ではなく，大きな経済的負担をともなうものでもなかったであろう．そのことが，発電所の設計，建設，のちの改良工事などにおいて，実現されなかったことが惜しまれる．

■注

1）原子力に関する筆者の論考は多くない．原子力を専門とする人物との協同研究が長期にわたったことから，すみわけてきたといえる．本稿の題材はその例外である．

2）原子炉の炉心は分厚い圧力容器で囲まれ，その外側を格納容器が取り囲む．この構造は沸騰水型と加圧水型に共通している．

■ 文献

ブラウン, L. R. ほか 2015: 枝廣淳子訳『大転換：新しいエネルギー政策のかたち』岩波書店; Brown, L. R., Larsen, J., Roney, J. M. and Adams, E. E. *The Great Transition: Shifting from Fossil to Solar and Wind Energy*, W. W. Norton & Company, 2015.
橘川武郎 2011:『通商産業政策史 1980-2000 資源エネルギー政策』第 10 巻, 経済産業調査会.
沢井実 2011:『通商産業政策史 1980-2000 産業技術政策』第 9 巻, 経済産業調査会.
武井満男 1990:「電気事業と原子力開発」通商産業省通商産業政策史編纂委員会(編)『通商産業政策史 第Ⅲ期 高度成長期(3)』第 10 巻, 通商産業調査会, 540-78.
塚原修一 1993:「原子力技術の開発」通商産業省通商産業政策史編纂委員会(編)『通商産業政策史 第Ⅳ期 多様化時代(3)』第 14 巻, 通商産業調査会, 391-414.
吉岡斉, 名和小太郎 2015:『技術システムの神話と現実：原子力から情報技術まで』みすず書房.

Nuclear Technology in *History of Japan's Trade and Industry Policy*

TSUKAHARA Shuichi*

Abstract

From *History of Japan's Trade and Industry Policy*, the official history of the Ministry of International Trade and Industry (MITI), the positioning of nuclear technology in Japan was discussed. The nuclear power generation had the economy that could compete with thermal in the 1960s, and the power companies began to introduce. Along with this, domestic production of nuclear equipment, the location of nuclear power plants, and securing of nuclear fuel had become issues of MITI. Since many initial failures occurred, the improvement and standardization of nuclear equipment had become issues of the industrial technology policy of MITI. This policy was pushed forward in the 1970s. The result remained only a marginal, because it was required the consent of the American company that had developed the technology. The nuclear technology was no longer a critical part of the policy after the 1980s and is hard to expect the innovation in Japan. However, it would not become the factor avoiding the accident of Fukushima even if the technology mentioned above made progress. The cause of the accident is that the emergency diesel generator was destroyed by the tsunami. It is regretted that measures to defend it against the tsunami were not taken in advance.

Keywords: Nuclear technology, Nuclear power generation, Ministry of International Trade and Industry, Industrial technology policy, Fukushima accident.

Received: August 31, 2015; Accepted in final form: February 20, 2016
*Visiting Professor, Kansai University of International Studies; 3-8-17-801 Ebara Shinagawa Tokyo 142-0063 (home)

内省するSTS

総説

学者としての責任とSTS

藤垣　裕子*

『請われれば一差し舞える人物になれ』――これは，東日本大震災直後の3月26日，当時の大阪大学総長の鷲田清一氏が平成22年度学位記授与式式辞のなかで触れた言葉である．普段は後ろに下がっているけれど，いざ頼まれたら一差し舞える．この言葉に促されて，いったい何度舞ったことだろう．今回の震災および三大災害(地震，津波，原子力発電所事故)に関連してSTSの立場から講演してくださいと頼まれておこなった講演は，10を超える[1]．そして，この4年で三大災害について日本中で，そして世界で，どれだけのシンポジウムが開催され，どれだけの言説が積み重ねられたことだろう．本稿ですべてを語り尽くすことは不可能であり，おそらく本特集の各論文を重ねあわせることでようやくある像を結ぶことになるのだろう．本稿は，著者の限られた経験に基づき，そのような像の一側面を描き出すことを目的としている．

1.「想定外」の政治性

まず，今回の日本でのできごとを外国の同業者(科学技術社会論の専門家)に説明する過程で，日本語の「想定」という言葉が多義性をふくんでいることが明らかになった[2]．たとえば，原子力安全基盤機構は，2010年10月に電源喪失という事態を想定した(predicted)シミュレーションを行い公開していた[3]．それにもかかわらず，現実の電源喪失は想定されておらず(unexpected)，対応が現場で訓練されていなかった．さらに，釜石市では津波の高さが想定(assumption)以上であったため，避難訓練どおりに避難した人が50人以上も亡くなった．これで少なくとも三つの意味に同じ「想定」という言葉が用いられていたことになる．「想定外」という言葉が，事故の責任を電力会社側から別のもの(天災による偶然性)に転嫁するために用いられていたという指摘もあるが，ここでは3つの想定の違いについて考えてみたい．まずシミュレーションの想定(prediction)は，確率的予測である．次に，電源喪失の想定外(un-expected)は期待していなかったということ，対策を立てるうえで現実に起こると期待していたか否かという意味である．さらに，assumptionのほうは思考の仮定である．このように，数値シミュレーションで得られる確率的予測，対策を立てるうえでの現実の期待値，予測を行うための仮定，の3つが同じ「想定」という言葉で語られてしまう日本語の危うさを感じた．

2015年8月28日受付　2016年2月20日掲載決定
*東京大学大学院総合文化研究科教授，〒153-8902 東京都目黒区駒場3-8-1 広域システム科学系

さて，原子炉冷却装置の電源喪失は，シミュレーションでは想定(predicted)されていたが，それにもかかわらず，現実の電源喪失は想定されていなかった(unexpected)．ちなみに，政府事故調の報告書の英訳では，想定外は，beyond-assumptionが充てられていた．「想定外」が事故報告書によってどのように扱われていたかをみてみよう．まず国会事故調では以下のような記述がある．

> 平成18年の段階で福島第一原発の敷地高さを超える津波が到来した場合に全交流電源喪失に至ること，土木学会手法による予測を上回る津波が到来した場合に海水ポンプが機能喪失し炉心損傷に至る危険があるという認識は，保安院と東電との間で共有されていた．（国会事故調報告書p27）

つまり，津波の発生から冷却機能の損失，炉心損傷に至るプロセスは想定されていたのである．また，政府事故調には以下の記述がある．

> 「想定外」という言葉には，大別すると2つの意味がある．1つは最先端の学術的な知見をもってしても予測できなかった事象が起きた場合であり，もう1つは，予想されるあらゆる事態に対応できるようにするには財源等の制約から無理があるため，現実的な判断により発生確率の低い事象については除外するという線引きをしていたところ，線引きした範囲を大きく超える事象が起きたという場合である．今回の大津波の発生は，この10年余りの地震学の進展と防災行政の経緯を調べてみると，後者であったことがわかる．（政府事故調報告書，概要p25）

これらを総合すると，科学的合理性（自然科学による確率予測）としてはpredictedであったのに，社会的合理性（実際に社会的対策がおこなわれるための設定基準）としてはunexpectedとして扱われていたことが示唆される．ここで追及しなくてはならないのは，政府事故調の2つめの想定外，つまり「現実的な判断」による線引きの内容である．一般に，確率概念がリスク概念になるときには，何か守るべきもの（人間の健康，あるいは環境）があり，それによって線（どこまでは守り，どこからは無視するか）が引かれる．今回の場合の線引きは，人間の健康や環境を守るための線引きというより，経済活動を守るための線引きだったのではないか，という推測は十分に成り立つ．この線引きの議論は，今現在も進行中の原発再稼働をめぐるいくつかの地裁の判断のなかにも表れている．たとえば，高浜原発（福井県高浜町）の再稼働を認めなかった福井地裁の決定（2015年4月）および大飯原発（福井県おおい町）の再稼働をみとめなかった福井地裁の決定（2014年5月）では，人々が生命をまもり生活を維持するための人格権を全面にだし，経済活動としての原発の稼働はそれより劣位にあるとした[4]．つまり，上記政府事故調にある「線引き」は，常に何をまもるかのせめぎあいのなかで決まるのである．事故を想定外として思考停止に至るのではなく，そもそも想定外という線引きが何によって決まったかを分析することによって，そこに潜む政治性が明らかになるのである．

2. 情報公開と市民参加

事故直後の情報公開をめぐってはさまざまな意見が出された．2011年11月3日，米国クリーブランドで国際科学技術社会論学会と米国科学史学会と技術史学会の合同のプレナリーが「フクシマ」をテーマに行われた際，三学会をそれぞれ代表する原子力技術史あるいは原子力社会論の研究者た

ちが発表を行ったが，そのなかの一人が，作業服を着た菅首相(当時)と枝野さんのスライドを映し，「日本政府はDis-organized Knowledgeを出しつづけた」と説明すると，800人の聴衆から失笑が漏れた．このプレナリーセッションを司会していた私は，日本人としてこの失笑を大変恥ずかしく思ったことを覚えている．

　それではOrganizedな知識とは何か．日本学術会議は「専門家として統一見解を出すように」という声明を出したが，これはunique，あるいはunifiedと訳される．Organizedであることは，ただ1つに定まる知識(unique)とは異なる．異なる見解を統一(unified)することとも異なる．日本政府および日本の専門家は，時々刻々と状況が変化する原子力発電所事故の安全性に関する事実を1つに定めること，統一することに重きをおき，Organizedな知識(幅があっても偏りのない，安全側にのみ偏っているのではない知識)を発信することができなかった．しかし，これは日本政府と専門家と市民の科学コミュニケーションの問題である．

　政府は，無用なパニックを避けるために「ただちに問題はない」と言い続けた．しかし，無用なパニックを起こすほど日本人の知性は低いのだろうか．政府・専門家は国民のリテラシーを低くみているからこそ，安全側に偏った情報を流したのではないか．そして逆説的なことに，安全側に偏った情報しか流さない政府を市民が信用しなくなるという現象がおきた．また，福島県の高校に勤める理科の教諭は，「政府は混乱させたくないというが，事故がおこったこと自体がもう混乱である．また，1つの答えを出したいというが，いろいろな情報が出るのが当然であり，そんなことはわかっている．統一した1つの情報を出したいと専門家はいうが，統一された1つの情報が欲しいわけではない．全部出してほしい．その上で意思決定は自分でやる．」と述べた[5]．ここで観察されるのは，専門家や政府は行動指針となるような「統一された1つの情報」を出すことを責任と考えているのに対し，市民の側が「混乱してもいいからたくさんの情報」「幅があってもいいから偏りのない情報」が必要で，意思決定は自分でやる，次の行動は自分で決める，と述べていることである．そして市民にとって何が不安かについては，専門家や政府が「きちんとした情報がないのが不安」と考えているのに対し，市民の側は「情報が偏っているのが不安」と答えた．さらに専門家や政府が「混乱させるのが不安」と答えたのに対し，市民の側は「専門家が信用できないのが不安」と答えた．これらは専門家や政府の考える必要な情報，与えるべき情報と，市民の側の望む情報とのギャップといえよう．もちろんここで，「1つに決めてくれないと行動できない」と言った市民もいたことを付け加えておこう．これら情報発信に関する問題は，科学者の責任に関して新たな課題を提示する．行動指針となるような1つの統一された情報を出すのが科学者の責任か．それともすべてオープンにした上で市民に選択してもらうのが責任か．これは科学者の社会的責任を考えるうえで，いまだ解けていない課題である．

　さて，低レベル放射線の健康影響については，ICRPのいくつかの報告書が引用された．私も2011年5月の五月祭での講演のためにICRPの報告書のいくつかを熟読した．そこで発見したのは，低線量被曝を受けたひとが直面する問い，および住民による防護方策の実施についての詳細な記載である．たとえば，「放射能事故の場合，影響を受けた人々は新たな問題と懸念に直面することになる」という記述があり，人々が直面する問題と懸念の例として，以下が挙げられている．「環境はどの程度汚染されているのか．自身はどの程度被爆しているのか．とりわけ，自身はどの時点で汚染されたのか．このような新たな状況にどう向き合うべきか．自身の現在および将来の被ばくを合理的に達成可能な限り低減するために何をすべきか」などである．(ICRP Pub. 111, 2008)

　また，住民による防護方策の実施のなかには，市民参加の勧めが何例も示されている．たとえば，

・当局が主要な利害関係の代表者をこれらの計画(放射線防護計画)の作成に関与させるようすべきであると勧告する(同3.2項34)
・汚染地域の過去の経験によれば，地域の専門家や住民を防護方策に関与させることが復興プログラムの持続可能性にとって重要であることが実証されている(同4項55)
・ノルウェーにおいて対策の適用とモニタリングに際して現地の人々への権限付与と影響を受けた人々の直接関与が重視されたこと(同A.7項)
・羊を制限区域の外へ移動させたいと望む農民は放射性セシウムのレベルを判定するために自身の家畜を調べることができた．そのため，生体モニタリング技術が用いられた(同A.8項)

日本でもICRPの報告書は，被ばく線量の上限を決めるために引用されることはあった．しかし，このような測定や方策への市民参加の記述があることを紹介している事例は非常に少ない傾向にあった．これも日本社会が市民のリテラシーをどう判断しているのかを考えるうえで参考になる．日本における「情報公開」や「市民参加」のありかたを観察すると，日本では市民リテラシーを低くみつもり，行動指針は科学者が一意に定めないとならないと考えるパターナリズムが優勢であると考えられる[6]．

3. テクノオリエンタリズム

STS学会のメンバーは，2012年コペンハーゲンで開催された4S-EASST会議で，フクシマに関する4つのセッションを組んだ．"3.11 and structure of risk: Experts, politics, and social vulnerability"（2012年10月20日9：00–10：30），"Citizen-Science: The 3.11 disasters and non-experts in action"（同11：00–12：30），"Discourse on disaster: Post-3.11 Japanese and international perspectives on communication, science and democracy"（同14：00–15：30），"Social dynamics and structures around nuclear technology: Pre- and post-Fukushima stories"（同16：00–17：30)である．日本からの登壇者は藤垣のほか，松本三和夫氏，標葉隆馬氏，寿楽浩太氏，黒田光太郎氏，田中幹人氏，八巻俊憲氏，平川秀幸氏，調麻佐志氏，伊藤憲二氏である．海外からの登壇者は，米国3，イギリス1，フランス1，ドイツ1，ニュージーランド1であり，各セッションの討論者は，Gabrielle Hecht氏，寿楽氏，Atsushi Akera氏，松本氏であった．第一セッションのHecht氏の討論(藤垣，Scott，松本，標葉の発表を受けての)は非常に印象的であったので紹介しておく．

まず福島の災害が単なる自然災害なのではなく，産業化された社会での災害であり，産業化された社会の脆弱性を示したことが指摘された．普段は見えない(Institutional-invisible)ものが露見したのである．次なる問いは，「ある条件，ある制限のもとでの責任とはなにか」というものである．社会的な技術の受容可能性を考慮したうえで，制度的規制をどうつくるか，その政治的正統性をどう担保するかが問われる，とHecht氏は主張した．また，災害分析がどうあるべきかを考えるうえで，「どう責任が語られていくのか」が大事であり，記憶のケアの必要性が強調された．私たち(STS研究者)は常に語り継いでいく責任がある，という主張である[7]．さらにHecht氏は，テクノオリエンタリズムに言及した．最初，フクシマ事故は西欧諸国に恐れられた．技術的に発達した自分たちと同じ先進諸国(One of us in West)でおきた事故としてである．もう一方で，あれはメイド・イン・ジャパンの災害であり，自分たちとは違う特殊な日本において起きた事故という捉え方がある．後者はテクノオリエンタリズム的考え方である，というものである．

ここでテクノオリエンタリズムについて考察しておこう．この事故を「メイド・イン・ジャパンの災害」として捉え，「日本固有の」災害として捉える見方である．たとえば，民間事故調査報告書で，「この調査中，政府の原子力安全関係の元高官や東京電力元経営陣は異口同音に『安全対策が不十分であることの問題意識は存在した．しかし，自分ひとりが流れに棹をさしても変わらなかったであろう』と述べていた」(p7)という記述がある．こういったNo-Blame Culture，きちんというべきことをいわない「日本の文化」が災害を生んだという考え方である[8]．また，ひとつひとつの分野は世界最高レベルにあったのに，それらの間の連携が下手な国であったためにおきた事故という指摘もある．たとえば，津波のコミュニティにおける津波予測の不確実性の感覚が，原子力コミュニティに伝達されなかった(2012年1月，日本学術会議シンポジウム)というような指摘である．さらに，国会事故調査報告書で黒川清委員長が同様の発言をしたこと(The National Diet of Japan, The Official Report of The Fukushima Nuclear Accident Independent Investigation Commission, Executive Summary, p9)が，この見方の証左として海外でも使われている．テクノオリエンタリズムをとると，欧米は，あれはOne of us in Westでおきた事故ではなく，「日本固有のこと」であり，俺たちには関係ない，として片付けることができるのである．

　そもそもオリエンタリズムとは，主に文学，歴史学，文献学，社会誌など文系の学問のなかで，西洋の書き手や設計者や芸術家の表現，描写，叙述のなかに無意識に用いられている中東や東アジア文化に対する見方の偏向を指すために，E. W. サイードが用いた言葉である．サイードはいう．知識というものは基本的に非政治的であるとみられているが，この認識が，「知識の生み出される時点でその環境としてある，たとえ目には見えずとも高度に組織化された政治的諸条件」を覆い隠すものとなっている傾向がある．そしてそれら知識のなかに，オリエント(西洋からみた東洋)への偏向したものの見方が含まれている．これまで科学技術は，それらとは異なる普遍的なもの考えられてきたため，オリエンタリズムの考察からは外されてきたのである．

　しかし，黒川氏がメイド・イン・ジャパンの災害といって，セルフ・オリエンタリズム的発言をしたことは，果たして科学技術のどこまでが普遍的なもので，どこから先が文化依存的で東洋的なものであるのかについての問いを我々につきつける．科学技術の知識を生み出す活動は，とりもなおさず人間によって営まれており，科学活動を支える制度，研究環境，関連する法，背負っている歴史は国によって異なる．科学技術リスクを管理する上での知見やシステムは，人類普遍のものであるのか．それとも文化に依存するものなのだろうか．

　1つの考え方は，科学は人類普遍，技術には文化依存性が入り込み，リスク管理に至っては文化依存性が非常に強いという段階説をとることである．しかしここで注意したいのは，日本固有の災害といった瞬間に逃げていってしまうものがあることだ．こういう事故は，米国でもドイツでもフランスでも起こりうる，という認識をもち，民主主義国家での事故として一般化することによって，今回の事故の教訓を世界の人々と共有する努力がとても大事であるのに，そのような努力をしなくてすむ逃げ道をつくってしまうのである．Hechtの議論は，こういった議論を喚起させる，非常に刺激的なものであった．

　さて，この4S-EASSTの会議中，上記セッション以外でも，多くの外国人とフクシマ事故について議論する機会があった．彼らの反応を簡単にまとめておく．「日本では，エネルギー政策に国民を交えた議論を行っている[9]．フクシマは日本の公共政策をこんなにも変化させたのだろうか．」(米国：災害研究者)「フクシマの影響はさまざまであるが，専門家への不信頼という点では一様性をもっている．フクシマは日本における公共と行政の境界を書き換えつつあるのでは．」(米国：人類学者)「欧州では，日本の今後の原子力がどうなるか，一般の人々が注目している．また，市民

の抵抗が今後どのように政策に反映されるのかを見守っている.」(オランダ:社会学者)「日本の震災後の原発政策が欧州の政策に与える影響について強い関心をもっている.」(フランス:社会経済学者)「閣議決定はされなかったが,日本も2030年代までに原発0%を選んだのは画期的なことだ.」(ドイツ:報道関係者).これらを聞いていて,ポストフクシマは決して日本だけの問題ではないことを実感した.今でも,日本の原子力関係の動向は世界中から注目されているといっていいだろう.日本の原子力ガバナンスが世界からみて恥ずかしい展開にならないよう見守ることが,我々STS研究者に課せられた今後の課題であろう.

4. 医師と市民のコミュニケーションをめぐって～IAEA-FMU会議

　低線量被曝の健康影響をめぐる科学コミュニケーションに関しては,日本全国のなかでさまざまな議論が展開された.以下に記述するのは,この問題をめぐる筆者の個人的体験である.2013年2月19日に私は,IAEAの原子力科学・応用局ヒューマンヘルス部長秘書からメールをもらった.IAEAで「放射線の健康被害とその社会的影響」に関する会議を開催するにあたり,部長のRethy Chhem氏が話をしたがっているので,国際電話のかけられる時間帯を教えてほしいというものであった.数日後に日時を指定して話を聞き,2013年5月のIAEAの専門家会合に出席するよう国際電話で1時間説得された.福島県立医大の医師たちが,県民との対話で困難をかかえているので,STSの専門家として専門家会合に出席してほしいという内容であった.すでに日本学術会議の分科会(福島災害後の科学と社会の関係を考える分科会)で低線量被曝の問題に関する科学者の社会的責任やIAEA批判をまのあたりにしていた私は,同会議に出席することによって自分が批判される可能性を予測できたため,出席の可否について考えあぐねた.3週間考えても出欠の判断がつかなかったため,3月11日に自分の所属長,つまり当時の総合文化研究科長(教養学部長)に,ある記事[10]で批判され,市民放射線研究所からも批判されている同部長からこのような依頼がきているがどうするべきか,を相談した.4月1日より2013年度総長補佐に就任する予定であったため,もし私がマスコミから批判されることになれば,所属部局,つまり総合文化研究科・教養学部が批判されることになるため,部局長の同意は不可欠だったのである.研究科長の答えは,「それでこの会議に行かないという決断を下した場合,あなたは学者として責任が果たせるのか」というもので,これには反論のしようがなかった.さらに,ここで総合文化研究科長が「いくな」と言ったなら,そのこと自体が「色めがね」と判断されること,もし藤垣さんがIAEAにいく許可を出したことで研究科長として批判されたら,「(原発反対賛成というような)イデオロギーを主張しにいくのではなく,学者としての考えを主張しにいくのだから許可を出した」で通す,とも言われた.あとに引けなくなった私は2013年5月のIAEAウィーン本部での会議,同11月および2014年7月に福島県立医大で開催されたIAEA-FMU会議に参加することになる.毎回,IAEA→ウィーン大使館→外務省→文部科学省のルートで出席依頼の公文書がやってきて,所属部局長の公印が必要となる,ものものしい会議参加であった.

　2013年5月のウィーン行きの前には,当時原子力委員会委員長代理であった鈴木達治郎氏に相談してさまざまな情報を得,また第14回原子力委員会臨時会議(2013年4月22日13:30-中央合同庁舎)に参加させていただき,福島におけるリスクコミュニケーションの課題について,「たむらと子供たちの未来を考える会」「かあちゃんの力プロジェクト協議会」「福島県小児科医会」「福島民報いわき支社」「福島県大熊町教育委員会」のかたたちの意見を聞いた.さらに福島県立大に勤める経済学者兼市民運動家からも意見を聞いた.出国前のそれらの調査でだんだんとわかってきた

ことは,「市民」には二種類あって,それぞれにIAEAへの評価が違うことであった.1つの「市民」はA:都市在住の市民運動家であり,もう1つの「市民」はB:福島に長く住んでいる市民である.当時のいくつかの新聞の論調はあきらかにAの論調に基づいており,日本学術会議のある分科会もAに近かった.Aのひとたちは,「IAEA=悪の巣窟」とみなしており,県民健康など顧みない原子力推進派とみなしていた.それに対し,Bの市民には,「福島県も福島大も福島県立医大も,東京からくる運動家も信用できない部分がある.だから国際機関であるIAEAにちゃんと助言してもらいたい」という意見をもつひともいた.Bのひとたちにとっては,IAEA=悪の巣窟ではなく,黒船であり,日本の外から「きちんとした助言をしてくれる機関」なのである.このあたり,STS研究者は冷静に距離をとって見る必要があり,マスコミによるレッテル貼りにも注意深く対応していく必要があると考えられる.

以上の知見をもとに,本稿第2項のようなICRP報告書に基づく「市民参加」の重要性を説くスライドを作って,5月の会合で発表した.IAEAウィーン本部は入り口で毎朝持ち物のセキュリティチェックがあり,毎朝,国際線の飛行機に乗る前と同じ検査を受けた.会合には,ウィーン大学からやはりSTSの専門家のUlrike Felt教授がきており,STSの専門家は私と彼女と科学史出身の災害研究者Gregory Clancy氏,あわせて3人となった.日本からの参加は,福島県立医大,広島大,長崎大,放医研からの関係者,そしてSTS研究者である私[11]であった.とくに福島県立医大の先生たちとは毎朝同じホテルで朝食を取りながら,震災直後の救急病棟がどれだけ大変であったか,医師がどのような状況であったか,そののちにどのような展開となったか,について伺うことになった.

2013年5月の会合でわかってきたことは以下である.第一に,放射線の健康影響の今後の研究体制をめぐっては,日本国内でも福島県立医大,広島大,長崎大,放医研の4つの間で緊張関係があり,かつ福島県立医大と福島大学の間にも意見の違いがあり,かつ市民運動にも福島在住の市民と東京在住の市民運動家との間に離齟がある.いくつかの分断を結ぶプラットフォームをIAEAが提供している.これらの離齟をつなぐためにIAEAのヒューマンヘルス部長のChhem氏は,STS(科学技術社会論)に期待している[12].

第二に,チェム氏は医師で,医学史と教育学で2つのPhDをもっている.彼の分析によると,「原子力発電所の事故を招いたのは原子力技術とそれを支える電力会社と政府であり,原子力をめぐる社会史には日本固有のものがある.そういうフレームのなかで市民は医師とむきあう.ところが,医師は医学のフレームでしかものをいえない.市民が何をかかえているのか,医学のフレームでのみ見るには限界がある.今の医学のフレームを相対化して市民に答えることができない.それは医学教育のせいである.」というのである.今回,福島で医者と市民との間でコミュニケーションの問題が起こった一因として,「日本の医学教育における教養教育の貧弱さ」まで挙げ,医学部における後期教養教育(専門教育を受けたあとの教養教育)の必要性の話[13]にまでなった.まさかIAEAにきてまで後期教養教育の話にあうとは思っていなかった筆者は,これには舌を巻いた.たしかに,原子力をめぐる社会関係に関する日本固有の歴史については,すぐれたSTS的分析(たとえば,吉岡1999, Juraku 2013など)があるが,医師がそれらを知っているとは限らない.医師への教養教育としてこれらの社会史の蓄積を伝えることは意義のあることだろう.そして医師にそれらを伝え,現在の医師—県民コミュニケーションの困難を生んでいる歴史的理論的背景を伝えることこそ,STSの役割である,と考えることができる.

この5月のIAEAでの会合を基礎として,2013年11月には,福島県立医大で国際シンポジウムが開催された.そこには,海外のSTS研究者(Ulrike FeltおよびGregory Clancy)が招待されてい

た．ここで日本のSTS研究者の役割は，海外のSTS研究者が声高に主張するSTSの理論のなかで，「日本の現場」の視点として欠けているものを彼ら自身に英語で伝え，同時に海外のSTS研究者の主張のなかにある福島の医師たちに伝えるべきエッセンスを，医師たちに日本語で伝えることであった．まさに「情報解釈者[14]」としての役割を，日本のSTS研究者は担うこととなったのである．この国際会議の2回目は2014年7月にやはり福島県立医大で開催され，STS研究者として上の2人に加えて，マーストリヒト大学のWiebe Bijker(元4S会長)も招待講演者として来ていた．彼のスライドは，STSの概念を医師たちに紹介するのにどういうやりかたをすればいいのかを模索していた私たちにとって，非常に参考になるものであった[15]．

これら3回の会合をへて，私たちSTS研究者も，そして医師たちも相互に発表内容を進化させていった．相互学習による相互変容である．とくに，2013年5月の会合での我々とのやり取りで得られた知見を，自分の言葉として言語化して発表していた福島県立医科大のH医師，K医師の発表，そして放医研のK医師のリスクコミュニケーションの発表[16]などは，その相互変容を確信させてくれるものであった．また，2013年4月に出国前に意見をもらった福島在住の経済学者兼市民運動家が，2014年7月の国際会議での私の発表を聞いて「ここまで明快に問題を明らかにしてもらって，感激した」と言ってくれたことは，今の私の財産である．STSは理論だけでなく，現場に応用して踊ってみせてナンボ，ということを確信した一連の経験であったことを記しておく．

5. 結語

日本大震災から4年超が経過したが，今後もさまざまな対立する意見のプラットフォームとしてのSTSの役割は，必至となるだろう[17]．IAEAがいくつかの分断を結ぶプラットフォームとしての役割をSTSに期待したように，その役割を担えるよう，我々STSの研究者には日々研鑽が必要となるだろう．

■注

1) たとえば，2011年の日本語講演だけでも5件ある．「三大災害(地震，津波，原子力発電所事故)にみる日本の科学技術と社会コミュニケーションの課題」第84回五月祭，2011年5月28日，「低レベル放射線の長期健康影響をめぐる数値の一人歩き」第6回科学技術インタープリター養成プログラムシンポジウム，2011年10月8日，「社会と科学技術イノベーション深化とは」科学技術・学術審議会：第四期基本計画推進委員会，2011年11月21日，「三大災害(地震・津波・原子力発電所事故に対する科学技術社会論による分析)第30回明治大学社会科学研究所学内講演会，2011年11月26日，「三大災害(地震，津波，原子力発電所事故)にみる日本の科学技術と社会コミュニケーションの課題」三鷹市民と東京大学三鷹国際学生宿舎生との集い，2011年12月17日

2) FUJIGAKI, Y. STS education in Japan: Universality and cultural differences in STS concept, STS20 + 20 Conference, Harvard University, 4-7 April 2011 および FUJIGAKI, Y. Social responsibility of scientists and of engineers in the case of disaster: The meaning of "unexpected" and conflicts between professionals, 4S (Society of Social Studies of Science) Annual Meeting, Cleveland, 3-5, November, 2011

3) 日本原子力安全機構，2010年10月

4) 大飯原発運転差止請求判決要旨文 http://www.news-pj.net/diary/1001 (2015年8月31日現在)，および藤垣裕子，原発政策：欠けた視点，朝日新聞2015年4月23日朝刊17面

5) 八巻俊憲，科学技術社会論学会第10回年次研究大会(京都)，2011年12月

6）Fujigaki, Y, The process through which nuclear power plants are embedded in political, economic, and social contexts in japan, in Fujigaki(ed.), Lessons from Fukushima: Japanese Case Studies on Science, Technology and Society, Springer, 7-25, 2015

7）おそらく，本号の本特集は，この「語り継いでいく責任」の一旦を担うのであろう．

8）この考え方をとると，「言うべきことを言わなかったから原発事故がおきてしまった」ということになる．私自身はあの事故以来，「おかしいことはおかしいという」をモットーとして言うべきことを言うように行動を変えた．「言うべきことは言う」ことと，クレイマーとの違いは，クレイマーとは，自分を安全なところにおいて，責任を取らないひとのことを指すのに対し，「言うべきことは言う」ひとは，自らも責任をとる覚悟をもっているひとのことを指すと考えられる．

9）2012年夏におこなわれた次世代のエネルギーをめぐるDP（熟議型世論調査）を指す．このDPの詳細な報告については，以下参照．Mikami, N. Public participation in decision-making on energy policy: The case of the "national discussion" after the Fukushima accident, in Fujigaki(ed.), Lessons from Fukushima: Japanese Case Studies on Science, Technology and Society, Springer, 87-122, 2015

10）2013年6月の時点で，Chhem氏は，福島県立医大の客員教授になったが，この人事については，「原子力推進機関の部長が福島県立医大の客員教授に就任—県民健康管理調査と利益相反か」という記事が書かれていた．http://www.kinyobi.co.jp/kinyobinews/?tag＝レティ・チェム

11）2013年5月の会合では，日本からのSTS研究者は私一人であったが，他にIAEA – FMUの会議に加わった日本人のSTS研究者には，塚原東吾氏（2013年10月および11月），標葉隆馬氏（2013年11月），佐倉統氏（2014年7月）がいる．

12）会議の最中，Chhem氏は，「日本のSTSを海外のSTSの植民地にするな．そのためには日本独自のSTSの分析を，英語で発信せよ」と言い，「科学技術社会論の技法」（東京大学出版会，2005）の英訳を強くすすめた．それがSpringer, 2015の本（註6および9参照）の土台となった．

13）藤垣裕子，技術知と社会知の統合～専門家のための教養教育としてのSTS，，山脇直司編，科学・技術と社会倫理，東京大学出版会，2015，137-153および石井洋二郎，東京大学における教養教育の再構築，IDE現代の高等教育，No. 565，20-24，2014年11月

14）情報解釈装置と情報伝達装置との違いについては，藤垣裕子，科学者／技術者の社会的責任，島薗進ほか編，科学と社会のよりよい関係にむけて～福島原発災害後の信頼喪失をふまえて～，合同出版，2016参照

15）Bijker, W. Vulnerability in technological cultures – opportunities and challenges for democracy and for teaching, FMU-IAEA International academic conference: Radiation, health, and population: The multiple dimensions of Post-Fukushima disaster recovery, July25-27, 2014

16）Hasegawa, A. Engaging medical students in radiation emergency medicines, および Kumagai, A. Communicating about Raduation to Fukushima Residents ともに FMU-IAEA International academic conference: Radiation, health, and society: Post-Fukushima implications for health professional education, Nov. 21-24, 2013, および Kamiya, K. The Experience of risk communication and role of scientists in the Fukushima Nuclear accident, FMU-IAEA International academic conference: Radiation, health, and population: The multiple dimensions of Post-Fukushima disaster recovery, July25-27, 2014

17）たとえば日本学術会議では，「原発事故に伴う放射線健康影響をめぐる研究会」が，判断の分断を架橋する意図をもって企画されている（2015年9月18日）．

■ 文献

Fujigaki, Y. and Tsukahara, T. 2011: STS Implications of Japan's 3/11 Crisis, East Asian Science, *Technology and Society: an International Journal*, 5(3), 381-394.

藤垣裕子 2012: 原発事故後の科学技術と社会との関係，日本原子力学会誌，54(4), 226-227.

藤垣裕子 2012: 三大災害(地震, 津波, 原子力発電所事故)の科学技術社会論的分析, 神奈川大学評論 71, 43-50.

Fujigaki, Y(ed.)2015: *Lessons from Fukushima: Japanese Case Studies on Science, Technology and Society*, Springer.

福島原発事故独立検証委員会 2012: 調査・検証報告書.

ICRP Pub. 111, 2008, 2012:「(翻訳版)原子力事故または放射線緊急事態後の長期汚染地域に居住する人々の防護に対する委員会勧告の適用」日本アイソトープ協会. http://www.icrp.org/docs/P111_Japanese.pdf(2015年8月31日現在)

石井洋二郎, 藤垣裕子 2016: 大人になるためのリベラルアーツ　思考演習12題, 東京大学出版会.

Juraku, K. 2013: "Social structure and nuclear power siting problems revealed", *Nuclear Disaster at Fukushima Daiichi: Social, Political and Environmental Issues* (ed. by Hindmarsh, R.)", Routledge (New York).

サイード. E著, 今沢紀子訳, 板垣雄三, 杉田英明監修 1993: オリエンタリズム, 平凡社ライブラリー上下巻.

東京電力福島原子力発電所事故調査委員会 2012: 国会事故調報告書.

東京電力福島原子力発電所における事故調査・検証委員会 2012: 最終報告(政府事故調).

吉岡斉 1999: 原子力の社会史：その日本的展開, 朝日選書.

Social Responsibility of Scientists and STS

FUJIGAKI Yuko *

Abstract

This paper deals with Triple Disaster in 2011 at Japan from the perspectives of social responsibility of scientists as well as responsibility of STS researchers. First, the meaning of "unexpected" in several official reports of Fukushima nuclear accident are reviewed and politics of "beyond assumption" are examined. Second; this paper focus on the gap between the information that citizen wanted to know and the information professionals wanted to provide. Citizen who lived in Fukushima wanted to know impartial, non-partisan, broad information; however, professionals wanted to provide decisive action guidelines and limited, absolute information. These gaps raise questions on the responsibility of scientists. Which behavior is responsible on the part of scientists: to disclose only unique knowledge decisive enough for action guidelines or to disclose a variety of knowledge? Third, the discussion on "techno-orientalism" is examined and finally, examples are shown on how the STS perspective can provide the platforms for the discussion on health effects by radio-activities. At the same time, the responsibility of STS researchers and the distance between the target and STS researchers are discussed.

Keywords: Responsibility of STS, Beyond assumption, Information disclosure, Techno-orientarism

---

Received: September 13, 2015; Accepted in final form: February 20, 2016
*Professor, Graduate School of Arts and Sciences, The University of Tokyo; 3-8-1Komaba, Meguro, Tokyo, 153-8902

優先順位を間違えたSTS

福島原発事故への対応をめぐって

佐倉　統*

1. はじめに

　本稿の主張は，福島第一原子力発電所の事故後に，STSという学問領域に関わる一部の人たちは対応作業の優先順位を間違えた，ということである．具体的には，専門家批判を何よりも優先してしまったのが問題であり，それにより，信頼性の高い専門的情報も社会から不信感をもって受け取られるようになり，事態がさらに混迷したと考える．

　このような優先順位の間違いは，STSという領域の歴史的特性によるところが大きいと思う．STSの研究者や実践家たちは，科学技術にかかわる権威性を批判し，そのガバナンスを専門家以外にも開放することをひとつの理論的支柱として活動してきた（Hacket et al., 2007; Sismondo, 2009）．尊大な専門家主義を批判して，市民参加型の科学技術ガバナンスを確立することは，科学技術と社会の関係が密接になっている現在，きわめて重要な作業である．

　だが，未曽有の原発事故という緊急事態下でそれを最初に行なうことは，大局的な優先順位を間違えていたというのが私の意見である．緊急時にやるべきことは，信頼性の高い情報を可能な限り正確に流通させることである．これは地震であれ津波であれ火山噴火であれ，どんな災害であっても同じだ（田中・吉井，2008）．原発事故とて例外ではない．どれくらいのリスクが発生するのか，その時点での可能限り「正確な」――信頼できる専門的知見に照らし合わせてもっとも妥当と判断できる――見通しを提供することが必要である．原発事故直後にウェブ上に登場した《御用Wiki》は，放射線の健康リスクを過大に見積もらない発言をした研究者たちを「御用学者／エア御用学者」と分類して，彼ら彼女らを批判するものだった[1]．このサイトとSTS研究者とのつながりは不明である．しかし，《御用Wiki》の企画運営をしていた中心人物がSTSとのつながりを自称したことから，とくにネット上でこれを批判する人たちの間では，《御用Wiki》をSTS関連の活動とみなし，論評する空間ができあがっていった[2]．この動きに対し，STS研究者からは有効な反論や修正意見はほとんど出されず，むしろ間接的にであれ補強する言説がめだったように思う．したがって，《御用Wiki》および／またはそれに関連するネット上の言説空間を「STS関連の活動」と位置づけることは，一定の正当性があると考える．このような《御用Wiki》とそれを支持する言

2015年8月30日受付　2016年2月20日掲載決定
*東京大学大学院情報学環教授，〒113-0033 東京都文京区本郷7-3-1, sakura@iii.u-tokyo.ac.jp

説は，尊大な専門家主義を批判するあまり，信頼性の高い情報の流通を損ねることにつながり，結果として，有用な情報が社会に受容される確率を下げてしまうことになったのだと思う．

原発が爆発した時点で専門家への信頼は失われていたし，専門家の言説に不信を増幅する内容や姿勢が反映されていたことも事実である（影浦，2013）．しかし，であればこそ，その後にやるべきだったことは信頼の回復であり，つまり信頼できる専門家と信頼できる情報を選び出すことだったはずだが，尊大な専門家主義を批判するあまり，健全な，そして必要不可欠な専門性まで否定してしまったのが原発事故後の，一部のSTS学者の活動だったというのが私の評価である．

STSのようなメタな学問領域は，当事者たちが視野狭窄に陥っている状況を外から指摘し，ときにその偏向を是正するのに貢献することができる．原発事故のような非常時であれば，その貢献のひとつは，専門家側の，あえて言えば「わずかな」偏向を是正することではなく，現地の意向やニーズを汲んで信頼できる専門家と現地のつなぎ役になることであっただろう．その際に，つなぎは一層ではなく（現地寄りと専門家寄りの）二層が必要である（＝二重つなぎモデル［double interpreter model］）．この二重のつなぎの中で，みずからの立ち位置を定位しておくことは，自身の活動の方向性を見定めるのに役立つことと思う．

以下，STSが優先順位を間違えた原因を私なりに整理し，最後にこの二重つなぎモデルについて概説する．

2．なぜSTSは優先順位を間違えたのか？

STSはさまざまな出自と専門領域からなる複合的学問領域であり，単一の方法論や枠組みを認めることは難しい．しかしその中でも多くのSTS関係者に共通する志向は，科学技術を専門家だけが扱うのではなく，広く市民が参加しながら社会全体で協同して科学技術のガバナンスを進めていくという価値観であろう（藤垣，2003; Bucchi, 2004; 小林，2007; Sismondo, 2009）．これを仮に「権威的専門家主義の批判」と呼ぶことにする．遺伝子組換え食品や萌芽的科学技術において，専門家の独擅場とされてきた領域に市民参加を促進した役割は大きいし，今後もこの批判の重要性は増していくであろう．

歴史的な順番を見れば，STSがあったからこのような市民参加が促進されたのではなく，社会運営に市民参加の趨勢が根強いヨーロッパや北アメリカで20世紀の後半にいくつか生じていた市民参加型の科学技術社会問題を，ひとつの領域，あるいは概念として括るための「看板」として後から登場したのがSTSだったのではないかと思っている．

たとえば，1970年代初頭に高速道路建設計画を見直すことになったヴァンクーヴァー（カナダ）の都市計画は，当地のブリティッシュコロンビア大学都市計画学科が中心的役割を担い，市民と行政と専門家が一体となって協議を重ねた結果の産物だった．この学科の卒業生はヴァンクーヴァー市やブリティッシュコロンビア州の行政官として，あるいは民間開発業者として都市計画に関わっている者が多く，市民＝行政＝専門家のネットワークが形成しやすかったことが，高速道路計画撤廃に向けて関係者が一体となって進むのに貢献したといわれている[3]（Punter, 2003; Berelowitz, 2005）．

このような事例は，いわゆるSTSとの関連で語られることはほとんどないが，行なわれていることはきわめてSTS的である．すなわち，それまで専門家と行政だけが意思決定に関わっていたのを，開かれた市民参加型で進めることで，より多くの人たちが満足のいく形を達成するというものである．1960年代から70年代にかけての，科学技術だけに限らない，生活全般にわたる市民参

加型意思決定の隆盛が大きな流れとして存在し，その一部分として，先端科学技術に注目するSTSが学問領域として形成されてきたと言ってよいだろう．

　STSのこのような「出自」を考えれば，原発事故に際しても専門家批判がその活動の大きな部分を占めるのも，当然ではあろう．先に触れたウェブサイトの《御用Wiki》[1]は，放射線被害安全発言を繰り広げる「専門家」の一覧表であり，福島原発事故後かなり早い時期に立ち上げられたが，上記のようなその出自からして原発推進体制(後に「原子力ムラ」として有名になった産官学民一体体制)を批判する立場にあるSTSとしては，ある意味，必然的な反応であったのかもしれない．

　だが，いかにもそれは単純化のしすぎであり，行きすぎであった．これによって「信頼できる専門家」，あるいは，「社会からの信頼を勝ち得ないといけない専門家」たちも批判されることになり，彼ら彼女らが萎縮してしまい，発言がしにくくなったという雰囲気ができてしまったのではないか．それほど，この時期の(福島事故後1年間ほどの)「御用学者批判」は，激しいものがあった．

　福島原発事故後にこのような「御用学者批判」が噴出したのは，それだけ原発関連が「尊大な専門家集団」として振る舞ってきたからだと思う．つまり，原発関連の領域においては，反専門家主義を推進する潜在的運動量が大きく，それはまた平時においては必要性も高いものであった．そこに福島第一原発事故が起り，東電や政府などの過失が明らかになり，反専門家主義を後押しする力がさらに強くなった．これが，事故そのものによるものなのか，事故直後の専門家の不適切な対応によるものなのか，あるいは後者が前者を増幅したのか，そのあたりは定かにはわからない．しかしいずれにせよ，3.11原発事故後に，原子力ムラ専門家批判運動のエネルギーが一挙に巨大化した．そのため，専門家批判が過度に進行することになり，必要な専門家主義まで封じることになってしまった．

　比喩的に言えば，政治的な革命によって不備だらけの旧体制を打倒したはいいが，適切なところで止まらずに反対側まで行きすぎて，ときに逆向きの圧政が生じることに似ている．フランス革命では王政を打倒した後，ジャコバン派独裁による恐怖政治で数多くの「政治犯」がギロチンで処刑された(柴田，1989)．ロマノフ朝の圧政に苦しんでいたロシアでの革命も，王政を打倒した後も穏健な共和制で止まることなく，レーニンを経てスターリンの恐怖政治にまで行ってしまった(外川，1978)．中国共産党革命は文化大革命を引き起こした(矢吹，1989; 加々美，1991)．ある抑圧状態が長く続けば続くほど，その「ふた」が取れたときの反動は大きく，適正なところで止まらずに，逆側で「悪事」をはたらく結果になる．原発《御用Wiki》や，一連の「御用／エア御用学者」批判も同様の力学の産物だったと考えたい．

3. つなぎ役としてのSTS

　STSは福島原発事故の直後に権力批判，科学者批判をするのではなく，つなぎ役になるべきだった．あるいは，メタな視点から有益な方向性を示すべきだった．たとえば，チェルノブイリ原発事故の際にイギリスのカンブリア地方で見られた，牧羊農家の経験知と行政や電力業界の科学知との乖離(Wynne, 1996)を思い出して，専門家や行政と住民との間の信頼性が重要だ，そこを死守せよと主張するべきだった．だが，目立ったのは《御用Wiki》に象徴されるような専門家批判や原子力批判の論調ばかりであり，結局これは専門家への信頼性回復に否定的に作用した．

　しかし，つなぎ役やメタな立ち位置からの展望がなかったわけではない．というか，むしろ，今から見れば，比較的適切なタイミングで，適切な情報を発していたように思われる．

　たとえば，つなぎ役としての活躍が期待された科学コミュニケーターは，活動が不十分だったと

後に批判されるが，それは一面的に過ぎる批判であると思う．早稲田大学の科学ジャーナリズム研究者・田中幹人らが主催していた《サイエンス・メディア・センター》[4]は，放射線の健康リスクについて適切な情報を提供し続けていたし，北海道大学の科学コミュニケーター養成プログラムであるCoSTEPも放射線のガイドをホームページにいちはやくアップした．同様の試みはもっと小規模，個人ベースのものも含めるとあちこちで行なわれていた．たとえば東北大学の科学コミュニケーター・長神風二らは，事故直後に放射線と放射能，放射性物質についての分りやすいイラスト入りチラシを作って配布していた．また，日本科学未来館は自身も震災の被害が大きく2か月ほどの休館を余儀なくされたが，活動再開後は，3.11によって顕在化した科学技術のさまざまな負の面も考察する優れた企画展示をいくつかおこなっている(たとえば，《世界の終わりのものがたり～もはや逃れられない73の問》2012年3月10日～6月11日[5]など)．これらの諸活動を，一括りにして「不十分だった」とするのは，一方的にすぎる評価であろう．そのような評価の背景には，科学コミュニケーションが政府や電力事業者にとって都合の良い情報提供者として機能しなかったという発想があるようにも思われる．言うまでもないが，科学コミュニケーションは政府や電力事業者の広報部ではない[6]．

そもそもコミュニケーションとは，情報の発信者と受け手の間に信頼関係があり，必要とされる情報があって，はじめて成り立つものだ．原発事故後に両者の間の信頼関係が崩壊した状態(影浦，2013)，つまり，コミュニケーションが成立しない状態を招来したのは，科学コミュニケーター(だけ)ではない．そのような状態でコミュニケーションが成立しないことは，科学コミュニケーター(だけ)の責任ではない．端的にいって，コミュニケーションだけでどうにかなるような状態ではなかったのである．

あるいは，科学技術についてのメタな展望でも，社会学者の松本三和夫が『思想』(岩波書店)にリスク論，テクノサイエンス論の特集《科学社会学の前線にて――「第三の波」を越えて》を組み，先に触れたブライアン・ウィンの"Misunderstood misunderstandings"の邦訳を中心とした議論の展開をしたのは2011年6月のことである．原発事故の前に決まっていたスケジュールであり，偶然とはいえ，結果的には適切なタイミングとなった．ウィンの論文は，チェルノブイリ原発事故の後にイングランドのカンブリア地方の羊飼いたちの専門家や行政への不信の理由を丹念に洗い出した，STSの古典的な金字塔である．同じ松本(2012)の著書『構造災』も，社会学者ならではのメタな視点からの分析とモデルの提示であった．上記サイエンス・メディア・センターのところで言及した田中幹人も，標葉隆馬，丸山紀一朗と共著で『災害弱者と情報弱者――3・11後，何が見過ごされたのか――』(2012)を出版している．メディア情報の内容と流通を大局的に分析した労作である．

これらの他にも，より地域に密着した形で活動を展開していた事例も側聞している．STSや科学コミュニケーション周辺の活動が，福島原発事故後に際だって不適切だったとは言えない．逆に，なぜそのような，科学コミュニケーション活動が機能しなかったという断定的評価が下されたのか，そこで期待されている科学コミュニケーションとは何なのか，明確にしておく必要があると考える．上で述べたように，政府や電力事業者にとって望ましい情報を「わかりやすく」提供するのが科学コミュニケーションであるという想定が，無意識にかもしれないがなされていたのではあるまいか．あるいはさらにその背景に，「先端科学技術をわかりやすく伝える科学コミュニケーション」という，啓蒙主義的科学観・社会観が潜んでいるのではあるまいか．

4. 専門家への信頼の失墜

　福島原発事故後，専門家たちの言動に対しても多くの批判がなされてきた．専門家への信頼を失わせた，パターナリズム的言説はコミュニケーションをさらに悪化させた，などである．たとえば，放射線防護の専門家である長崎大学の山下俊一や高村昇が2011年3月25日に飯舘村で安全性を強調する講演をおこない，その数週間後に国から飯舘全村避難指示が出たことによって，村民の間に専門家への根強い不信が植え付けられた．あるいは，東北大学の川島隆太(2011)や東京大学の中川恵一(2011, 2012)による発言も，事故の責任を棚上げにして不安を覚える住民への「説教」に終始していることで，専門家への不信をさらに増幅させた(影浦, 2013)．

　これらの指摘と評価は，おおむね正当だと思う．だが，専門家と非専門家のコミュニケーションという観点からさらに大きな問題なのは，福島第一原子力発電所が爆発した時点で，すでに専門家への信頼は揺らいでいたということだ．信頼が失われているときには，どうやっても，効果的なコミュニケーションをおこなうことはできない．言い換えると，2011年3月から数か月の間に山下や高村や川島や中川らが何をどう言おうと，大なり小なり批判にさらされたであろうし，彼らの言説への不信感を抱く人たちは一定数いただろう．彼らの言説が専門家不信を増幅してコミュニケーションをさらに困難にしたのは事実であろう．しかしでは，あのような状況でどのようなコミュニケーションや情報発信が可能だったかと考えると，他に選択肢はほとんどなかったのではないかとも思う．

　尊大な専門家主義は，許されるものではない．しかし，だからといって，傲慢な反知性主義を助長したり，称揚したりすることも，決してしてはいけないことである[7]．専門家主義を批判するあまり，結果として傲慢な反知性主義——放射線の健康リスクに関する客観的な情報を軽視する姿勢——を助長してしまったのが，原発事故後に一部のSTSが優先順位を間違えた結果として生じた事態なのだと思う．

　科学的な客観情報と生活場面で必要とされる情報との間には，大きな開きがある．この間を埋め，客観的な情報を生活場面で必要な情報に変換すること，あるいは生活場面に必要な客観的情報を提供することが，コミュニケーターやSTS研究者がおこなうべき活動であったのだと思う．客観的な情報は生活には役立たない，両者には開きがあるからといって，客観的でない情報にもとづいて生活の方針や方向性を判断することは，長期的に見て大きな混乱と損失を生活者にもたらすことになる．客観的情報を提供する専門家を批判することではなく，両者の橋渡しこそが必要だったはずだ．

　福島原発事故から5年近くが経って，結局，不安を心の中にかかえつつもリスクを適切に評価する多くの人たちと，不安を前面に出すためにリスクを過大に評価する少数の人たちとに分かれ，固定化してしまったように見える．この分断と固定化を促進しているのが，尊大でパターナリスティックな専門家主義と，傲慢な反知性主義なのである(Sakura, 2015)．次の最後の節では，これらへの二正面作戦を展開し，継続していくための方法を考える．

5. 二正面作戦を続けるために

　福島原発事故後の，専門家への信頼失墜の過程を整理しておこう．まず，安全だと繰り返し主張していた原子力発電所が重大事故を起こしたことが，信頼低下の引き金となった．事故後も，原子力工学の専門家たちがテレビなどで大丈夫だというメッセージを繰り返し発したことがさらに信頼

関係を低下させた．放射線防護の専門家や医師たちも，大丈夫だ，騒がないようにというメッセージを発することで，責任の在処を東電や政府から住民たちに転嫁することに荷担した．これらの連鎖が拡大再生産されて，行政・電力事業者・専門家への不信が固定化した．

本稿で述べてきたことは，このプロセスの中で専門家の（おそらくは無意識の）政治的バイアスや権力性を批判する行為は，不信の拡大再生産に寄与してしまったということである．結果として，福島原発事故が引き起こした放射線の健康リスクを許容して，あるいは受忍して地域での生活を続けていくグループと，そのリスクを許容できないとするグループとの分断の強化につながったと考える．

ここで言いたいことは，だから専門家の言うことは正しかった，ということではない．専門家の言動の中には尊大な専門家主義が明示的にであれ非明示的にであれ潜んでいるものも多く，それらはとうてい受け入れられるものではない．私は別のところで，放射線健康被害のリスク・コミュニケーションがうまく進まなかったのは市民の理解力不足とマスコミの勉強不足が原因であるという放射線医の調査結果を聞いてびっくり仰天した経験に触れたが(Sakura, 2015)，このような，自分たちのことを棚に上げて他のセクターに責任転嫁する専門家たちの態度が事態を悪化させたことは間違いないだろう．また，このような尊大な専門家主義が事故後にも続いており，それらへの批判を継続していくことは不可欠の作業である．

しかし，尊大な専門家主義を批判するあまり，健全な専門家主義への社会的信頼まで低下させてしまっては，本来であれば拠り所にするべき専門的知見そのものへの信頼が損なわれてしまうため，知識を社会的に活用することができなくなってしまう．原発事故をめぐる専門家の言説を分析し，その中に信頼性を損ねる原因が存在していることを明らかにした影浦(2013)は，知識の社会的信頼を貨幣にたとえて説明している．信用価値がすでに下落している貨幣を，大丈夫だ，信用しろ，と言い続けていたのが3.11後の政府や専門家たちであり，それは市民への背信行為であり，当然不信感をさらに増幅した，というのが彼の説明である．この構図には賛成である．

問題は，そのような状況下であっても，知識として頼りにできるのは専門的知識しかないという点である．貨幣が暴落して政府の金融政策が破綻していても，人々はお金を払って買い物をして物資を手に入れなければ生活はできない．

ここで取り得る選択肢は，貨幣に代わる別の信頼できる交換の媒介物（たとえば金(きん)とか外貨とか）を見つけるか，公式ではないけれども信頼できる市場システム（ブラックマーケット）を使うことである．どちらにしても，使いこなすためには一定の情報や知識が必要であり，行為や知識のつなぎ役（インタープリター，エージェント）が不可欠だ．

原発事故後のSTSは，このようなつなぎ役，媒介役としてこそ機能するべきだったと考えるが，そういった活動は残念ながら主流にはならなかった．その理由は，上にも述べたように，STSの活動の主流が尊大な専門家主義を批判することにあり，その結果，「敵の敵は味方」となって，傲慢な反知性主義を結果的に擁護することになってしまったのだと考える（図）．

だが，敵の敵が味方というような単純な構造が成り立つのは，多様なスライクホルダーが関連し，情報流通が複雑化した現在の社会では，ごく例外的な状況のはずだ．また，仮に批判の意図には正当性が認められるとしても，フランス革命やロシア革命のように，後の帰結が当初想定していたものと異なってしまうこともありうる．そういった，関係者が複雑に絡み合って，しかも先の予測が見えにくい状況下では，事態の現場に密着しつつ，一方で常に俯瞰して自分の立ち位置を相対的に自覚しておくことが不可欠だと思う．

そのための羅針盤として，二重のつなぎ役(double interpreter)モデルを使うことを提唱したい．

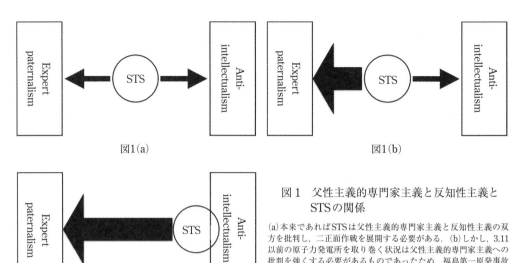

図1 父性主義的専門家主義と反知性主義と
STSの関係

(a)本来であればSTSは父性主義的専門家主義と反知性主義の双方を批判し，二正面作戦を展開する必要がある．(b)しかし，3.11以前の原子力発電所を取り巻く状況は父性主義的専門家主義への批判を強くする必要があるものであったため，福島第一原発事故をきっかけに，極端な形で専門家批判が起った．(c)その結果，一部のSTS研究者の言動や言説は，信頼できる専門的知識も受け入れないという反知性主義に接近し，あるいは反知性主義を強化するものとなった．

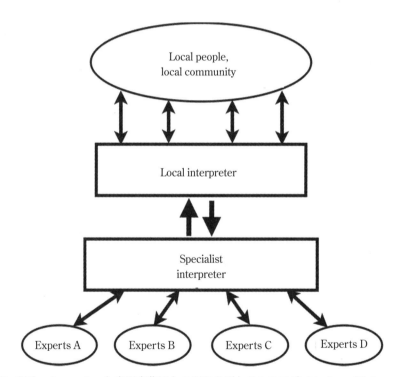

図2 現地コミュニティと専門家集団との間に必要とされる二重インタープリター・モデル

社会と専門家のつなぎ役は，複雑な事象の場合は単層では不十分であり，現地コミュニティの信頼を得ている，現地に近い立ち位置のつなぎ役と，専門家集団の信頼を得ている，専門家集団に近い立ち位置のつなぎ役の二層が必要である．複雑な事象の場合は必要な専門領域も多岐にわたるため，専門家側のつなぎ役はさまざまな専門領域(A-D)へのゲイトウェイとしての機能も要求される．

これは，専門家と地域住民の間のコミュニケーションを円滑にするためには一層のつなぎ役だけでは不十分で，地域寄りと専門家よりと，二層のつなぎ役が必要であるという経験則を整理したものだ(図2; 佐倉, 2013; Sakura et al, 2013)．

この図2のような全体構造の中での自分の立ち位置を自覚しておくことが，どこをどう批判すると，帰結がどのようにはね返ってくるか，慎重に見極めるための一助になると思う．

6. おわりに

東電を批判し原子力発電所を批判することは，福島原発事故を考える上で避けて通ることのできない作業だ．しかし一方で，その批判のために事故の被害や放射線の健康リスクを過大に評価することが，被災者である福島県民への差別や被害助長につながりかねない．そういったねじれた，複雑な社会構造の中で私たちは生きている．単純に「敵」を叩くことが，かえって弱い立場にいる人たちや別の被害者への抑圧を強めることだってありうる．たとえば，放射線の健康リスクを不安に思いそれへの対応を要求するという，それ自体は正当な行為が，風評被害を助長して，福島で日常生活を営んでいる人々への差別的抑圧を強化してしまうことがありうる．逆も真で，福島でごく普通の日常生活を続けたいという当然の思いが，放射線への不安を払拭できない人が不安を表明することを抑圧してしまうかもしれない．因果関係の連鎖は，複雑に絡み合い，思わぬところに広がっている．

これはなにも原発事故や放射線被害に限った話ではなく，遺伝子診断でも臓器移植でもナノテクノロジーでも，同様の複雑な相互関係の構造の中にあると考えるべきだろう．古くはすでに1980年代に鶴見良行(1982)が『バナナと日本人』で明らかにしたように，日本で病気にかかった食欲のない子供の健康回復のためにバナナを食べさせるという，それ自体は正当な，弱者を救う日常的行為が，フィリピン農村の貧困化を促進しかねない．このような，国際経済分業体制がもたらした複雑な因果連鎖が絡み合っている社会に私たちは生きている．鶴見の指摘から30年，グローバル化はさらに進み，専門的知識の高度化も著しい．因果の網の目の複雑さは，さらに高まっている．

そのような複雑な状況下で，直観的に，あるいは自分の経験則にもとづいた(しばしば時代遅れになった)枠組みを事象に当てはめて「弱者」を規定し，その[弱者]のために行動し，あるいは研究することが，いつでも「良い」帰結をもたらすとは限らない．福島原発事故後のSTS，少なくともその一部は，その点で慎重さが不足していた．この先，類似の非常事態が勃発した際には，平常時の思考回路を一旦停止して自分の立ち位置を俯瞰的に眺めることが必要だろう．

過ちを繰り返してはいけないのは，政府と電力会社だけではないはずだ．

謝辞

本稿で述べた知見を得るにあたって，JSPS科研費 25245064，255610126，文部科学省原子力基礎基盤戦略研究イニシアティブ「原子力と地域住民のリスクコミュニケーションにおける人文・社会・医科学による学際的研究」の助成を受けた．また，匿名の査読者から有益な御意見をいただいた．深く感謝する．

■注

1) http://www50.atwiki.jp/goyo/pages/17.html [2015年8月30日確認].
2) 以下にツイッター上でのやりとりのまとめがある：「御用Wikiとは何だったのか」(http://togetter.com/li/726225 [2015年12月20日確認])．ここにまとめられている個別のスレッドは以下のとおり：「「御用学者Wiki」についてのやりとり」(http://togetter.com/li/194574STShttp://togetter.

com/li/194574［2015年12月20日確認］），「【続編】「御用学者Wiki」についてのやりとり」（http://togetter.com/li/195644［2015年12月20日確認］），「エア御用問題　あらら氏にまつわる話　無名と匿名・アカデミズムと信頼」（http://togetter.com/li/207016［2015年12月20日確認］），「エア御用問題　あらら氏にまつわる話　御用wikiに関わることの意味は」（http://togetter.com/li/210370［2015年12月20日確認］），「STS批判とその周辺（http://togetter.com/li/208434［2015年12月20日確認］）．

3）ヴァンクーヴァーという都市の歴史的経緯や地政学的位置も関係しているが，それらについては別稿（佐倉，2012）を参照．また，当時のブリティッシュコロンビア州知事だった政治家の自画自賛的回顧としてHarcourt and Cameron（2007）がある．

4）http://smc-japan.org/?page_id=14［2015年8月30日確認］．

5）http://www.miraikan.jst.go.jp/spexhibition/owari/［2015年8月30日確認］．

6）私はかつて，原発事故後に科学コミュニケーション活動がうまく機能しなかったと評価したことがあるが（佐倉，2011），評価を下すのが性急に過ぎたようであり，撤回したい．だが，そこで述べたかったことは，つなぎ役が機能しなかったということであり，本稿での主張と大きく変わるものではない．

7）「反知性主義」とは，もともとはアメリカの信仰復興運動のひとつであり，キリスト教信仰が過度に知性主義的に傾いて庶民の感覚から離れていったことを是正するためのものだった（Hofstadter, 1963; 森本，2015）．しかし本稿では，このような言葉のもともとの意味にはこだわらず，現在広く流布している，「学術的・専門的知識を軽視する風潮」の意味で使う．

■文献

Berelowitz, L. 2005: *Dream City: Vancouver and the Global Imagination*, Vancouver, BC: Douglas & McIntyre.
Bucchi, M. 2004: *Science in Society: An Introduction to Social Studies of Science*, New York: Routledge.
藤垣裕子 2003:『専門知と公共性――科学技術社会論の構築へ向けて――』東京大学出版会．
Hackett, E. J., Amsterdamska, O., Lynch, M. E., Wajcman, J. and Bijker, W. E. (eds.) 2007: *The Handbook of Science and Technology Studies*, 3rd edn., Cambridge, MA: MIT Press.
Harcourt, M. and Cameron, K. 2007: *City Making in Paradise: Nine Decisions that Saved Vancouver*, Vancouver, BC: Douglas & McIntyre.
Hofstadter, R. 1963: *Anti-intellectualism in American Life*. New York: Knopf; 田村哲夫訳『アメリカの反知性主義』みすず書房, 2003．
加々美光行 2001:『歴史の中の文化大革命』現代文庫，岩波書店．
影浦峡 2013:『信頼の条件：原発事故をめぐることば』科学ライブラリー，岩波書店．
川島隆太 2011:「放射能の影響をどうとらえたらよいのか？　被曝量 普段と同じ」『河北新報』3月21日．
小林傳司 2007:『トランス・サイエンスの時代――科学技術と社会をつなぐ――』NTT出版．
松本三和夫 2012:『構造災』岩波新書，岩波書店．
森本あんり 2015:『反知性主義――アメリカが生んだ「熱病」の正体――』新潮選書，新潮社．
中川恵一 2011:「崩壊した『ゼロリスク社会』神話」『毎日新聞』5月25日夕刊．
中川恵一 2012:『被ばくと発がんの真実』ベスト新書，ベストセラーズ．
Punter, J. 2003: *The Vancouver Achievement: Urban Planning and Design*. Vancouver, BC: UBC Press.
佐倉統 2011:「科学技術の敗北」『文藝春秋』10月号．
佐倉統 2012:「はるかなり，ヴァンクーヴァー」『考える人』42, 172-9.
佐倉統 2013:「さまざまな解決を目指して――リスク問題の展望と判断における多様性――」国際放射線防護委員会（ICRP）第5回福島ダイアログセミナー，伊達市．
Sakura, O. 2015: "Launching a Two-front War against Anti-intellectualism and Expert Paternalism:

Lessons from the Fukushima Nuclear Disaster," *5: Designing Media Ecology*, 3, 24-43; 日本語版併記「反知性主義と専門家主義への二正面作戦を開始する――福島第一原発事故から学んだこと――」

Sakura, O., Ban, N., Kohayagawa, Y., Miyazaki, M. and Nakagawa, K. 2013: "Toward Community-based Participatory Risk Communication," Paper presented at the annual meeting of the Society for Social Studies of Science (4S), October 9-12, San Diego, CA, USA.

柴田三千雄 1989:『フランス革命』岩波書店［岩波現代文庫，2007］

Sismondo, S. 2009: *An Introduction to Science and Technology Studies*, 2nd edn. Hoboken, NJ: Wiley-Blackwell.

田中淳・吉井博明 2008:『災害情報論入門』シリーズ災害と社会 7，弘文堂．

田中幹人・丸山紀一朗・標葉隆馬 2012:『災害弱者と情報弱者――3・11 後，何が見過ごされたのか――』筑摩選書，筑摩書房．

外川継男 1978:『ロシアとソ連邦』世界の歴史 18, 講談社［講談社学術文庫，1991］

鶴見良行 1982:『バナナと日本人――フィリピン農園と食卓のあいだ――』岩波新書，岩波書店．

Wynne, B. 1992: "Misunderstood Misunderstanding: Social Identities and Public Uptake of Science," *Public Understanding of Science*, 1, 281-304; 立石裕二訳，2011:「誤解された誤解――社会的アイデンティティと公衆の科学理解――」『思想』6 月号，64-103.

矢吹晋 1989:『文化大革命』現代新書，講談社．

STS Erred in Prioritizing after the Accidents of Fukushima Nuclear Plants.

SAKURA Osamu *

Abstract

In response to the severe accident in Fukushima Daiichi Nuclear Power Plants, some STS researchers prioritize criticizing the discourse and attitudes of radioactivity experts. This phenomenon could be due to the academic and social approach of STS to criticize paternalistic authoritarianism and scholar biases in science and technology to invite non-experts to govern S&T. Even though this approach is necessary in ordinary times, it leaves a negative impact in crisis situations. Particularly, in case of the Fukushima accident, heavy criticization towards radioactivity experts would degrade the reliability of proper scientific knowledge and lead to confusion about the evaluation of radiation health risks. Tackling this issue, I propose a Double Interpreter Model between local people and experts, and a Two-front War against Anti-intellectualism and Expert Paternalism. Together, these frameworks (suggesting that in complex modern society, the enemy of our enemy is not always our friends) could inspire further communication between reliable experts and local people.

Keywords: Radiation, Radio activity, Anti-intellectualism, Paternalistic expertism, Double interpreter system

---

Received: August 30, 2015; Accepted in final form: February 20, 2016
*Professor, Interfaculty Initiative in Information Studies, The University of Tokyo; 7-3-1 Hongo, Bunkyo City, Tokyo 113-0033, Japan;sakura@iii.u-tokyo.ac.jp

総説 ■科学技術社会論研究 第12号 (2016)■

STSと民主主義社会の未来

福島原発事故を契機として

佐藤　恭子*

1. 福島の衝撃

　筆者は2011年の東日本大震災を遠くアメリカ東海岸で「経験」した．もちろん被災地や国内における経験には及ぶもないが，それでもその被害の深刻さには大きな衝撃を受け人生を揺さぶられる思いだった．情報不足のなか東京の家族・友人や盛岡の親戚の安否を懸念する一方，福島の原発が危ないというニュースには，多くの日本人同様心底驚愕した．東京を含むかなりの地域が住めなくなる可能性があると聞いた時には，「ありえない，何故こんなことに」と頭の中で繰り返しつつ，同時に原発に関してあまりにも無知無関心できた自分自身のあり方に気付かされた．東京で生まれ育ち，大学院のため渡米するまでずっと下町の実家で過ごした筆者は，自分が毎日思うままに使っていた電力がどこから来ているのか，原発が国内にいくつあり消費電力のどのくらいを供給しているのか，全く知らないばかりか考えたことすらなかった．当時既に社会学の博士号を持ち，STSの理論も取り入れた研究をしていたにもかかわらず，電力という科学・技術そして社会の根幹にある問題について，あまりにも無自覚・無責任な態度であった自分に震撼し，ただただ恥ずかしく思った．さらに各国の友人に「原爆を経験した日本が何故ここまで原発に依存するようになったのか」と尋ねられた時，その問いに答えられないだけでなく，原爆と原発との関連性は漠然とは知りつつも，他国の核不拡散の問題以上に考えたことがなかった自分に衝撃を覚えた．(慌てて日本の友人に聞いて回ったが，皆同じような返答であった．)

　こうした自省に加え，原発問題がどうやってここまで脱政治化され，一般人の関心の外に追いやられ，当たり前の存在となっていったのか，反対意見や警告がどうマージナライズされるようになっていったのか，そしてどういう過程で原爆と原発が切り離されていったのか，などという問いへの純粋な興味もあり，筆者は現在，日本とアメリカにおいて核・原子力技術と関連の事象がどう理解され，開発され，存在してきたかを，STSの知見・枠組みを使って研究している．データとしては，政策や公共言説の展開，研究・技術開発の進展，事故や論争，原発推進・反対の動き，また福島を中心とした原発の立地・運営の沿革や地元での政治的状況などについて，メディアのデータベース，アーカイブや諸団体からの文献・図像資料，映画・文学作品などに加え，聞き取り調査や参与観察

2015年9月14日受付　2016年2月20日掲載決定
*スタンフォード大学科学・技術と社会プログラム　副ディレクター，450 Serra Mall, 200-21, Science, Technology, and Society, Stanford University, Stanford, CA94305-2120, USA; kyokosato@stanford.edu

等のフィールドワークを通じて多様なものを集めている．こうしたデータを内容分析し，国際状況や国内の歴史的事象などと照らし合わせ，総合的に核・原子力という領域での進展が日米の現代史の中でもつ意味を探っている．

本稿では，福島原発事故で筆者が再認識したSTSのユニークな可能性について，研究のアプローチとして，リベラルアーツ教育として，そして民主主義社会への貢献として，という三つの深く関連する領域について論じる．まず筆者の考えるSTS独自の知見を三点例示した後，それらが原発事故の背景の研究，大学教育における批判的思考能力の育成，そして原発のような科学・技術問題に関する意思決定，というそれぞれの領域にどのような意味を持つか検証する．ここで断っておかねばならないのが，筆者のSTSへの関与がアメリカのアカデミアのある特定の文脈に限られたものであることだ．恥ずかしながら，日本のSTSの文献を読むようになったのは，核・原子力技術のあり方を研究するようになってからであり，先行研究を適切に把握しているとは言い難い．しかし，自己言及的なreflectionを歓迎するという編集委員の言葉に甘え，ここではSTSとの出会いなど自分のポジショナリティをなるべく明らかにしつつ，筆者の考えるSTS的な視点の重要性・可能性について述べたいと思う．

筆者がSTSに出会ったのは，文化社会学的な手法で日・米・仏の遺伝子組換え食品のあり方の相違を考察した博士論文の研究をしていた10年程前になる．当時アメリカの社会学部の大学院に在籍していた筆者の興味は，遺伝子組換え食品というカテゴリーそのものと，その意味や基準などの政治性，また法・政策・意思決定過程などの政治制度と遺伝子組換え食品の文化的意味がどう交錯・相互作用するか，というアメリカにおける文化社会学の主要な関心のひとつである政治と文化の関係（文化的意味の政治性，政治に入り込む文化的前提など）を探求することであった．研究対象はあくまで遺伝子組換え食品をめぐる言説・意味・慣行，そして公共政策を中心とした政治状況であり，科学・技術そのものにおける展開の政治性や文化性は，意識されてはいたものの精査はせず，保留して（bracket「括弧に入れて」）いた．この研究の過程で，遺伝子組換えやバイオテクノロジー全般についての本や論文を多岐にわたって読んだわけだが，その中でSTSのものはその知的厳密さ，分析の力強さや説得力において際立っていた．さまざまな社会現象を自明のものとせず，構築主義的な見方で政治性・文化的前提・歴史性に注意を払うという文化社会学のトレーニングを積んできた自分が，科学・技術に関しては専門外という気後れや居心地の悪さもあってか，容易に棚上げしていたことに気付かされた．ある事象が自明とされ意識されなくなること自体の政治性・権力性ということが研究における中心的興味の一つであったにもかかわらず，自分のナイーブな科学・技術観に無自覚だったのである．その後さまざまなSTSの研究者との出会いや，授業やワークショップに参加する機会などを経て，基本文献やアプローチを少しずつ学び，その知的可能性と社会的意義にますます惹かれ現在に至っている．特にその独自の知見は，福島原発事故の背景の理解，またエネルギーや環境問題など今後の多様な社会的難題を考えていくために，極めて有効で意義深い枠組みを提供してくれるものだと確信している．

2. STSの知見，三例

STSにも多様なアプローチがあり，貢献も議論も多々あるわけだが，以下，筆者個人がSTSから学んだ三つの関連した知見について，かなり概括的ではあるがそれぞれ論じてみる[1]．

（1）まず，科学・技術そのものの政治性，文化性，歴史的な文脈・前提への依存性（contingency）などを明らかにし，またそれらに「批判的」に取り組む枠組みを提供してくれること．（ここで

の「批判的」はもちろん「ネガティヴに，反科学・技術の立場から」ということでなく，分析的に reflexivity を持ってということ.）以前の筆者のように，当たり前に見える科学・技術の普遍性自体が近代のナラティブであることや，本質主義的な科学・技術観の問題や限界を漠然と意識しつつも，それを認めて研究の視野に入れてしまうと過度の相対主義に陥るのではないかという恐れや，研究対象が極端に広がってしまうのではないかという恐れなどから，科学・技術そのものをブラックボックスとしたままでとりあえず「保留」，という研究者もいるかもしれない．STSの文献には人類学・社会学・歴史学などの多様な手法や理論的アプローチを使って，科学的知の生産やエンジニアリングにおける研究開発のプロセス自体を実証分析の対象とするのは具体的にはどういうことか，またそれがどのような実りのある知見を生み出すか，ということを例示してくれるものが数多くある．そしてそれらは科学が普遍的・唯一の真実を徐々に発見していくというプロセスではないこと，また技術が単なる科学的知見の自明の現れとして決定論的に進んで行くものではないことを明らかにする．

　STSに出会う前にも，筆者は例えば多数ある中からどの分野や特定の研究がどこからどのような形で助成を受けるかであるとか，また遺伝子組換え食品や気候変動に関して政治的・経済的懸念から意図的に科学的知見を軽視したり否定したりするケースがあるというような，科学・技術をとりまく政治性の存在は理解していた．しかしこうした政治性は，自己完結した純粋科学があるという本質主義的な科学・技術観を維持したままでも理解できる．これに対しSTSの大きな貢献は，科学知の問題の立て方（framing）そのものにひそむ前提とその政治性や，データ収集自体の技術への依存を含むさまざまな contingency，データの解釈・技術の解釈自体のオープンさ（interpretive flexibility）などに光を当て，より根本的なレベルで科学・技術そのものの政治性，文化性，文脈・前提への依存性を明らかにしてきたことだ（Gieryn 1995; Pinch and Bijker 1984; Jasanoff 2005 など）．そして知識社会学が人文・社会科学の知の生産の過程を解体してきたように，STSは科学者やエンジニアにも各分野で無自覚に内在化された文化・慣習・前提条件があり，それは決して中立的でも当たり前でもないことを示す（Shapin 2010; Galison 1997; Latour and Woolgar 1986; Knorr Cetina 1999 など）．さらにアカデミアにおける専門知の知見や研究者の正当性は，専門誌の査読システムや就職・助成金・フェローシップなどの選考によって確立されていくが，こうした評価のプロセス自体がある程度の恣意性を含んでおり一貫しているとは言い難いことは，研究者なら誰しも理解するところだろう．

　(2) 次に，科学・技術は(1)で述べたように様々な社会的な要因によって形作られていく領域であるだけでなく，社会のあらゆる領域を形作る構成要素（constitutive elements）であるという知見と，それに準ずる実証研究とその方法論を提示するという貢献がある．これは科学・技術が社会的な現象の外側にあるという本質主義的な神話を(1)とは逆の方向から打破するものである．このSTS的な枠組みは例えば科学・技術と政治現象の関係を考える際，それまでの政治の分析の枠組みに科学者やエンジニアをただ行為者や利益団体として追加するだけでは不十分であることを示す．科学・技術の発展が新しい産業のみならず新たな問題領域やそれに伴う新しい行動主体などを生み出すことや，政策決定に専門家の諮問などのインプットが重要であることは容易に理解できよう．しかしSTS的にさらに踏み込んで考えると，多くの「問題」の認識そのものがさまざまな科学的知見に依ること（例えば気候変動などの環境問題や資源問題），また政治情報の拡散・取得から，投票方法まで利用可能な技術によって介されており，そうした技術そのものが中立でない役割を果たすこと（「アラブの春」やBlack Lives Matterにおけるソーシャルメディア，ウィナーのロバート・モーゼスに関する議論や2000年米大統領選挙の際のフロリダにおける投票機問題などを参照）な

ど，科学・技術が政治現象のあらゆる段階に，構成要素として入り込んでいることに気づく（Winner 1986; Lynch et al. 2001）．一部のSTS研究者がtechnologyの代わりにsociotechnical system，「科学・技術の社会的構築」でなく科学・技術と社会のco-productionやhybridsを研究対象とするのは，いかに科学・技術と社会の展開が密接につながっているかというSTSの知見の現れである（Johnson and Wetmore 2008; Jasanoff 2004; Latour 1993）．

（3）さらに，上記のようなSTSの洞察はわれわれに民主主義のあり方を再考察する必要性を突きつける．というのは，いったん科学・技術を普遍・客観・中立・唯一絶対の真実という本質主義の高みから降ろしてその社会性・政治性を理解し，また同時に科学・技術がどれだけ社会の根本的な構成要素として我々の未来を左右するかということをも認識すると，それならばこの領域の行方を誰がどのように決めていくべきなのかという問題が浮上するからだ．原発を含むエネルギー問題から，情報技術（IT），遺伝子組換え食品やヒトゲノムなどのバイオテクノロジーなど，科学・技術はわれわれの日常生活のあり方のみならず，根本的な人間観・社会観，自然との関係にまで大きな影響力を持つにもかかわらず，従来の政治制度では，これらに関する意思決定の過程が十分な透明性を持って民主主義的な検証や議論に開かれてきたとは言い難い．この状況がそれ程問題視されない背景には，政治と科学・技術をきっちりと分けられるとする本質主義的な科学・技術観と，それに依拠する欠如モデルや技術官僚モデル，科学・技術の進歩は必ず社会にとってプラスであるとする思い込み——こうした考え方が依然として優勢かつ自明視されていることがあると言えるだろう．これに対しSTSの知見は，科学・技術の行方が決定されていないこと，今までのあり方と違った展開もあり得たことを示し，それは民主主義社会においては共同体として自覚的に決定していくべきであること，そしてその過程では一般市民を含む多様な主体の参加・議論をふまえるべきであることを明らかにする．またSTSには同時に，専門知に対して明らかに劣ったものとされてきたローカルな経験知や一般人の知が，実はそれなりのreflexivityを持っていたり，有用性・実用性を持っていたりすることを示す研究もあり，多様な知の体系に関する安易なヒエラルキーや二項対立（「理性vs. 反理性」や「客観vs. 主観」など）の問題性をも指摘する（Scott 1998; Wynne 1996; Epstein 1996; Mukerji 2009など）．もちろんこれは多様な知の全てが一律に正しく意義深いとする，極端な相対主義の立場でもなければ，ローカル知を理想化する立場でもなく，どの知の体系も限られたものであることを認識し，異なる知が場合によっては相互補完的である可能性を示唆するものだ．こうした見地は，例えば最近の民主主義論の研究で出てきた，民主主義の根拠として集合知の問題解決能力の優越性・有益性を指摘するアプローチ（「プロセスとして公正・正当であるから」という根拠に対し，「より賢明な解決策を生み出せるから」というもの）で，認識モードの多様性（cognitive diversity）が重要な要因とされているのにも通じる[2]．これらの知見はさまざまなレベルで今後の科学・技術のガバナンスや民主主義のあり方を考える上でのツールや糧として有益ではないだろうか．

3. STSの可能性

3.1 研究のアプローチとして：原発問題を例として

次に，こうしたSTSの知見・枠組みに基づいて福島原発事故に至った背景について研究するのはどういうことか，自分のものを含むいくつかのアプローチの例について論じる．

事故以降，数々の原発関係の著作・論文が歴史の検証をしているが，関連の権力・利権構造や金銭の流れ，利益団体の政治的連立や戦略などを政治学的に分析したり，エネルギー資源の変遷を地

政学的に検証したり，国内の政策や反対運動の歴史に絞って追ったり，地方と中央の問題として捉えたり，アプローチには多様なものがある．STSとオーバーラップするアングルには，原発の文化的意味合いの政治性などを文化社会学や文化史，カルチュラルスタディーズの手法で分析するなどがある[3]．

　STSはそれに加えて，上記(1)で述べたように，関連の科学やエンジニアリングの展開自体を政治的・文化的な領域として見るという視座を提供する．つまりさまざまな社会的ダイナミックスが科学・技術の外側にあって，科学・技術自体はその内的なメカニズムによって定められた方向に（＝普遍性へと）テレオロジカルに進んで行くのではなく，科学・技術の具体的知見と展開そのものがそうした社会的要因と絡み合っているという視点だ．それは例えば原子力の文化的意味やナラティブがどのように変遷していったかということのみならず，そうした変遷が政策や投資，大学における原子力研究の位置付けや研究目標などにどのように影響し，そして結果として研究開発の内容や方向性に具体的にどのような影響がもたらされたか，ということも分析の対象となることを意味する．さらに特定の分野や技術的側面（原子炉・放射線医学など）の展開に焦点をあて，社会的・歴史的背景との関係を探るというような，より絞られたアプローチもあるだろう．例えば科学的リスク自体（放射線・地震・津波など）がどのようなframingによって概念化され，どのような前提条件の中で研究され，それがどのような知見につながったか，などは重要な研究課題である．

　一方，(2)で述べたように，原発のあり方やそれに関連する知見や価値観・考え方などの進展が社会のあり方にどのように影響したかということもSTSでは研究対象となりうる．例えば，2011年時点の原発のあり方に至るには，関連の専門知・技術の発展に伴って，土地やインフラ，法や公共政策から労働構造などの様々な制度の整備，さらに原子力に関わる言説や文化的な意味合いなどが，同時に相伴って構築（co-produce）されていったのであり，言って見れば現在の社会のあり方は数々のこうしたco-production, co-developmentの結果として捉えることができる．

　またSTSの知見の蓄積は，今までの原子力のガバナンスのあり方（例えば原子力「村」と称される閉鎖的なネットワーク）が決して当たり前でも必然でもないことを明らかにし，それに対する「批判的」な分析の枠組みをも提供する．そこでは何が自明視され（本質主義的な科学・技術観や欠如モデルなど），何が不可視化され軽視されたのか（原発労働のあり方や地方と都市の関係など），(3)で触れたように，これを民主主義社会の問題として考えることは，例えば原子力政策や原子力に関わる言説や慣習の中で，誰の声や福利や権益，またいかなる公共財が優先されてきたかを丁寧に分析することを要する．

　筆者の研究では，分析の枠組みの一つとして，(1)〜(3)の知見をそれぞれ内包し統合的に検証することのできる，共同研究者でもあるシーラ・ジャサノフによるsociotechnical imaginariesという概念を使っている．これは集団として共有する，望ましい将来のあり方のビジョン（imaginaries）であるが，科学・技術の進展によって実現されていくと同時に，そうした進展を促進していくようなビジョンであるとされる[4]．この概念の根底には，科学・技術には望ましい未来像とそれに対する抱負が意識的にせよ無意識的にせよ込められており，科学・技術のあり方と社会のあり方や秩序はともに想像されているという見識がある．（こうしたビジョンは一つではないし，また固定されたものでもなく，それ自体が闘争の場になりうるが，あるものが支配的になるという場合もある．）筆者の研究ではこの概念を使い，原子力の開発によってどのような社会を作ることが想起されていたか，そして原発の実際の展開がどのような社会づくりに貢献していったかというような大局的な問題設定のもとで，より具体的な現象の検証（例えば原爆と原発の関係，国産技術の持つ意味，放射線に関する理解，地方と都市・中央との関係）を積み上げていくという手法を取っている．これ

は科学・技術と社会のco-productionという現象をとらえつつ，さらに社会のビジョン，原発に託された未来のビジョンなどに暗に込められた規範や価値観にも光を当てることが出来る生産的なアプローチだと思っている．各国において，原子力プログラムの歩みは戦後の復興や産業立国の取り組みと密接に繋がっているが，そこで目指された国のビジョンやナショナリズムのあり方は国それぞれだ[5]．日米を比較することで，両国に特有のimaginariesのあり方や，そのガバナンスとの関係性などを掘り下げていきたいと思っている．

3.2　リベラルアーツ教育としての可能性：スタンフォードSTSプログラムを例に

次にいったん原発問題から離れて，上述してきたSTSの知見や枠組みを教育の場でどう活かしていくか，筆者の所属するプログラムを例に，その意欲と抱負を論じてみたい．これは後に再度取り上げる民主主義の問題にも関わってくる．

筆者は現在スタンフォード大学のScience, Technology, and Societyという学部レベルの学際プログラムの副ディレクターとして，STS研究の傍らカリキュラムのマネージメントや更新に携わり，教壇にも立っている[6]．当プログラムでは先に論じたSTS的な見識・洞察力が学部レベルで重要だと考えている．スタンフォードの位置するシリコンバレーはIT産業の一大拠点であり（Google, Facebook, Appleの本社はどれもキャンパスから車で20分弱），多数のベンチャー企業が競い合う．独特の活気と賑わいがある一方，スタートアップ文化とでも呼ぶべき価値観が強く，市場で「成功」するようなイノベーションを崇め奉る傾向がある．そして当プログラムを含む大学の卒業生の多くが，影響力の強い地元の企業に就職していく[7]．

こうした状況の中，だからこそクリティカル・シンキングや大局的なものの見方を育成することが不可欠だと当プログラムでは考えている．プログラムのキャッチフレーズの一つに，STSは"liberal arts education for the 21st century"だというのがあるが，ここにはSTS的なものの見方は特殊専門知識ではなく，分野を問わず現代社会に必要な基礎教養だという考えが底にある．すなわち(A)クリティカル・シンキングの筋肉を鍛えるということ（科学・技術の自明性を「批判的」に分析できれば，同様に当たり前とされている他のさまざまな事象の歴史的・政治的・文化的背景を見抜くこともできよう．実際に多くの学生がSTSの分析枠組みが社会的現象一般に当てはめられることに気付く）と，(B)社会のあらゆる領域で科学・技術が役割を果たしていることの意識的理解は，どの分野に進むにしても役立つものだと考えているのである．

特筆すべきは，当プログラムは学内で唯一，学生が理系と文系のどちらかの学位を選択し取得することができ，同時に全ての学生にどちらをもカバーすることを義務付けていることだ．例えばコンピューター・プログラマーや土木工学系エンジニアを目指す理系の学生も，当プログラムでBachelor of Science in Science, Technology, and Societyという学位を取得することが出来るが，それには専門の理系のトレーニングに加え，人文・社会科学の授業をある程度履修してSTS的なものの見方を学習しなくてはならない．また文系においても，STS的な授業を中心としつつも，卒業前に（極めて基本的ではあっても）何らかのtechnical expertiseを養わなくてはならない．プログラムの卒業生は"intellectually bilingual"だというもう一つのキャッチフレーズの所以である．理系が強いという最近のステレオタイプに反し，当大学は世界有数の人文・社会科学の学部やプログラムをも有しており，学生は理系・文系両方の知的資源をフルに活用するよう奨励されている．

当プログラムの目標は，理系にせよ文系にせよ「批判的」分析能力と多様な分析ツールを持ち，現状や自らの特権の上に無批判に安住せず，科学・技術のみならず，それぞれの専門分野における権力性や政治性に敏感であり，謙虚さとともに社会の一員としての自覚と行動力を持った卒業生を

育成していくことだ．究極的にはそれが民主主義への貢献につながると考えており，学術分野としてのSTSがこうした教育方針を要請し，かつ裏打ちしているといえる．

3.3 民主主義社会への貢献：原発問題を考える

最後に，原発問題を例として，STSの知見が民主主義の今後にどのような意味を持ちうるかを論じて本稿を結びたいと思う．

まず，科学・技術と社会の密接な絡み合いをSTS的に捉えることで，科学・技術の問題は同時に社会・政治の問題でもあり，そこには科学的なリスク以外の多様な社会的側面があることを理解することができる．そしてそれは，原発の今後のあり方がリスクと経済性の問題やエネルギーの必要性のみに還元することはできず，加えて労働の構造，インフラのあり方，立地自治体への経済だけでない社会的な影響（文化や政治構造など），地方自治のあり方，気候変動を含む環境問題，消費のあり方など，さまざまな側面を考慮・議論して決定していかなくてはならないことを示唆する．

さらに，(3)で述べたように，科学・技術の行方がもう定められたものではなく，社会的・政治的な要因に影響を受けていくものであるという根本的な理解は，関連の意思決定には専門家以外の個人も民主主義社会の一員として関わっていく可能性と義務があるという理解にも繋がるだろう．例えば原発・エネルギーの今後のあり方に関していえば，これまでのように科学者・エンジニアや官僚・政治家・企業経営陣の独占領域ではなく，市民が主体性，エージェンシーを持って関与する余地と必要性があるといえよう．つまり，非政治的な科学も技術もないのだから，その政治性を明確に認識した上で社会としてそこに関与していこうということだ．このためには専門家が一般人を含む多様な知のあり方にオープンであることだけでなく，一般人が市民として科学・技術の問題に関して興味とある程度のリテラシーを持つことが必要だ．科学・技術のガバナンスは社会全般に関わる問題であり，また科学・技術やエネルギー問題を考えることは，未来を考えること，どのような社会を作っていくかを考えることである．こうした理解に基づいて，STSの中では「科学・技術と民主主義」は重要な研究分野・テーマとして活発な動きがあり，またそこでの知見が科学技術への公衆関与（public engagement）や参加型テクノロジーアセスメントなどの試みに影響をもたらしたりもしている[8]．

こうしたアプローチを例えば福島における低線量被曝のリスクをめぐって今なお続く論争に適用するとどうなるか．それは異なる科学的見解や被災地住民の不安などを「正しい科学知 vs. 無知/無理解」「客観的科学知 vs. 政治的な知/科学知」「理性 vs. 反理性/感情」などという欠如モデル的な二項対立で片付けて，一部の意見や感覚を否定したり抑圧したりすることではないはずだ．必要なのは，科学的なリスク自体が不確実性のみならずframingなどの社会性・政治性を逃れられないことを意識した上で，専門家間の見解の相違や一般人の感覚の根底にある異なる認識や価値観を冷静かつオープンに検証・議論していくことではないだろうか．そこではもちろんリスクの問題とともに上記のようなエネルギーの多面性にも意識的に取り組むべきだろう．こうしたプロセスは当事者それぞれの自覚・主体性を高め，相互の信頼感を深め，共同で出した結論をそのリスクも含め理解と納得の上で受け入れるという途を開く．加えて，そうした多様な知性・認識モードを集めて議論していくことで，(3)で言及した最近の民主主義論の知見にあるように，より賢明な解決策を生み出す可能性も浮かび上がる．

ただしこうした議論のあり方自体に，簡単なフォーミュラや決められた「正しい」方法は存在しない．いかなる単位で（国や地方自治体レベルなど）どのような形式によって誰が参加し，何を議論しそれをどこにどう反映させていくか，といったことさえも議論して決定していかなければならな

いのだ．もちろん全ての科学・技術の領域について学習し，こうした議論の場を持つことは不可能であり，どこにプライオリティーを置くかといった基準から検討していかねばならない．このようなモデルはあまりに理想主義的，非現実的だろうか？　確かにかなりの労力を要する困難なプロセスかもしれない．しかし，未来を意識的に共同して選んでいく，より民主的な社会にしていく機会として，実験してみる価値はあるのではないか．

　福島の事故直後，社会としての自覚的なreflectionと原発やエネルギーのみならず政治的な問題への一般的関心が盛り上がった．現時点でそれらが社会変革にフルに活かされたとは言い難いが，それでも新たな政治主体や市民運動，研究活動などさまざまな形でその流れは存続しており，この未曾有の災害が歴史上どのような意味を持つことになるかは今後にかかっている．過去の過ちから学び，究極的には我々はどのような社会にしていきたいか——知や民主主義のあり方，弱者の守り方，限りあるエネルギーへのアプローチなど——を考え，気概を持って自覚的に討議していく．STSの知見はそんな大胆かつ極めて健全な未来への展望を示唆してくれると思うのである．

謝辞

　本稿の執筆にあたり，筆者のつたない文章の推敲に協力してくれた藤野裕子准教授（東京女子大学），建設的な助言をいただいた編集委員の神里辰弘教授（千葉大学）と寿楽浩太助教（東京電機大学），そして後藤康夫教授（福島大学），後藤宣代氏に，この場を借りてお礼を申し上げる．最終稿における文章・内容の問題点は全て筆者の責任である．
また本稿で言及した日米における核・原子力技術のガバナンスの研究は，2013年から2016年まで共同研究者とともにアメリカ国立科学財団（National Science Foundation）の助成を受けている．（NSF Award No. SES-1257117. "The Fukushima Disaster and the Cultural Politics of Nuclear Power in the United States and Japan." PIs: Sheila Jasanoff and Michèle Lamont. Kyoko Sato as the principal researcher.）

■注

1）多様な分野において（歴史学や知識社会学，文化人類学の他にもジェンダーやポストコロニアルスタディーズなど）科学を含む知や技術の政治性は研究されてきており，STSはこうした先行研究の知見に依るところも多い．（例えばフーコーは基本文献．）ただし，科学・技術を対象とした意識的，かつ学際的な専門分野として確立したことで，専門誌や学会を通じてさまざまな知見の間での対話・蓄積が促進され，フィールドとして多様でありながらもある程度のアイデンティティーがある，というのが筆者の見解である．ここでは，筆者がSTSとかなりのオーバーラップもある文化社会学（アメリカの社会学の中では主流の一つ）では学ばなかった，STSからの知見について論じる．

2）Landemore and Elster (2012)．これらの民主論研究者のインスピレーションとなっているものに，分野における長い蓄積に加えて（ミル，ハバマスなど），近年のクラウドソーシングに関する研究や，Hutchins (1995) ら認知科学者によるdistributed cognitionの研究，Hong and Page (2004) の数量的モデルによるcognitive diversity（認識や解釈の内容の多様性でなく，認識や解釈の様式自体の多様性）の研究など，さまざまな分野の知見があることは特筆すべきだろう．またここでは討論の他にaggregationによる集合知も検証されている．

3）筆者も原発と福島原発事故を取り巻く複数のナラティブとその関係性を分析した共著の論文がある（Jones et al. 2013）．ここでは福島の事故を主に国レベルの問題とする顕著なナラティブを補完するものとして，ローカルやグローバルのスケールにおける異なるいくつかの「物語」を分析した．

4）Jasanoff(2015) の定義は以下の通り："collectively held, institutionally stabilized, and publicly performed visions of desirable futures, animated by shared understandings of forms of social life and social order attainable through, and supportive of, advances in science and technology"

5）フランスのケースはHecht(1998)を，米韓の比較はJasanoff and Kim(2009)を，独仏の比較はNelkin and Pollak(1981)を参照．

6）学部ではなく，学際プログラムであり，専属の教員は筆者のみ，あとはさまざまな学部のaffiliated facultyで成り立っている．STSの基礎を学ぶ必修も当プログラム以外にも多様な学部やプログラムの授業から選ぶことができ，選択授業は更に長いリストから自分の興味にあったものを選ぶ．こうしたフレキシビリティもあってか，専攻学生の数は2015年6月の卒業式前で274，12月現在でも200を超え，ここ数年，学部生の数では学内4番目と5番目を行き来している．

7）大学とシリコンバレーの企業との親密な関係を浮き彫りにして話題になった記事に"Get Rich U."（*The New Yorker*, April 30, 2012）がある．広い大学の一部を取り上げて誇張している，という批判もある．http://www.newyorker.com/magazine/2012/04/30/get-rich-u（2015年9月10日閲覧）

8）こうした取り組みは特にヨーロッパで盛んだが，日本でも広がりつつある（例えば遺伝子組換え食品に関するコンセンサス会議や，福島原発事故後の討論型世論調査など）．今後の課題として参加の段階を研究開発の後でなく，よりupstreamにすることや，それに伴う困難などがが議論されている．

■ 文献

Epstein, Steven. 1996: *Impure Science: AIDS, Activism, and the Politics of Knowledge*. Berkeley, CA: University of California Press.

Galison, Peter. 1997: *Image and Logic: A Material Culture of Microphysics*. Chicago: University of Chicago Press.

Hong, Lu, and Scott Page. 2004: "Groups of Diverse Problem Solvers Can Outperform Groups of High-Ability Problem Solvers." *Proceedings of the National Academy of Sciences* 101 (46): 16385–9.

Hutchins, Edwin. 1995: *Cognition in the Wild*. Cambridge, MA: MIT Press.

Jasanoff Sheila. 2015: "Future Imperfect: Science, Technology, and the Imaginations of Modernity." In Sheila Jasanoff and Sang-Hyun Kim, eds. *Dreamscapes of Modernity: Sociotechnical Imaginaries and the Fabrication of Power*. Chicago: University of Chicago Press.

Jasanoff, Sheila, ed. 2004: *The States of Knowledge: The Co-Production of Science and Social Order*. New York: Routledge.

Jasanoff Sheila and Sang-Hyun Kim. 2009: "Containing the Atom: Sociotechnical Imaginaries and Nuclear Power in the United States and South Korea." *Minerva*. 47(2): 119–46.

Johnson, Deborah, and Jameson Wetmore. 2008: "STS and Ethics: Implications for Engineering Ethics." In eds., Edward Hackett, et al. *The Handbook of Science and Technology Studies* (Third Edition). Cambridge, MA: MIT Press.

Jones, Christopher, Shi-Lin Loh, and Kyoko Sato. 2013: "Narrating Fukushima: Scales of a Nuclear Meltdown." *East Asian Science, Technology and Society* 7: 601–23.

Knorr Cetina, Karin. 1999: *Epistemic Cultures: How the Sciences Make Knowledge*. Cambridge, MA: Harvard University Press.

Landemore, Hélène, and Jon Elster. 2012: *Collective Wisdom: Principles and Mechanisms*. Cambridge, UK: Cambridge University Press.

Latour, Bruno, and Steve Woolgar. 1986: *Laboratory Life: The Construction of Scientific Facts*. Princeton, NJ: Princeton University Press.

Latour, Bruno. 1993: *We Have Never Been Modern*. Cambridge, MA: Harvard University Press.

Lynch, Michael, et al. 2001: "Pandora's Ballot Box (Comments on the 2000 Presidential Election)."

Social Studies of Science 31: 417–41.

Mukerji, Chandra. 2009: *Impossible Engineering: Technology and Territoriality on the Canal du Midi*. Princeton, NJ: Princeton University Press.

Nelkin, Dorothy, and Michael Pollak. 1981: *The Atom Besieged: Antinuclear Movements in France and Germany*. Cambridge, MA: MIT Press.

Scott, James. 1998: *Seeing Like a State*. New Haven, CT: Yale University Press.

Shapin, Steven. 2010: *Never Pure: Historical Studies of Science as if It Was Produced by People with Bodies, Situated in Time, Space, Culture, and Society, and Struggling for Credibility and Authority*. Baltimore, MD: John Hopkins University Press.

Wynne, Brian. 1996: "May the Sheep Safely Graze? A Reflexive View of the Expert-Lay Knowledge Divide." In eds., Scott Lash, Bronislaw Szerszynski, and Brian Wynne, *Risk, Environment and Modernity*. London: Sage.

STS and the Future of the Democratic Society: Post-Fukushima Reflections

SATO Kyoko*

Abstract

The nuclear disaster in Fukushima and its ongoing repercussion remind us of the potential of STS as an intellectual enterprise with significant social consequences. This article discusses the field's unique possibilities in three interconnected domains: research, liberal arts education, and democracy. First I briefly touch on STS's unique key insights, which highlight the entanglement and co-production of science, technology, and society. Then I discuss how these insights can enrich research on historical developments behind the 2011 disaster; facilitate the cultivation of critical thinking − especially about the entwined relationships among science, technology, and society − in undergraduate education; and shed light on both rights and obligations of the public to participate in decision-making processes regarding science and technology (e. g., nuclear power) as citizens of a democratic society. I draw from my own research on nuclear governance in Japan and the United States and involvement with the undergraduate STS program in the U. S. Insights from STS suggest how thinking about energy issues also means thinking about the future of society. I argue that, ultimately, they prompt both experts and lay public to engage with deliberations on science and technology governance with reflexivity, openness to different knowledges, and commitment as active agents.

Keywords: STS and democracy, Liberal arts education, Co-production, Fukushima nuclear disaster, S&T governance

Received: September 14, 2015 Accepted in final form: February 20, 2016
*Associate Director, Science, Technology, and Society, Stanford University; kyokosato@stanford.edu

総説

STSと感情的公共圏としてのSNS
私たちは「社会正義の戦士」なのか？

田中　幹人*

1. はじめに

ソーシャル・ネットワーク・サービス（Social Network(ing) Services；SNSs）によって構築されたメディア空間は，科学技術の社会的問題の重要な議論の場となっている．こと日本においてこの傾向が顕著になったのは，やはり東日本大震災の後からであろう．

本稿では，筆者が東日本大震災後のSNS空間を含むメディアの分析を重ねる中で思考してきた由無し事を書き連ねることを御容赦頂きたい．約言するならば，それはSNSにおける科学技術社会論（以下STS）の所在の無さに始まり，もはや相互理解よりも対立を涵養するコミュニケーション装置と認識されるようになったSNSというメディアの問題，そしてそれらを克服するための「感情」という因子の再検討を巡る試論である．

なお，当然ではあるが本試論は特定個人に対する批判や糾弾を目的としたものではない．もとより議論に参画することこそが遥かな価値を持っており，傍観者にどこまで批評の権利があるかは疑わしい．しかしながら，次代におけるSTSのイメージを一面で決定づけたであろうこの大きな波が，コミュニティ内部の多くの人々には認知すらされていない現状を鑑み，以下に敢えて議論する．

2. 背景

2.1 「御用学者wiki」議論とSTS

論の前提として，まずは東日本大震災後のSNS上におけるSTSの位置づけを概観しておこう．東日本大震災後の錯綜する情報環境にあってSNSは，総じてマスメディアの情報を補完し，デマゴーグの流布と打ち消しなどの混乱もあったが，人々が状況を把握し，また相互にケアを行う場ともなった（e.g. 小林 2011; 遠藤 2012）．このようなクライシス直後に相互扶助の公共圏が現出した状況——レベッカ・ソルニット（Rebecca Solnit）の言う「災害ユートピア」的現象下——において，メディアの対話がフラットで建設的なものであったことは，むしろ必然であろう（Solnit 2009）．

しかし，常に「災害ユートピア」は脆く，一過性の現象である．実際，震災後3ヵ月もすると

2015年12月17日受付　2016年2月20日掲載決定
*早稲田大学政治学研究科ジャーナリズムコース准教授，〒169-8050　東京都新宿区西早稲田1-6-1

SNS空間の議論は派閥的な対立要素を強め，社会の分断は誰の目にも明らかになっていった．この分断は，今や合目的対話が困難なレベルに達している．しかし，「真の疑問は，なぜこの束の間の相互扶助と利他主義のパラダイス（筆者注：「災害ユートピア」）が出現するのかではなく，なぜそれが普段は他の世界の秩序に押しつぶされてしまっているか(Solnit 2009, 140)」である以上，この状況を引き受けた上で，むしろ私たちは「災害ユートピアを瓦解させていったものは何か」について検討を行うべきだろう．

　震災後の科学を巡るSNS上の議論の推移を眺めると，この「何か」にSTSが介在していることは疑いが無いように思える．より正確には，学術的運動体としてのSTSというよりも，STSが扱ってきた問題そのものが議題の要点となり，そしてSNS空間に於いて寄せられた「期待」にSTS論者は「応えられなかった」ということである[1]．STS「外部」から観測する人々にとってはSTSと「科学コミュニケーション」運動の区別は明らかでは無く，そして震災後の議論を「科学と市民の仲立ちとなって」調停することへの明白な期待が存在していた．こうした状況のなかで他者化されたSTSが求められたのは，例えば次のような実践である[2]：

(1) 事態の収束に向け社会が必要としている科学的知識の分配と普及に際し，科学の翻訳者として行動すること，また科学と市民との仲立ちとなり，そうした試みを介助すること
(2) 「御用学者wiki」（後述）のような「科学を萎縮させ，貶める」危険な動きに対し，明確に否定的立場を採ること

　恐らく本稿の読者にとっては，まず上記(1)の要求の時点でひたすらに困惑をもたらすものだろう．しかしいずれにせよ，こうした「期待」は二重三重に「裏切られて」いき，STSは「（略）わけの分からない議論で学者を疲弊させようとするわ，一般の人と科学者の断絶を深めようとするわで，本っ当にあそこまで邪魔一辺倒でカケラほどの役にも立たないものがこの世にあるとは思わなかったです．議論もトンチンカンだから，科学サイドの自省にすら使えないという[3]」とまで酷評されるに至った．

　恐らく，STSを「反・科学」的象徴とする位置づけが強まったのは，上記(2)に示した「御用学者Wiki」を巡る議論を通じてであろう．ウェブ上の掲示板「2ちゃんねる」では，震災直後からメディア報道やSNS上の専門家の発言が検討され，発言内容や経歴から個々人に対し「御用学者」認定が為されていった．「御用学者wiki」はこの議論をまとめたサイトである[4]．御用学者と呼べる明白な根拠はないが，科学のヘゲモニー強化に荷担していると見なされた人々もまた「エア御用（学者）[5]」として認定された．そして，このリストは科学者が説明責任を果たすことに躊躇するだけの，現実への訴求力を充分に持っていたとされる[6]．

　ここにおいて，「御用学者」の認定プロセスに荷担した（と見なされた）STS論者は，科学の擁護者からこの「御用学者wiki」の是非について立ち位置を直接に問われることになった[7]．本稿の読者には，この議論を通じてSTS論者の側から出された論点は，さほど不自然なものではあるまい．例えば曰く，科学を巡る知識権力の不均衡な勾配を考慮するならば，少数者の対抗言論の場となりうる御用学者wikiのような異議申し立てもまた存在しうるだろう，という是認である．しかしこれは，リストに載ったが為に，顔の見えぬ人々からいわれなき迫害を受け，恐怖を感じていた人々からは，踏み絵の拒否と受け取られた．

　こうしたコミュニケーション不全の連鎖の末，SNS上の集合名詞としての「STS」は，（筆者の言葉でまとめるならば）「市民の擁護の名のもとに，非合理的な科学的態度を背景にした，一方的な『御用学者』認定に始まり，時に脅迫にまで及ぶ暴力的な批判を支え」，しかし「現状に手当てしようという科学者の努力に対する揶揄と批判ばかりで，現実には何の役にも立たない集団」のラベルと

して機能していくようになっていった．もちろん，こうした流れに抗う動きもあった．そもそも議論に参画したSTS論者は，素人専門家の合理性や，リスク受忍のための説得をリスク・コミュニケーションと等閑視することに関しての危険性，と言った知の紹介を試みたが，こうしたSTSの育ててきた概念の多くは伝達に失敗した．例えば，「欠如モデル」という語はパターナリズム的介入の失敗可能性と共に繰り返し人口に膾炙したが，「そうは言っても，知識無くして科学的解決はあり得ない」という素朴な（欠如モデル論が踏まえてきたはずの）反論に希釈されてしまい，「『STSの専門家』という当事者がまったく見えない状態で『欠如モデル』などの言葉だけが独り歩きしている[8]」という感想を抱かせた．こうした反応に解説を試みた動きも（e. g. 標葉2011; 伊勢田2012），「STSにもまともなヤツはいるようだ」と例外視されるに留まり，対立の解消には力及ばなかったのである．このようにして，分極化の傾向は，震災から3ヶ月ほどの間に定まっていき，震災から5年を経た現在に至るまでその溝は深まり続けている[9]．

以上，SNS上のSTS表象の概要を示した．もちろん，こうした議論にそもそもSTSは参画すべきなのかという議論もあるだろう．しかし後述するようなソーシャルメディアのもたらしつつある社会とメディア構造の変化，そしてそれにより顕著化している学術的議論の再帰性の性質を考慮するならば，こうした評価がSNSで定まったことを受け入れたうえで「私たちはこれからどう議論していくべきか」を考察することが求められているのである．

2.2　作動因としてのインターネット

インターネット・コミュニケーション技術（Internet Communication Technology：ICT）は，こと民主主義の観点からは，今や人々の相互理解よりも対立を涵養する装置では無いかと疑われ始めている．論を先に進める前に，ICTひいてはSNSメディアの問題を，技術の社会構成主義的観点から確認しておくことにしよう．

普及開始から20年ほどが経ち，今やICTは社会に必須の情報インフラストラクチャとなっている．中でも，双方向性が実装され「Web2.0」のテーゼが掲げられたゼロ年代中盤に登場したSNSは，現実世界の裏面では無く，むしろ現実世界を再構成する力を持つ，フラットな熟議の場として大きな期待が寄せられた（e. g. Shirkey 2009）．しかしこの期待は，2010年に始まった「アラブの春」をピークとして，その挫折を経て混迷を深める世界情勢のなかで，公共圏の創出よりも，むしろ分断を促すものでは無いかという失望と警戒に代わっている（e. g. Mejias 2013）．この傾向は世界的なものである．アメリカでは過去20年にわたって，自らの支持政党と対立する側への不寛容さが高まり続けているし（Pew Research Center 2014），またこの傾向は欧州も含めた横断的比較研究の結果とも一致している（Westwood et al. 2015）．原発問題，ヘイトスピーチ，安保法制――東日本大震災後の議論を見るに付けても，こうした傾向が日本でも共通していることに異論は無いだろう．

もともと，こうした変化の発端は「歓迎すべき」ものであった．ICTによる高度情報化は，専制的体制がその維持のためにそれまで占有していた権利を分配することを余儀なくさせた．しかしこれは同時に，権利を分配された市民の側の民主化要求をもたらした．この「独裁者のジレンマ（dictator's dilemma; Kedzie 1997）」に直面したのは，アラブの専制国家だけでは無い．民主主義国家における，科学を含む知識の専制的支配体制もまた，情報を支配階層に独占しておけなくなったのである．STSが接してきた「科学コミュニケーション」の潮流もその文脈の中で捉え直すことが可能だろう．

しかし，この独裁者のジレンマの帰結としての「責任の民主化（democratization of

responsibility)」は，混乱もまたもたらした．責任が民主化することにより生じるリスクの自己責任的分配は，ヘゲモニーの解体に終わらず，ヘゲモニーの小宇宙化・共同体化をももたらした．ますます多様化・多チャンネル化が進む情報過負荷社会にあって，人々はリスク判断に資する情報の縮減を求めざるを得ない．そのために人々は世界観を同じくする人々と寄り添い合って情報共同体を構成し，外界との境界線を生み出す．共同体の党派性に沿う情報を透過し，それ以外の情報は受容可能なかたちに改変する，選択透過性を持つ見えない膜――「フィルター・バブル(Filter Bubble; Pariser 2011)」――を形成し，そのなかに閉じこもっていくのである．

　メディア史的観点からは，あるメディア技術の社会実装の開始から，その社会的な用法や規範が成熟し安定化するまでには一世代，30年ほどの時間がかかる．この観点に基づけば，現在は未だ解釈の柔軟性(interpretive flexibility)が残されている段階にある．ひとつには社会技術的想像力の欠如ゆえに，もうひとつはSTSという試みが内包する問題ゆえに，私たちがICTを介した議論の在り方について道を誤りつつあるのだとしたら，その修正の機会は現在にこそ存在するはずである．

3. 感情的公共空間としてのSNS

3.1 「社会正義の戦士」としてのSTS

　東日本大震災後の「御用学者wiki」を巡る議論などから感じられるのは，STS論者は，なべて「社会正義の戦士(Social Justice Warriors；SJWs)」として位置づけられているのでは無いか，という疑念である．SJWsとは，2014年に起こった「ゲーマーゲート(Gamergate)」事件[10]を通じて使われるようになった，左派論者に対する添え名(epithet)である(Cameron 2015, 547/758)．それは約言すれば，政治的正しさを尊重しすぎる人々に対する蔑称であり，男性ヘゲモニーを前提に女性や弱者などのマイノリティを過度に擁護する雰囲気に対してのアイロニーであり，そして社会正義を振りかざし，圧倒的な正論に敵意をトッピングした罵声の攻撃で，対抗言論を圧殺(dog pile)していく集団戦術に対しての対抗的な悪罵(sarcasm)である．

　こうした「弱者への過剰な配慮こそが，この社会にかえって不健全性をもたらしているのだ」という揺り戻しは，現代の議論の特徴的な傾向である．ゲーマーゲート事件はもとより，2015年のヒューゴー賞選考を巡る議論(Rapoport 2015)から日本のレイシズム言説に至るまで[11]，社会のあらゆる議論において同様の事態が起こっている．そしてこれらに共通しているのは，政治的・人道的正統性の主張が，議論を収束させるどころではなく，むしろ激しい議論の炎上と分断を引き起こしていく要因となっていることである．SJWsの語を用いる批判者の観点からは，その自身の運動の原動力となっているのは，権威を整理し，媒介する階級への疑念である．こう記述すれば明白なように，それらの批判者は自らをこそ「マイノリティ」と位置づけているのであり，だからこそ(彼らでは無い)マイノリティの代弁者として「正しさ」を認定する階級が彼らを糾弾することに我慢がならないのである[12]．

　震災後の科学的議論において，STSもまた「科学技術を巡る議論における異端少数派への過剰な配慮が，かえって福島に対するスティグマを強化しているのだ」という指摘に晒されている．それは果たして，構造的不均衡を議論の出発点として捉えていないからそのような指摘に耽溺するのだ，と切って捨てることが出来るのだろうか？

3.2 ネットワーク化された公共圏と自己から生み出される「空気」

　ここまで見てきたように，ICTに改変されたメディア生態系の中では，もはや政治的な正しさは

議論の帰結を担保しない．この事態に対する処方箋は，容易に生み出しうるものではない．しかし，これまで論争の現状を描出したうえで，最後にここでは何を間違えたのか，ということに関しての試論を展開し，今後の議論の糧とすることを目指そう．それは恐らく，「ネットワーク化された公共圏（networked publics）」というものの理解において，STS論者には，公共／公衆（public）というものを扱ってきたという専門家の経験的傲慢故に，及ばない部分―「感情（affect）」という因子の考慮不足―があったのでは無いか，ということである．

現代メディア論においては，この「感情」の取り扱いこそが主要トピックとなっている（cf. Hillis et al. 2015）．ジジ・パパチャリシ（Zizi Papacharissi）は，世界の把握に向けた思考は，複雑性の縮減のために合理性を感情と対比したうえで，後者を非合理なものとして扱ってきたと指摘している（Papacharissi 2015, 11）．彼女の言に沿えば，そもそも公共圏は，その設計意識において，感情を枠外に置いて―その自由な表出を可能にする場という理想に向かって―概念的に構築されてきた．しかし，現在のネットワーク化された公共としての「メディアに表出する／メディアを介した」社会的変動は，感情を合理性という「文脈の衝突（context clash）」の従属的帰結では無く，むしろ主因として捉えることを要求しているのである．

ネットワーク化された公衆が，相互に，そしてICT空間に散在する知との間に取り結ぶのは，「選別でき，保存できる（sortable & storable）」社会関係性である（Andrejevic 2011, 311）．すなわち，SNSが従前のメディアと異なるのは，［ヒト／モノ／概念］のあいだのレリヴァンスを，他ユーザーのフォロー／アンフォローといった主体的行為，あるいは「いいね！」ボタンの押下により駆動するアルゴリズムを通じて「選別も保存も」可能にしたメディアであるという点においてだろう．そしてこのレリヴァンスはネットワークの参画者に対して再帰的に作用し，「ネットワーク化された自己（networked self）」の形成を促す（Pappacharissi 2011）．

ここにおいて，感情は個人だけのものでは無く，ネットワークに包含された集団の感情的相互作用に基づくハイパーテクストな重ね合わせとして捉えられなければならない．並立し対立するフィルター・バブル共同体内で共有される合理性は個々の機序を持ち，感情こそがその合理性を駆動するエネルギーである．そしてネットワーク内部の「公共」と「自己」のあいだで共鳴する感情に基づき，個人は共同体への帰属意識を獲得し，また共同体との共振の中でイデオロギー上の親密圏を確立する．このオンラインの新たな親密圏は，もはや論争に参画する上ではオフラインの親密圏よりもむしろ優位なものとなる．この「親密性の転換（intimacy turn）」を経て，共同体内部ではさらなる語用論的峻別が行われていくのである（Hjorth 2015, 6; Castells 2015, 301）．結果としてこのエネルギーは，コミュニケーションに伴う情動価（emotional valence）を付帯した語の使用法の儀礼化（ritualization）というかたちで，フィルター・バブル共同体の結束を強め，対立する共同体との彼我の差を選別し，明確に保存することを要求する―「御用学者」，「放射脳」と言った特定の言説の使用される文脈に込められた感情を頼りに私たちは同胞を識別し，共同体を構築し，また部外者を揶揄し，共同体内の紐帯を強化するための，内輪受けの議論を始めるのである[13]．

あるいは間テクスト性に注目したところで，対立する極が醸成する論理を観察して気付くのは，双方の持つ合理性の「噛み合わなさ」であり，この噛み合わなさが，一見して合理性の衝突の体を取る論争の中で，その交わされる慇懃無礼な言説に込められた感情――それらは，アイロニー，シニシズム，そしてサーカズムといった形を取る――によって増幅され，他者に作用（affect）していく有り様である．分断を防ぐ上で，冷静さに彩られた静かな侮蔑は，恐らくより直接的な感情をさらけ出す反応よりもマシではあるだろう（Jenkins, 2015）．しかし私たちはそうとわかっていても堪えることはできず，静かな侮蔑の中にあらん限りの感情を込め，共同体内からの賞賛と対立集団と

の差異化への支持を試みる．かくしてフィルター・バブルで峻別される共同体は，感情の流通を通じて「内的価値の称揚主義(in-group favoritism)」を目指す(Westwood et al. 2015, 22)．このようにして，いつしか「場の空気(ambience)」が作られていき，共同体間で顕在化していく視差(parallax)は異集団に対する偏見へと転化するのである(cf. Papacharissi 2015, 52-54)．

　もちろん，この指摘は対立する論者の双方にとって再帰的な意味合いを持ち，そしてそれが故に論を主導する者，論に荷担する者それぞれに満足を与えながら分断を促進する．合理性の衝突は論の表面に過ぎず，むしろ本質的には代弁したはずの支持者による「スラクティビズム(slactivism)」——クリックひとつで社会運動や政治的表明に参画したかのような満足感を得ること——によって増幅強化されていく．イーサン・ザッカーマン(Ethan Zuckerman)が「可愛い猫理論(cute cats theory)」を通じて指摘するように，スラクティビズムとアクティビズムの境界線は曖昧である(Zucherman 2015)．運動性を内包するSTSにとっても，スラクティビズムによる支持の誘惑は強烈であり，権力への対抗性を探求するが故に，それは容易に私たちに甘美な賞賛をもたらすのである．

3.2　議論空間の批判的建設性に向けて

　つまるところこれは，私たちは何を代弁しようとしてきたのか，という問いでもある．震災以前も以降も，東北地方はICTの希薄域であり[14]，そしてツイッター上の9割の発言は1割のユーザーによる(Heil&Piskorski 2009)．STSは，そこに居ない人々を代弁しようとしたのは確かである．この稿の前半で述べた，集合名詞としてのSTSの相対的斉一化は，概念としての公衆を，その論理が認定する少数派の持つ合理性の代弁を行おうとした時点で運命づけられていたようにも思われる[15]．この問題に対する処方箋は杳として知れないが，あえて本稿の最後に幾つかの提言を重ねてみよう．

合理性に固執すべきではない：そもそも，SNSの"N"は，Network(社会的関係性の転写・維持)であると同時にNetworking(社会的関係性の創出・選別)でもあるという両義性を持つ(boyd&Ellison 2007, 2)．この傾向はSNSごとに異なり，フェイスブックのようなライクとフレンディングを中心とした"ネットワーク"サイト(これは現実の社会関係性を維持しつつ成長する)よりも，ツイッターはさらに露骨なフォローとトレンド化の"ネットワーキング"の権力を持つ(van Dijk 2013, 69)．このような電子メディアの空間において，私たちは容易く場所感覚を失ってしまう(Meyrowitz 1985 = 1986)．「文脈の崩壊が良く起こるのは，別々の基準に由来し，それぞれ異なる社会的反応を求められるような互いに関係のない社会的文脈に同時に取り組まざるを得ない場合だ(boyd 2014, 51)」—SNS空間においては，文脈性の崩壊こそが常態なのである．SNSでの議論において，STSは(その論理に基づいて予め選別した)少数者の持つ合理的文脈の代弁に傾注するあまり，眼前で展開されている異なる合理性の衝突に期待できるはずの止揚に向けた創出性—それこそが，STSが議論を通じて探求してきたもののはずである—を無視したのでは無いだろうか．私たち個々人がその社会的状態を引き受けることが出来るのは，それがアドホックな／切り替え可能なものである状態であるという前提に立ってのことである(boyd 2014, 32)．ひとつの論もまた，その拠って立つ文脈を切り替えることを覚悟しなければ，場の議論を引き受けることは出来ない．壊れゆく文脈の中で見えない聴衆との対話に取り組むうえでは，感情を生み出す合理性の文脈を代弁することでは無く，合理性の内部に文脈化されている感情をこそ優先して扱い，時に合理性については譲歩することも甘受すべきでは無いだろうか．

感情にこそ注目すべき：STSは，現代社会の科学的議論においては，被害を申立する者もまた科学の土俵に上がらなければ議論への参画が許されない，というジレンマを理解しているが故に，そ

の科学的議論の権威性を能う限り回避しながら素人専門家の合理性を代弁しようとする．こうしたSTSが重ねてきた試みは，確かに価値あるものに違いない．しかしこの試みをそのままSNS空間の中で実施すれば，空間から断絶させられた素人専門家の持つ感情の代弁性を取りこぼすのである．STS論者は，東日本大震災後に流布した，寺田寅彦の「正しく怖がる」という表現のうち「正しく」怖がるとは何か，という点には敏感だった．しかし，正しく「怖がる」という感情にこそ，より注目すべきでは無かったのでは無いだろうか．あのころ私たちは，拡散した放射性核種の不確かな影響にせよ，パニック神話に基づくエリート・パニックにせよ，誰しもが何かを「怖がって」いた．結局のところ，混乱はそれぞれの恐怖を引き起こす対象を巡る正統性の議論に回収されてしまったのだが，本当に取り組むべきは，恐怖の多様な在り方を認め，つき合わせたうえで，それら恐怖そのものの正統性をこそ熟議することだったのでは無いだろうか．

場の特性に警戒を怠るな：科学的議論においても，粗野な言説は，萌芽的リスクに対する警戒感を必要以上に強め，社会的分断を促進することが確認されている（Anderson et al. 2013）．これを踏まえるならば，例えば「御用学者wiki」が単なる異議申し立ての仕組みでは無く，対立する論の双方に対して「憎悪の培養装置」として機能しうることには，より注意を払うべきであっただろう．高（2015, 186-189）が日本のインターネット空間におけるレイシズムの検証を通じて示しているように，対話に伴う参画者の逡巡を排除し要素抽出を行う「まとめブログ」のようなメディアは，2ちゃんねるやツイッターそれ自体よりも，好悪の感情をいずれかの側に増幅する装置となる．「まとめサイト」が対話の成果抽出の場では無く，対話の中の支配的感情を露悪する場であることは，対話を媒介する行為について考えてきたはずのSTSが，より留意してしかるべき点だったのでは無いだろうか．ICTの登場により，いよいよ多義的になっていく情報空間は，まとめサイトのような複雑性の縮減装置の助けを借りずに物事を把握することはますます困難になっていく．しかしだからこそ，その際には論に参画するに先立ち，まずは食い違う合理性の前提として存在する感情への共感と受容が求められる．そしてひとたび論に参画したならば，最も留意すべきは参画者の合理性と感情に対して再帰的に作用し，それらを共振の中で増幅し始める，場の作用だろう．あなたが論の場に提示した言葉がスラクティビズムの対象となる時こそ，あなたは場から寄せられる賞讃に対して誰よりも批判的であらねばならないのである——それは恐らく，非常な痛みを伴うことにはなるだろうが．

4．おわりに

　当初，SNS空間は平等性を実現するものとして期待された．しかし今や，SNS空間の本質はその不平等性にある——「ある階級は他よりも平等である（van Dijk, 2013, 74）」ことは明白である．SNS上でのSTSは，いつしか「社会正義の戦士」の階級を与えられていたのかもしれない．

　科学と社会の問題に際し，科学的合理性というヘゲモニーからの転回を目指してきたSTSは，SNS上では感情的転回をこそ指向するべき／文脈の崩壊が自然状態であるSNS空間においては他者の感情，感情の正統性にこそ注目し，合理性の主張は柔軟におこなうべき——この本稿の提案は，論としてのSTSの後退を促すような，実に胡乱な響きがあることは承知している．しかし，良くも悪くも親密性の転換が容易に起こりうるSNS空間の中では，私たちはある種の気まずさを抱えながら不平等性を甘受し，感情の代弁から始め，感情の調停を試みるべきでは無いのだろうか．それこそが不均衡に対処する近道だと考えられるからである．

　ICT上での悪意の連鎖は，日増しに高まっているように感じられる．それでも尚，筆者はICTが

新たな価値創出の協働(Collaboration)の場となることを信じたい．一方で，「Collaboration」という語には，「利敵協力行為」の意味が並行含意されていることには，改めて注目すべきだろう．これまで見てきたように，恐らくSNSはSTSの熟成してきた内的規範の支持者を増やす装置でも，科学的権威の合理性を対抗的合理性によって解消できる議論の場でも無いが，一方で実社会の議論の有り様を要約し，あるいは生み出す場ではある．熟議の可能性を未だ内包している議論空間に対し，STSは何を差し出し，何を生み出しうるのか．私たちにはメディアとの向き合い方を今一度見直し，参与者の覚悟を再考することが求められているのでは無いだろうか．

■注

1）このカッコ付きの留保には注意されたい．「期待に応え」議論に介入するべきかについては，ID論の公教育にSTSが声明を出し介入すべきかを巡る問題(cf. Eglash 2015)と同様，議論の余地がある．ただ，そもそも「期待を寄せられた」議論過程自体に介入していた以上，少なくともSTS論者は対話相手の行為が既にしてSTS的営為への参画であることを指摘し，他者化を防ぐ再帰的責任はあったと思われる．

2）これらの様相は，次のTogetter(ツイッターまとめ)に見ることができる：guppi524「STS批判とその周辺」http://togetter.com/li/208434 (Retrieved 2015.7.21)

3）@PKAnzug．"(ツイートは本文に引用)"，2014年10月1日，1：06 am(JST)，Tweet．

4）「御用学者wiki」http://www47.atwiki.jp/goyo-gakusha/：本稿執筆時点では会員のみ閲覧可能だが，サルベージされたサイトも独立更新を続けている：http://www50.atwiki.jp/goyo/ (Retrieved 2015.8.7)；また，黒木玄，「原発業界御用学者リストのウィキの記録」，http://genkuroki.web.fc2.com/goyo.html (Retrieved 2015.8.7)も議論のまとめとなっている．

5）この概念の通俗的理解は次の通り：「御用学者が，国なり原子力業界なりからなんらかの利益供与を受けているのに対して，『エア御用』は，具体的な利益とは無縁でありながら御用学者的な言説を提供している人々を指す．（略）立場はなんであれ，原発に対して容認的な発言をする人物は，『エア御用』に分類される．（小田嶋，2012）」

6）例えば次のブログエントリーは事情を科学サイドから述べている：loglogos，「mogmemoさんをめぐる問題についての考察」，〈loglogos-log〉，http://loglogos.blog.fc2.com/blog-entry-1.html (Retrieved 2015.8.5)；bloom@花咲く小径，「科学者が放射能騒動に関わらなかった理由」(2013.6.22) http://blogs.yahoo.co.jp/bloom_komichi/66459413.html，「もの言う科学者」(2013.9.14) http://blogs.yahoo.co.jp/bloom_komichi/66610962.html，『ブログ版ききみみずきん』(Retrieved 2015.8.5)

7）toshihiro36「『御用学者Wiki』についてのやりとり」，http://togetter.com/li/194574 (Retrieved 2015.8.7)；また，2014年のまとめは，この議論を通じて何が残り，どのような分断が明確化したのかを示している：iamdreamers,「御用wikiとは何だったのか」http://togetter.com/li/726225 (Retrieved 2015.8.7)．

8）注2と同URL，コメント欄より．

9）このSNS上での分断の描写と作動因の探索こそが，震災後の筆者の研究室の重要なテーマである．現在，分断のネットワーク分析に基づく描写については目処がついており，現在はその質的分析を行っている．

10）「ゲーマーゲート事件」とは，2014年8月頃から，ゲーム開発者Zoey Quinn氏に対する誹謗中傷を発端に始まった一連の騒動．ゲーム内における男性支配の問題を論じてきたフェミニズム運動家への殺害予告など，騒動は拡大の一途を辿り，#Gamergateのハッシュタグと共に議論され続けている．本事件はフェミニズム論，ジャーナリズム論を含む広範で複雑な議論を内包している．事件の詳細に関してはCameron(2015)，あるいは日本語での要約は次を参照：奥谷海人「Access Accepted第440回：北米ゲーム業界を揺るがす"ゲーマーゲート"問題」，*4gamer*，http://www.4gamer.net/games/036/G003691/20141107133/ (Retrieved 2015.8.1)；平和博，「『ゲーマーゲート』の騒動はどこまで広がるのか」，*新聞紙学的*，https://kaztaira.wordpress.com/2014/10/26/「ゲーマーゲート」の騒動はどこ

まで広がるのか/(Retrieved 2015.8.1)
11)「反日」との闘いを掲げる雑誌『Japanism』28号(2015年12月10日発売)は，表紙に(これもまた議論の対象となった)難民揶揄のイラストを掲示したうえで，「弱者というモンスター」という特集タイトルが掲げられている．これは反SJWs的言説のパターンを踏襲していると言える．
12) こうした批判者は多くが匿名である．それは「匿名の影に隠れる」のではなく，むしろその人々に取っては「マイノリティ故に匿名という武器を使わざるを得ないのだ」ということになる．
13) 例えば，放射線リスクを巡る議論では危険性を把握する試みと安全性の把握を目指す試みは，それぞれ「放射脳(危険厨)」，「安全厨」と言う集合名詞の発明と使用により，本来は両立してしかるべき行為が，個人そして集団を峻別・分類するラベルとして機能するようになった．
14) 内閣府(2011)によれば2010年時点の東北地方は日本の中でもICT普及率が70%を切る領域であり，さらに震災後の東北地方太平洋岸はアクセス数が圧倒的に少ない地域であった(Yahoo! 2013)．
15) これは，STSの内在論理が，マスメディアを前提とした，あくまで合理性を目指す情報ヒエラルキーを念頭にしている為では無いかとも考えられる．

■文献

Anderson, A., Brossard, D., Scheufele, D., Xenos, M., &Ladwig, P. 2013: The "Nasty Effect:" Online Incivility and Risk Perceptions of Emerging Technologies. *Journal of Computer-Mediated Communication*, n/a-n/a.

Andrejevic, A., 2011: "Social Network Exploitation", In *A Networked Self: Identity, Community, and Culture on Social Network Sites*. (p. 336). Routledge.

boyd, d. m., & Ellison, N. B. 2007: Social network sites: Definition, history, and scholarship. *Journal of Computer-Mediated Communication, 13*(1), 11.

Cameron, S. 2015: *Understanding #Gamergate: Zoe Quinn, Anita Sarkeesian and the Social Justice Warriors* (Kindle.). Amazon Services International, Inc.

Castells, M. 2015: *Networks of Outrage and Hope: Social Movements in the Internet Age*. Wiley.

遠藤薫 2012:『メディアは大震災・原発事故をどう語ったか―報道・ネット・ドキュメンタリーを検証する』東京電機大学出版局．

Eglash, R. (2015) "Proposed resolution to 4S council Statement on teaching evolution in public schools", Retreived from https://docs.google.com/document/d/1MDaI-cxE99oxnINurOonM10XqQYTdt3Kc2yTsD9ABKo/

Heil, B., &Piskorski, M. 2009: New Twitter Research: Men Follow Men and Nobody Tweets. Retrieved from https://hbr.org/2009/06/new-twitter-research-men-follo

伊勢田哲治 2012:「欠如モデルの由来と発展(1～3，補足)」．Daily Life. (2012.2.23–3.2), Retrieved from: http://blog.livedoor.jp/iseda503/archives/1710164.html, http://blog.livedoor.jp/iseda503/archives/1710584.html, http://blog.livedoor.jp/iseda503/archives/1710585.html, http://blog.livedoor.jp/iseda503/archives/1711582.html, 2015.10.5.

Jenkins, S. 2015: Terror can only succeed with our cooperation. *The Guardian*. Retrieved from http://www.theguardian.com/commentisfree/2015/nov/17/terror-cooperation-paris-attack-response-war-isis

Kedzie, C. 1997: Communication and Democracy: Coincident Revolutions and the Emergent Dictators. RAND Corporation. Retrieved December 11, 2015, from http://www.rand.org/pubs/rgs_dissertations/RGSD127.html

高史明 2015:『レイシズムを解剖する：在日コリアンへの偏見とインターネット』勁草書房．

小林啓倫 2011:『災害とソーシャルメディア―混乱，そして再生へと導く人々のつながり』東京：毎日コミュニケーションズ．

Meyrowitz, J. 1986: *No Sense of Place: The Impact of Electronic Media on Social Behavior.* Oxford University Press; 1985: *Die Fernseh- Gesellschaft. Wirklichkeit und Identitaet im Medienzeitalter.* Ullstein Berlin /Quadriga.

Mejias, U. A. 2013: *Off the Network: Disrupting the Digital World.* University of Minnesota Press.

小田嶋隆 2012;「レッテルとしてのフクシマ」『小田嶋隆のア・ピース・オブ・警句』日経ビジネス ONLINE.（2012.3.23）〈http://business.nikkeibp.co.jp/article/life/20120322/230156〉（Retrieved 2015.8.5）

Papacharissi, Z. 2011: *A Networked Self: Identity, Community, and Culture on Social Network Sites.* Routledge.

Papacharissi, Z. 2015: *Affective Publics: Sentiment, Technology, and Politics.* Oxford University Press.

Pariser, E. 2011: *The Filter Bubble: How the New Personalized Web Is Changing What We Read and How We Think.* Penguin Publishing Group.

Pew Research Center. 2014: "Political Polarization in the American Public." Retrieved from http://www.people-press.org/2014/06/12/political-polarization-in-the-american-public/ (Retrieved 2015.8.5)

Rapoport, M. 2015: The Culture Wars Invade Science Fiction - WSJ. from http://www.wsj.com/articles/the-culture-wars-invade-science-fiction-1431707195 (Retrieved 2015.9.2)

標葉隆馬 2011:「「欠如モデル」と「欠如モデル批判」についての覚書」r_shinehaの日記（2011.11.21） http://d.hatena.ne.jp/r_shineha/20111121/1321856897（Retrieved 2015.8.3）

Shirky, C. 2009: *Here Comes Everybody: How Change Happens when People Come Together.* Penguin Books Limited.

Solnit, R. 2010: *A Paradise Built in Hell: The Extraordinary Communities That Arise in Disaster.* Penguin Books.

van Dijk, J. 2013: *The Culture of Connectivity: A Critical History of Social Media.* Oxford University Press.

Westwood, S. J., Iyengar, S., Walgrave, S., Leonisio, R., Miller, L., &Strijbis, O. 2015: The Tie That Divides : Cross-National Evidence of the Primacy of Partyism, *(In Press)*, 1-42. Personal Communication.

Zuckerman, E. 2015: Cute Cats to the Rescue?: Participatory Media and Political Expression. In *From Voice to Influence: Understanding Citizenship in a Digital Age* (pp. 131-54). University of Chicago Press.

STS and Affective Publics on SNS: Are we "social justice warriors"?

TANAKA Mikihito*

Abstract

After the Great East Japan Earthquake, the reputation of STS has fallen into the ground because its act fell short of netizens' expectations. In other words, STS was labeled a "social justice warrior", deriving harm to society by its excessive demand for political correctness. What was wrong, and what should STS do on ongoing and upcoming arguments in spreading the horizon of ICT? Based on the socio-scientific arguments that had occurred on Twitter after the disaster, this paper will first discuss the current state of social networking services, regarded today as an incubating device for partisanship rather than deliberation. Furthermore, the value of affect, which had been disregarded in comparison of rationality, would be reexamined. In future, it is expected this article would open for collaborative dialogue on divided SNS.

Keywords: Social network sites, Twitter, The great east japan earthquake

Received: December 17, 2015; Accepted in final form: February 20, 2016
*Associate Professor, Journalism Course, Graduate School of Political Science, Waseda University ; 1-6-1 Nishi-Waseda, Shinjukuku, Tokyo 169-8050

総説

わが国STSの四半世紀を回顧する
科学技術社会論はいかにして批判的機能を回復するか

中島　秀人*

　本稿は，東日本大震災から三ヶ月後の2011年6月18日に大阪で開催されたシンポジウムのテープ記録をもとに論考としたものである．そのシンポジウムの冒頭で筆者は，約一ヶ月前(5月22日)に同じ大阪でSTS Network Japanが開催したワークショップに触れた．このときには，約30人の参加者が10名ずつの3班に分かれて，付箋などを使ってキーワードの抽出を行った(第1表)．

第1表　2011年5月22日のワークショップで抽出されたキーワード

メディア，データと予想，研究分野の偏り，企業の倫理(原子力村，コミュニティーのあり方)，エネルギー政策，専門家の役割，専門家のあり方，クライシスマネージメント，原子力のリスク，NPOの役割，御用学者vs京大6人衆

　その後，事務局が論点整理を行った．まとめられた論点は，第一に，国内海外のマスコミ報道の適切性といった情報の流通，第二に，専門家の責任と役割，とりわけ彼らの社会的政治的役割，第三に，エネルギー政策などから見た日本の過去だった．科学，技術と社会の関係に関心を持つ集まりとして，一定の水準を満たしていたといえるであろう．

　ところが筆者は，科学，技術，社会の関係を扱う専門家，すなわち科学技術社会論の研究者集団が，科学者や技術者に対して然るべき社会的影響を与えてきたとは思えない場面にも遭遇した．それは，筆者の所属する東京工業大学での自分自身の授業，すなわち科学者や技術者の卵の反応である．前記のワークショップの数週間後に，授業で福島の原発事故の問題を取り扱った時のことだ．

　この授業ではまず，学生に福島の事態についての意見を書いてもらい，それを題材に議論させた．約160人のクラスを4班に分け，筆者の研究室の大学院生など4名をコーディネーターとして学生の間で討議させた．そこで展開された議論は，以下に示すように，科学技術社会論がここ10年以上にわたって提起してきた論点を反映したものとは言いがたかった．私たちが，科学技術のリーダーとなるべき学生に問題意識を伝えてきことを疑わざるを得ない結果であった．

　学生たちのこの授業での議論の結果を要約しよう．まず原子力発電の是非については，学生の7割近くが原子力に肯定的な立場を表明した．脱原発のような立場の学生は全体の3割程度であり，賛否の比率はこの時期の一般世論とほぼ逆だった．原発を是とする理由としては，二酸化炭素を排

2015年12月7日受付　2016年2月20日掲載決定
*東京工業大学リベラルアーツ研究教育院教授，〒152-8552 東京都目黒区大岡山2-12-1

出しないので原子力発電がエコだというものが多かった．大量のエネルギーが今後も必要だから，原子力はやめるわけにはいかない．原発が非常に安価だという意見も目立った．原子力発電所は1基2,500億ぐらいで建てられるし，廃棄物の処理費用を含めても電気代は安いという．建設費についての見積もりが具体的であることなどから見て，原子力は安いと理工系教員が授業で述べた発言の無批判な受け売りのようだった．搦め手の賛同意見では，原子力関係の補助金で暮らしている人が地方にいるのだから，原子力はやめられないというものもあった．この意見はかなり支持をされた．お粗末なものとしては，夏暑くてエアコンが使いたいから，何が何でも原子発電所をすぐに再稼働させろというものがあった．授業終了後のアンケートに，理工系全体が原子力村なのではないかと皮肉なコメントを書いた学生が少数いたのは救いである．

とはいえ，この時期の理工系の学生としては，さほど奇異な意見が出たわけではないようだ．福島以降の政治などの動きを見ていても，行政官を含む「専門家」（および専門家の卵）の意識は，一般社会とは相当にかけ離れている．専門家は一般人より知識があり，卓越しているために意見が異なるという主張はできるかも知れない．しかし，科学，技術，社会の関係に知識関心を持つ人々の問題意識を真摯に受け止めた上の意見とは言いがたいのではないか．科学技術社会論は，社会的意思決定を担う専門家に対して然るべき影響力を行使するのに失敗してきたと判断せざるを得ない．

本稿の趣旨は，科学技術社会論がある特定の学問化のプロセスをたどったこと，そのプロセスで，科学，技術と社会に関心を持つ人々の集まりとして出発しながら，原点にあった科学技術への批判的な視座を弱めて行ったこと．それゆえに，専門家が困難に直面して自己を振り返り，問題を乗り越えるために活用できる批判的かつ建設的ツールを提供し得なかったということだ．

日本における科学技術社会論の歴史の概略をまとめることで，このプロセスがどのようなものだったかを見ていこう．以下に述べることは，この分野に草創期から関係してきた方々には当たり前のことかも知れない．だが，コミュニティーが拡大し，若手の方々も増えた．50代半ばの筆者がすでにシニアという新しい集団であるので，わずか四半世紀前からの短い歴史の回顧ではあるが，現段階で一度は反省的にまとめておくべきだろう．

なおここでは，英語でSTSと総称される分野のうち，学問化された領域を「科学技術社会論(Science and Technology Studies)」，これを含むより大きな領域を「科学技術と社会(Science, Technology and Society)」として区別したい．後者には，科学や技術の社会的あり方を問うような社会運動も含まれよう．本稿で単にSTSと書く場合には，後者を意味することとする．

我が国のSTSの始まりを画するのは，1990年のSTS Network Japan (STS NJ，通称エヌ・ジェー)の創設であろう．そのきっかけは，STSなるものに関心のある方々に呼びかけて，この年の3月26日に上智大学で「STS懇談会」を持ったことだ．20名程度の方が来場されるだろうかという企画だったが，実際には50人以上の参加があった．反響が予想外に大きかったので連絡会を作ることになり，こうしてできあがった（できあがってしまった）のがSTS NJだった[1]．

ネットワークを設立してはみたものの，実のところ最初はSTSが何なのかもよく分からないというのが実情であった．そこで研究シンポジウムを毎月のように実施し，定期的にニューズレターを出し，年報(Yearbook)を刊行した．何かありそうなSTSというものについての勉強会，意見の交換というのが主だったわけである．当時インターネットはごく少数の専門家の使う萌芽的なものに過ぎなかったが，一般向けにパソコン通信というものが登場し始めていた．そこで，ニフティサーブというパソコン通信網上のBBS機能（ホームパーティーと呼ばれていた）を活用し，メーリング

リスト的な情報交換を行った．このころとしては，非常に先進的な試みだった．

このような活動を続ける中で，STSについての理解もある程度進んだ．全体が盛り上がってきた1998年，「科学技術と社会に関する国際会議」を開催することになった．きっかけは，米国ペンシルバニア州立大学のRustum Roy教授から，日本でのこのような会議の可能性を打診されたことにある．村上陽一郎・東大名誉教授（国際基督教大学教授，当時）に委員長をお願いし，小林信一氏（電気通信大学助教授，当時）が事務局長，松原克志氏（常盤大学）と筆者が事務局員を務め，多くの実行委員の方々の協力や企業からの寄付，そして科研費の国際会議助成で開催することができた．

図1は，この会議のファイナル・サーキュラーの表紙である．これから分かるように，会議の主テーマはScience and Societyであった．筆者が希望し，副題にTechnological Turnと入れさせていただいた．このころ海外のSTSでは，哲学の流行に対応してLinguistic Turnという言葉がもてはやされていた．だが，筆者はむしろ技術の持つ学問的・社会的重要性を強調したかった．表紙には，日本工学会，科学技術庁，日本学術振興会に後援団体になっていただいたことも記載されている．つまり，「体制」のお墨付きを得たわけだ，これは，私たち事務局が希望したことだ．

「科学技術と社会に関する国際会議」は1998年3月16日から22日に開催され，この一週間に，東京（幕張メッセ），広島（平和記念公園内の国際会議場），京都（けいはんなプラザ）と会場を移動した．参加者総計は372名で，そのうち海外参加者は32カ国から約130名だった．海外の有力研究者を多数招聘することにも成功し，まさに日本のSTSの国際デビューの会合であった．終了後の実行委員会の最終会合では，日本におけるSTSの学会化の必要性が話題となった．それが具体化したのは，この国際会議の3年後であった．

図1

21世紀に入ると，学問分野としての科学技術社会論の基礎となる制度的な発展が本格化した．例えば2001年に，科学技術振興機構（JST）と日本原子力研究所の共同組織として，社会技術研究イニシアティブ（RISTEX，現在はJSTが単独で所管する社会技術研究開発センター）が発足した．その中に，村上陽一郎先生を代表とする「社会システム／社会技術論」という研究開発領域（通称・村上領域）が設けられた．RISTEXの立ち上げの際には，総責任者の市川惇信・東京工業大学名誉教授を小林信一氏が補佐して活躍された．また，村上領域による助成金の発足時の審査委員には，小林傳司氏（大阪大学）や筆者が加えていただいた．村上領域は科学技術社会論にかなりの助成を行ってきており，現在は「科学技術と人間領域」と名前を変えて存続している[2]．村上領域が科学技術社会論に投下した支援は，総計で数億円となるだろう．

RISTEXが創設されたのは2001年であり，同じ年に科学技術社会論学会が発足している．この一致は偶然ではない．もう公表しても差し支えないだろうが，筆者はある知人からRISTEXが間もなく発足するらしいと聞きつけた．そこで，東京大学先端科学技術研究センター（東大先端研）で会合があった夜に，東北沢駅近くの焼肉店に若手を数人呼び出し，半年で学会を作るように頼み込んだ．「6カ月では無理だから2年の準備期間」と言われたのを，「じゃあ妥協で1年」というような

やりとりをしたのをよく覚えている．実際に約1年で学会が発足したので，彼らには頭が下がる．

科学技術社会論学会の設立総会は，2001年10月7日に東大先端研で開催された（座長は後藤邦夫・桃山学院大学名誉教授）．長倉三郎・日本学士院院長（当時）に，設立を祝うご挨拶をいただいた．設立記念講演会では，竹内啓・東大名誉教授（明治学院大学教授，当時），佐藤文隆・京都大学名誉教授（甲南大学教授，当時），そして市川惇信教授，村上陽一郎教授にご登壇いただいた．

学会の最初の年次大会・総会は，翌年に東大教養学部のキャンパスで開催された．キーノートスピーチは故・ジョン・ザイマン教授，もう一人は産業界から故・小野田武氏（三菱化学顧問）にお願いした．

以上のことから分かるように，科学技術社会論学会の成立過程は，人脈も資金も社会体制に依存してきたという色彩が濃い．このことは，明確に指摘しておかなければならない．時代の流行や国策に学問内容が流されがちなのは，その当然の反映だという側面がある．

草創期を振り返れば，科学技術社会論学会の前身とも言えるSTS Network Japanの事務局が東大先端研にあったことは象徴的である．著者は，1988年11月，先端研の村上陽一郎教授の助手として大学の最初の職を得た．社会＝科学技術相関大部門・科学技術倫理分野のポストであった．科学技術倫理分野は，前年に設置された国内でも極めて新しいものだった．先端研の設立を主導した東大工学部の指導的研究者が，科学技術をめぐる倫理の重要性の増大を予見していたことを反映していたと言えよう．この時期に実際に興隆していたのは，生命倫理だけともいえる状況（日本生命倫理学会が発足はこの年）であり，技術者倫理などが注目されるのはもう少し後である．国策に影響力のある工学関係者の先見性が，先端研に生命倫理に限定されない科学技術倫理のポストを設置させたとも言える．

生命倫理と時期的に並行してSTSで注目されていたのは，若者の科学技術離れの問題だった．これは，1993年（平成5年）の『科学技術白書』が指摘した問題である．小林信一氏の「文明社会の野蛮人」という言葉が話題となったのが思い出される．ほぼ同じ時期に，大学への国の研究投資不足が問題化し，基礎科学の振興が語られた．これはやがて，科学技術による産業競争力強化に重点が変化していく．「科学技術基本法」が1995年の秋に制定され，翌年から「科学技術基本計画」が策定された．1998年に「大学等技術移転促進法」，西暦2000年には「産業技術力強化法」が制定され，TLOなどという言葉がマスコミを賑わせるようになる．90年代のこのような科学技術政策上の出来事が科学技術社会論に具体的な影響を及ぼすのは，21世紀に入ってからである．

それに先立つ90年代半ばに，予期されなかった一連の事件がSTSに影響を与えた．それは，STS業界で時に「1995年問題」と言われる，科学技術と社会に関係する問題の噴出である．まず1月に，阪神淡路大震災が起こった．このとき，地震などで崩れないとエンジニアが自負していた高速道路が横倒しになった．3月にはオウムが地下鉄サリン事件を引き起こし，これに理工系学部出身者が多数関与した．12月には，高速増殖炉もんじゅのナトリウム漏れ事故により火災が発生した．これを動燃（当時）が隠蔽して，社会的批判を浴びた．科学技術への不信を高める事件が多発したのだ．裁判で薬害エイズの和解が勧告されたのは95年の10月であり，これも科学技術の社会的あり方への関心を高めた．

このような一連の事態を受けて，行政の側でいくつかの委員会が立ち上がり，報告書を出した．筆者が関与しただけでも3件ある．まず，科学技術振興連盟（JST傘下）が竹内啓教授を座長として1998年に作成した「21世紀における科学技術総合戦略のあり方・フォーラム報告書」である．こ

のフォーラムでは，科学，技術，社会の問題が論じられた．2000年の総合科学技術会議の委員会の報告書は「社会とともに歩む科学技術を目指して」と題され，STS的な問題意識を明確に取り扱っている．これは，同会議の改組後をにらんで，井村裕夫議員(京都大学元総長，同大学名誉教授)の指導の元で運営された委員会の報告書だ．同じ2000年，長倉三郎・神奈川科学技術アカデミー理事長(当時)が，科研費の創成的基盤研究費の報告書「科学と社会 フィージビリティ・スタディ」を作成された．これは，科学と社会を研究するセンターの創設を目指した一連の研究会の成果である．小林信一氏と筆者は，この研究会の資金で欧米の大学のSTS関係の学科などを訪問するチャンスをいただき，調査結果を報告書に収録させていただいた．長倉先生は文部省(当時)に強い影響力を持っておられたので，センター構想は実現直前までこぎ着けた．だが，センター長にふさわしい方が見つからずに実現しなかったと聞いている．いずれにせよ，このときのご縁で，長倉先生に科学技術社会論学会の設立総会でご挨拶をいただくことになったのだ．

2000年前後の報告書や政府の施策には，いわゆるブダペスト宣言への行政的対応という側面もあったと思われる．言うまでもなくこれは，ユネスコとICSU(世界のアカデミーや学協会の集まりである国際科学会議)が合同で1999年にブダペストで開催した世界科学会議による．この会議が採択した「科学と科学的知識の利用に関する世界宣言」では，「知識のための科学」，「平和のための科学」，「開発のための科学」と並んで，「社会の中の科学，社会のための科学」が柱の一つとなった．

1990年のSTS NJの創設から2001年の科学技術社会論学会にあたって，上記のような行政的社会的対応は科学技術社会論にどのように影響しただろうか．筆者の見解は，科学技術社会論が取り扱ってきた多くの課題に関して，研究者が自発的に課題を選択したと言うより，政府の施策が媒介となって研究主題が選ばれることになったというものである．否，むしろ時代に翻弄されていたと言うべきかも知れない．行政の動きも，時流に流されている部分が大きかったからだ．

時流や行政の施策，その結果としての財政支援の影響について例を示して具体的に述べよう．科学技術社会論学会の発足準備が本格化する直前の1999年，日本技術者教育認定機構(JABEE)が発足した．これは技術士資格の世界的なハーモナイゼーションに対応する機関であり，産官学の指導者のイニシアチブで発足した．当初は，ワシントンアコード加盟が大きな目標だった．加盟しないと，海外で日本のゼネコン等が仕事ができないということにもなりかねない．そのためには，工学の専門教育の共通基準をたてるだけではなく，技術者に技術者倫理の教育を行うことが必須となっていた．科学技術社会論学会の初回の年次大会は，JABEE発足の3年後の2002年である．このときの発表は，技術者倫理をめぐるものが目白押しであった．JABEEへの対応として，科学技術社会論の研究者が技術者倫理に押し寄せたように感じられた．前述の1995年問題は，科学者，技術者の倫理の問題と関係するので，このこと自体は非難されるべきことではないのかも知れない．だが他方で，研究資金目当ての部分もあったと思わざるを得ない．

この次に科学技術社会論で流行したのは，サイエンス・コミュニケーションだった．若者の科学技術離れから基礎科学の振興，さらに産業競争力の強化という流れに対応して，サイエンス・コミュニケーションに国の助成金が投下され始めた．科学技術の理解増進から市民参加まで，幅広い意味でのコミュニケーションである．例えば，科学技術振興調整費による大学への支援が，2005年から5年間実施された．この資金で，東大に「科学技術インタプリタープログラム」，北大に「科学技術コミュニケーター養成ユニット」，早大に「科学技術ジャーナリスト養成プログラム」が作られた．同じ2005年から2年間，RISTEXが「21世紀の科学技術リテラシー」の研究助成公募を実施した．こうして，かなりのお金がサイエンス・コミュニケーションに投下された．それに応じて，

科学技術社会論学会の年会ではこの主題に関連する研究発表が多くなった．

現在，次の施策として，文部科学省によって「科学技術イノベーション政策における政策のための科学(SciREX)」というものが推進されている．今後研究公募がなされ，研究拠点が作られる予定である．全体で約8億円の予算が投下されることになっているので，おそらく多くの科学技術社会論の研究が今後これに向かって動くであろう．

政府の政策誘導が必ずしも悪いとは考えないが，科学技術社会論が科学技術政策や社会の流行に左右されがちであるのでその影響は大きい．大学のテニュアポストが少なく，制度的基盤が弱いためにこのようなことが起こる．そこに十分注意を払っておかないと，悪い意味での御用学問になってしまう．科学技術への健全な批判がおろそかになったのには，こうした背景があったのではないか．

もっともこのことは，日本だけのことではないようだ．筆者たちが翻訳したスティーヴ・フラー『我らの時代のための哲学史』（海鳴社，2009年，原著2000年）の第7章に，科学技術社会論の歴史を論じた章がある．章のタイトルは，「儀式化された政治的不能としてのクーン化——科学論の隠された歴史」である．ここでは，英米系，さらにフランス系の科学技術社会論が，批判的機能を失ったものとして一刀両断にされている．その分析で興味深いのは，英仏での科学技術社会論成立の背景にも，やはり国策があったとされていることだ．

例えば，イギリスの科学技術社会論成立には，ハロルド・ウィルソン首相の政策があるとスティーヴ・フラーはいう．その背後には，Ｃ・Ｐ・スノーの1959年のリード講演があった（彼の著書『二つの文化と科学革命』のもとになったもの）．科学者であり小説家であり行政官でもあったスノーが，理科と文科の分裂を指摘した講演として知られている．1964年にウィルソンを首班とする労働党政権が登場すると，前年の「スカーボロ演説」を具体化し，イギリスの科学技術の遅れへの取り組みが始まった．日本は高度成長期にあり，アメリカではアポロ計画が始まっていた．ウィルソン政権は，科学技術をイギリス社会本流に統合するという政策を取り始める．その施策の一環でできたのが，英国の科学技術社会論の諸学科だという．

1964年，エジンバラ大学に科学論学科（Science Studies Unit）が創設された．当初の目的は，技術的な仕事に科学者を導くことであった．英国では，エンジニアリングという分野は，科学に比べて軽視されやすいのだ．ジョン・ザイマンの弟子筋であるディビッド・エッジが学科長となり，やがてブルアとバーンズが雇われた．彼らによって，科学知識の社会学（SSK）という極めて相対主義的な科学論が展開される．エジンバラ学派の成立である．科学技術を社会に結びつけるという学科の創設の目的は，科学技術が社会によって構成されるという特殊な形態の主張に変形した．

2年後の1966年に，サセックス大学科学政策学科（Science Policy Research Unit, SPRU，スプルー）が設立された．学科長は，進化経済学者でイノベーション研究の重鎮クリストファー・フリーマンだった．一時は，科学技術関係の行政官であったらまずここで勉強するというようなところだった．

フランスについてはごく簡単に触れることにするが，イギリスにかなり遅れて，1981年にミッテラン政権が登場し，ウィルソンに倣って技術文化を唱道しはじめたことをフラーは指摘している．伝統ある鉱山学校（Ecole des Mines）には，ド・ゴール時代に作られたイノベーション社会学センター（Centre de Sociologie de l'Innovation）があった．1982年，その所長にミシェル・カロンが就任した．フランス国立工芸院（CNAM，クナム）でジャン・ジャック・ソロモン（OECDの科学技術政策委員会CSTPで活躍した重鎮）の助手をしていたブルーノ・ラトゥールもやってきた．彼らの共同研究が始まる．その成果が，アクター・ネットワーク理論（ANT）である．彼らの所属組織か

ら分かるように，もともとはイノベーション研究のための枠組みである．

話をイギリスに戻そう．ここでの科学技術社会論の初期の制度化には，大きなねじれがある．一方に政府による施策の支援がありながら，他方で科学技術社会論の担い手が反体制的なマルクス主義の影響を強く受けていたのだ．エジンバラ大学科学論学科の場合，バナールやニーダムのような1930年代以来のOld Marxistの影響が学科創設の背後にあった．バナールはスターリン主義で知られていたし，ニーダムは共産中国に強い共感を持っていたことで有名である．サセックス大学の科学政策学科長フリーマンは，バナールの親しい友人で，マルクス主義の立場を終生取っていたと思われる[3]．

いわゆる異議申し立ての時代になると，政治的に急進的な傾向を持つSTSが現れてくる．新左翼の台頭である．例えば，1969年に科学者の社会的責任のための英国協会(British Society for Social Responsibility in Science, BSSRS)が発足した[4]．設立総会はロンドン王立協会で開催され，会長には，ワトソンやクリックとともにDNAでノーベル賞を取ったウィルキンスが就任した．最初は比較的穏健な集まりだったが，やがて急進化したという[5]．もう少し後になると，ローズ夫妻が中心となってRadical Scienceという運動があった．これらの影響を受けた当時の本を開くと，「人民のための科学(Science for the People)」という言葉や，毛沢東や金日成の名前が並んでいる．

もう少しリベラルな人々が企画したのが，1970年代の「社会的文脈における科学(Science in a Social Context)」という教科書シリーズだった．SISCON(シスコン)と略称されるこのシリーズには，科学論，科学社会学，イノベーション論などの冊子が含まれている．著者には，ディビッド・エッジ，ブライアン・ウィンなど，後に科学技術社会論の中核を担う研究者の名前が見られる．SISCONの活動は，日本のトヨタ財団に類するNuffield Foundationの財政支援を受けていたという[6]．

筆者は，SISCONを，科学技術社会論が取ることのできた別の道筋(オルターナティブ)として評価したいと考えている．科学技術への一定の批判的スタンスを保ちながらも，学問的に研究課題を追求するという姿勢である．SISCONシリーズの中には，科学の中立性という科学論的な主題から，科学社会学，技術的決定のアセスメント，イノベーション，原子爆弾などを主題とするものまで，幅広いテーマの冊子が含まれていたのだ．

これに対して，10年ほど遅れて制度として確立した科学技術社会論では，相対主義が流行したり，科学や技術の現状の記述の色彩が濃かったりした．いずれの場合も，現実の問題への取り組みと規範の提示という側面が弱い．例えば，エジンバラ学派は過度に相対主義的なスタンスの科学知識社会学(SSK)から科学批判を行った．フランス起源のアクター・ネットワーク理論(ANT)は，科学技術を人間と非人間の網の目として「記述」するものだった．単なる記述は，批判的機能を喪失しやすい．哲学でいうseinとsollenの区別を考えればご了解いただけよう．これに対して，SISCONには，種々の道具立てを用いて科学技術の未来を考えるという指向が見られる．これに比べるとき，STSはその前史にあった科学技術への建設的な批判機能を失ってきたように思われる[7]．

2011年，RISTEXが企画したシンポジウムの際に筆者はイギリスのアラン・アーウィン(ウィンと並ぶ英国の有力な科学技術社会論の研究者)と個人的に話す機会があった．彼は，あるとき自分の学生が「科学技術社会論はラトゥールが始めたんですよね？」といったのにびっくりしたと苦笑いしていた．批判機能を持たない学説が科学技術社会論の原点だったとして，歴史が再構成されているのだ．幸いなことに，アーウィンはSISCONのことを記憶していたのだが．

振り返れば，アメリカの科学技術社会論の起源もまた，同国での学生の科学技術批判にあった．ベトナム反戦運動が盛んだった1960年代に，科学技術が戦争で悪用されていることが問題化した．これへの対応として，Science, Technology and Society Program（以下STSプログラムと略す）が米国のいくつかの大学に作られていった．原初的なものは，IBMの寄付でハーバード大学に1964年に作られた「技術と社会プログラム」といわれる．だが現在も存続しているのは，1969年創設のコーネル大学やペンシルベニア州立大学のSTSプログラム，1972年創設のMITのSTSプログラムなどである[8]．

　しかしながら，科学技術社会論が科学技術批判という起源を持っていることを，欧米の研究者は忘れたいようだ．1996年に，欧州科学技術社会論連合（EASST）とアメリカ中心の国際科学社会学会（4S）がビーレフェルト大学で合同の大会を開催したときのことだ．フラーの主催する大学の商業化を検討するセッションで，彼は科学技術社会論の批判機能喪失を問題とした．そして「誰かSISCONを覚えていないのか」と問いかけた．静まりかえった会場で，「私は覚えている」とEASSTの会長のアーント・エルツィンガーが嫌々そうに手を挙げたのを筆者ははっきりと記憶している．その苦虫をかんだような表情は，思い出したくないことを思い出させてくれたというものだった．

　筆者の議論は，かなりの部分スティーヴ・フラーの主張に依っている．前出の彼の著書だけではなく，彼との個人的な会話にも依拠している．フラーの著書の主張は，科学技術社会論の批判機能の喪失，すなわち脱政治化の原因にトーマス・クーンのパラダイム論があるというものだ．フラーは時に，昔のSTSの方が現状の科学技術社会論より優れていたことも筆者に強調する．それを確認するために，以下では第2表を参照しながら，科学技術社会論の流れを概観しよう．これは，この分野の欧米の主流の代表的な著書と筆者が考えるものを，時代順に整理したものである．

　冒頭には，クーン『科学革命の構造』を置いた．この本が科学技術社会論に与えた影響は大きい．特に，パラダイム概念と，それを支える科学者集団の概念は重要である．後者は日本語で科学者社会とも訳されるが，社会とは言っても普通の社会からは切り離された専門家の集団のことである．この狭さが，科学の一般社会への影響（例えば原子力の社会への影響）の分析といったアプローチを見失わせたと筆者は考える．ポパーのクーン批判を収めたラカトシュらの論集の次に，ブルアの『数学の社会学』がある．これは，パラダイムの相対主義的解釈を広めたものであろう．だがもっと相対主義的だったのは，ウォリスらの『排除される知』であり，あるいはコリンズとピンチの1982年の著書である．後者では，スプーン曲げと科学が同列のものとして分析された．ラトゥールの *Laboratory Life* は79年と意外に早い．言うまでもなくこれは科学の現場の参与観察であり，科学の合理性の議論を掘り崩すものだった．彼の『科学が作られているとき』とともに現場の科学の記述であり，科学技術批判のための規範的な議論は含まれない．SSKの考えを技術に適用し，技術の社会構成に関してバイカーらが本を出したのは87年である．ちょっと毛色が違うのは，Mendelsohn, Weingart, Whitleyらの *Sociology of the Sciences Yearbook* であろう．これは1977年から毎年出版され，現在24巻目ぐらいになっている．このシリーズには，現実社会の科学技術を分析している巻もかなり含まれている．

　1970年代は，SSKのような相対主義全盛の時代だった．だが，1982年のブライアン・ウィンの著作で「欠如モデル」が提示された．この考えは，EUの科学政策の策定にも影響を与えている．実はウィンは，SISCONの科学社会学の冊子も担当していた．シーラ・ジャサノフの本が出たのは90年である．彼女は，ドロシー・ネルキンによる科学技術の社会問題の分析から研究を出発させ

第 2 表　英米系の主流の科学技術社会論の文献

トーマス・クーン『科学革命の構造』（原著，1962，邦訳，みすず，1971）
ラカトシュ他編著『批判と知識の成長』（原著，1970，邦訳，木鐸社，1985）
D・ブルア『数学の社会学』（原著，1976，邦訳，1985）
Mendelsohn, Weingart, Whitley et als., *Sociology of the Sciences, Yearbook* (1977–)
B. Latour, *Laboratory Life* (1979)
ウォリス編『排除される知』（原著，1979 年，編纂した邦訳，青土社，1986）
H. Collins & T. Pinch, *Frames of Meaning* (1982)
Brian Wynne, *Rationality and Ritual* (BSHS edition, 1982)
バリー・バーンズ『社会現象としての科学』（原著，1985，邦訳，吉岡書店，1989）
Michel Callon, 'The Sociology of Actor-Network' (1986, fr1982)
B・ラトゥール『科学が作られているとき』（原著，1987，邦訳，産業図書，1999）
Beijker, Hughes & T. Pinch, *Sociological Construction of Technological Systems* (1987)
シーラ・ジャサノフ『法廷に立つ科学』（原著，1990，邦訳，勁草書房，2015）
H. Collins & T. Pinch, *Golem* (原著，1993，抜粋の邦訳，化学同人，1997)
ソーカル他『知の欺瞞』（フランス語版原著，1997，邦訳，岩波書店，2000）
スティーヴ・フラー『我らの時代のための哲学史』（原著，2000，邦訳，海鳴社，2009）

第 3 表　傍流および近接分野の文献

ルイス・マンフォード『技術と文明』（原著，1934，1942 以降複数の邦訳あり）
J・D・バナール『科学の社会的機能』（原著，1939，邦訳，勁草書房，1981）
ロバート・マートン『社会理論と社会構造』（原著，1949，邦訳，みすず，1961）
レイチェル・カーソン『沈黙の春（生と死の妙薬）』（原著，1962，邦訳，新潮社，1964）
ローマクラブ『成長の限界』（原著，1972，邦訳，ダイヤモンド社，1972）
A・シューマッハー『人間復興の経済』（原著，1973，邦訳，1976，佑学社）
ジョン・ザイマン『社会における科学』（原著，1976，草思社，1981）
ローズ＆ローズ『ラディカル・サイエンス』（原著，1976，編纂した邦訳，そしおブックス，1980）
David Noble, *America by Design* (1977)
リチャード・ネルソン『月とゲットー』（原著，1977，邦訳，慶応大学出版会，2012）
エイモリー・ロビンズ『ソフト・エネルギー・パス』（原著，1977，時事通信，1979）
ジェローム・ラベッツ『批判的科学』（原著，1979，編纂した邦訳，秀潤社，1977）
ラングドン・ウィナー『鯨と原子炉』（原著，1980，邦訳，紀伊國屋，2000）
マイク・クーリー『人間復興のテクノロジー』（原著，1982，御茶の水書房 1989）
トーマス・ヒューズ『電力の歴史』（原著，1983，邦訳，平凡社，1996）
クリストファー・フリーマン『技術政策と経済パフォーマンス』（原著，1987，邦訳，晃洋書房，1989）
Richard Nelson et al., *National Innovation Systems* (1993)
ギボンス他『現代社会と知の創造』（原著，1994，邦訳，丸善，1997）
ヘンリー・ペトロスキー『橋はなぜ落ちたのか』（原著，1994，邦訳，朝日新聞，2001）
Diane Vaughan, *Challenger Launch Decision* (1996)
ロビンズ，ワィツゼッカー『ファクター4』（原著，1997，邦訳，省エネルギーセンター，1998）
コルボーン他『奪われし未来』（原著，1997，邦訳，1997，翔泳社）

た.このあたりから,科学技術社会論が批判機能を多少取り戻してきたと言えるのかも知れない.97 年のソーカルらの『知の欺瞞』はサイエンス・ウォーズのピークの著書であり,SSK の影響力は,急速に失われた.

　第 3 表には,科学技術社会論の標準的教育からしばしば漏れる,いわば傍流の著書を挙げてみた.最近の学問動向の変化を反映して,ラベッツの著書のように主流に入ると判断されるものもあるかも知れない.復権しつつあるものも含めているわけだ.この表の筆頭に,ルイス・マンフォードの技術文明論の古典をおいてみた.科学社会学の原点の一つであるバナールの『科学の社会的機能』は,1939 年に出ている.マートンの著書を傍流に挙げるのは良くないかも知れないが,マートンを克服することが初期の科学社会学の課題だったので,こちらに入れてみた.1962 年,すなわちクーンの『科学革命の構造』と同じ年に,レイチェル・カーソンの『沈黙の春』が出版されている.環境研究では主流であるが,筆者はカーソンを科学技術社会論から取り扱っているものをあまり見たことがない.オイルショックが迫る時期に,ローマクラブの『成長の限界』が出され,シューマッハーの『人間復興の経済(スモール・イズ・ビューティフル)』が注目された.米オバマ政権のグリーン・ニューディール政策で最近再評価されているロビンズの本は,1977 年である.同じく近年再評価されているラベッツが出世作を出したのは 1979 年だ.日本人の著書も入れるとしたら,73 年の広重徹の『科学の社会史』がこのあたりに入るのではないか.1980 年のウィナーの『鯨と原子炉』所収の「人工物に政治はあるか」は,科学技術社会論のアンソロジーに入ることもある.しかし,ウィナーを主流の学者というのは無理があるだろう.イノベーション論では,フリーマンやネルソンの本を入れてみた.注目していただきたいのは,1977 年のネルソンの『月とゲットー』である.ネルソンは,フリーマンと並ぶイノベーション論の大家であるが,『月とゲットー』が彼の原点である.月に人類を送る技術があっても,地上の貧困が解決しないのはなぜかということだ.この問題意識が彼の原点であったことについては,筆者は本人に直接確かめた.類似の問題意識は,マイク・クーリーの『人間復興のテクノロジー』でも展開されている.ミサイルを精密に制御する技術があるのに,体の不自由な人のためのハイテクの簡便な車椅子ができないのはなぜかといった問題である.最近非常にいい本だと思ったのは,スペースシャトル・チャレンジャー号の爆発事故の背景を分析したダイアン・ボーンの *The Challenger Launch Decision* だ.科学技術社会論業界では,安全か危険は事故が起きてみないと分からない,それは社会的に構成されるのだというような,哲学的に粗雑な議論がなされることがある.ボーンの本を読むと,安全な技術からの逸脱が常態化するプロセスを,資料に基づいて社会的に分析している.この本について,コリンズとピンチの *Golem* ではかなり相対主義的な解釈が提示されているが,不正確であろう.ロビンズとワイツゼッカーの『ファクター 4』は,福島後の私たちには示唆的な本である.現在の水準の生活はエネルギーなどの消費を四分の一にしても可能であるとして,いくつもの技術の具体例を挙げている.その数年前に出たペトロスキーの著書は,技術の進歩が失敗を繰り返すことで達成されてきたことを歴史的に論じている.

　第 2 表と第 3 表を比較して分かるのは,科学哲学や科学社会学のある特定の使い方を通じて,科学技術社会論が科学技術の現実の問題から切り離されてきたと言うことではなかろうか.相対主義的な科学観による科学技術の分析や,科学の記述(ディスクリプション)が,科学技術の単純な性善説に対する批判になってきたことは事実である.しかし,このタイプの批判を続けても,エネルギーなどに対する科学技術政策,社会のためのイノベーションの創出,地球環境の問題の解決策といったものにはつな

がらない．規範的な提案を行うには，単なる記述を越えた学問的探求がなされなければならない．予算の分配，研究課題の設定，大学の市場原理化，研究者のキャリアパス，リスク等々への切り込みが必要なのだ．サイエンス・ウォーズでは，一見批判的に見える相対主義的な科学論を振りかざす科学技術社会論の研究者が，安定した職業に甘んじるアカデミック・レフトとして揶揄された．現実世界から切り離された科学技術社会論に対する当然の批判であろう．

　もちろん，英国の研究者がPublic Understanding of Scienceのプロジェクトに参加して欠如モデルを論じ始めたり，BSE（狂牛病）以降にサイエンス・コミュニケーションの見直しに参与したり，あるいは欧州の科学技術論研究者がEUの科学技術政策の策定に関与するなど，現実とのつながりは回復の兆候を見せている．一定の批判的視座を保って，参与しているからだ．コンセンサス会議やサイエンスカフェのような市民参加への取り組みも課題となっている．他方で，福島以降の事態を見ると，日本の科学技術社会論が健全な科学技術批判の能力を身につける（取り戻す？）には，まだ相当の自覚的努力が必要ではなかろうか．流行や政府の施策に対する迎合，あるいは海外で流行の学説の安易な受け売りを止めることも，そのためには重要であろう．取り組むべき課題は，横文字の中にではなく，目前で展開する現実の中にあるのだから．

■注

1）STS NJの活動については，同会が1990年から約10年間刊行したYearbookを参照のこと．
2）本シンポジウムの翌年の2012年度で終了．
3）英国Guardian誌，追悼文 http://www.theguardian.com/education/2010/sep/08/christopher-freeman-obituary（2015年12月3日閲覧）
4）アメリカでこの組織に相当するのは，同じ年に創設された「憂慮する科学者同盟（Union of Concerned Scientists）」であろう．また，同時期に成立した「社会的・政治的に行動する科学者・技術者（SESPA, Scientists and Engineers for Social and Political Action）もこれと関係しよう．
5）筆者が2002年11月18日に主催した中島研究室とRISTEXとの合同セミナーでのザイマン教授の証言による．
6）SISCONの起源については，最初のコーディネーターだったビル・ウィリアムズ教授が，筆者の要請に応えて，『科学・技術・社会（STS）を考える──シスコン・イン・スクール』（東洋館，1993年）に簡単な歴史を寄稿してくださった．
7）科学技術社会論の批判機能の喪失と，これがいかにサイエンス・ウォーズにつながったかについては，金森修・中島秀人『科学論の現在』，勁草書房，2002年の筆者による「まえがき」も参照されたい．
8）ペンシルベニア州立大学のSTSプログラムは，残念ながら2012年に閉鎖された．これとは逆に，同年ハーバード大学に新たにSTSプログラムが設けられた．

A retrospect of 25 years of Japanese STS: How should Science and Technology Studies retrieve its critical function?

NAKAJIMA Hideto *

Abstract

After Fukushima Daiichi Nuclear Disaster, Japanese STS is questioned whether it retains critical function against science and technology. The author starts his argument with his experience which exemplifies that it failed to give critical perspective to experts. Then he moves on to the retrospect of 25 year history of Japanese STS from the establishment of STS Network Japan in 1990 to that of the Japanese Society for the Science and Technology Studies. He concludes that Japanese STS has been shaped under the strong influence of the social establishment of Japan, and it is destined to lose its critical role. He suggests that, in order to retrieve its relevant function, Japanese STSers should pay much more attention not to 'Kuhnified' main line studies but to the achievements of non-mainstream scholars.

Keywords: STS, History, Japan, Kuhnification

Received: December 7, 2015; Accepted in final form: February 20, 2016
*Professor, Institute for Liberal Arts, Tokyo Institute of Technology; 2-12-1 Ookayama, Meguro-ku, Tokyo, 152-8552 JAPAN

原著論文

テクノ・パブリックの自律

福島原発事故再考

本田康二郎*

> ——たぐいなき技術の主テウトよ，技術上の事柄を生み出す力をもった人と，生み出された技術がそれを使う人々にどのような害をあたえ，どのような益をもたらすかを判別する力をもった人とは，別の者なのだ．
>
> プラトン『パイドロス』274E

1. はじめに—テクノ・パブリックの時代とそのリスク

　我々は無数のテクノロジーに囲まれて生活をしている．自動車，洗濯機，エアコンにはじまり，パソコン，通信機器や調理器具に至るまで自動作動する機械が我々の行動一つ一つに介在している．衣食住，労働，余暇などを含む生活スタイルの細部まで技術に媒介された生活を享受する大衆は「テクノ・パブリック」という言葉で表現できるであろう（本田 2011）．

　自動作動する機械は産業革命の主人公として歴史の中に登場し，その発展にともなってどんどん小型化していった．生産機械として工場に存在していた大型の装置は，小型化によってついに自らを商品として流通させるに至った．原動機を備えた装置が商品として普及するきっかけを最初に与えたのが自動車（T型フォード）であったが，電力を原動力とする装置が開発されたことで，機械の小型化はますます進み，それらは家庭に入り込んでいくことになった．

　機械装置が商品として流通する社会のリスクとして，筆者は次のような三つを挙げたことがある（同上）．

1. 非対称情報のリスク…生産者と消費者との間で，商品に関する情報格差が生じ，市場本来がもつ（質の悪い商品を駆逐するという）監視機能が健全に作用しないというリスク
2. 匿名性のリスク…市場では売り手と買い手が顔を見合わせる必要がなく，ここに偽装などの不正行為を誘発する環境がつくられやすいというリスク
3. 規模のリスク…欠陥が発見された場合でも，すでに商品が市場に出て普及してしまってい

2015年9月11日受付　2016年2月20日掲載決定
*金沢医科大学一般教育機構講師，〒920-0293 石川県河北郡内灘町大学 1-1, kh-honda@kanazawa-med.ac.jp

るため,市場規模が大きいほど被害の規模も大きくなってしまうというリスク.これらは,技術製品が高度の知識を集積することによってブラックボックス化し,消費者が商品の質の良し悪しを判断出来なくなることによって生じるリスクであった.ここにさらにもう一点付け加えたいリスクがある.それは,日常の技術製品の全てを動かす「エネルギー源」のブラックボックス化に関わるリスクという視点である.

身近にあふれる家電製品の「自動性」は,電力エネルギーの生産および輸送に関わる巨大システムにより支えられているが,このシステムが我々との間で「背景関係(Background Relations)」(Ihde 1990, 158)[1)]に入ることで,意識されなくなっていく.エネルギーがどこでどのように生み出されているのか,家庭用コンセントを眺めているだけでは見えてこない.このような状況で,このシステムは絶対的に安全であるという「安全神話」[2)]が蔓延したため,我々は便利な生活を享受することに伴うリスクを考えなくなっていった.ところが,2011年3月11日に発生した福島原発事故は,我々にこのシステムの脆弱性をまざまざと見せつけたのだった.

事故発生後に首都圏で行われた計画停電は家事・炊事・移動・通信等に不便をもたらし,我々がいかに発送電システムに依存してきたかを知らしめた.このシステムがうまく作動するか否かが,都市生活者の生命を左右するほどの問題になることが再認識された.また,事故による放射能の漏えいは,原発立地地域の人々に避難を強いるほどの害をもたらすことも認識された.それだけに原発の運営にともなう責任の重大さが明らかになったのだが,原子力発電を運営してきた大企業と,経済産業省や文部科学省(旧科学技術庁)のような省庁の間では事故に対する責任の所在が曖昧で,未だにその管理失敗の責任を問えないままでいる(FUKUSHIMAプロジェクト委員会 2012,第2章).我々はなぜこのような曖昧なシステムを作ってしまったのであろうか.電力エネルギーの発送電システムは,科学技術と社会制度の複合体である.この成り立ちを分析する作業は,科学技術に依存するテクノ・パブリックが自らの社会基盤の安全性について,主体的に考察していくための手懸りとなるに違いない.

本論では,現在の日本の電力発送電システムを支えている法的基盤・制度的基盤の歴史を振り返り,その背後にあった思想を明るみに出すことで,テクノ・パブリックがこの作業を進めていくための一助としたい.

2. 原子力産業を支えた法律

一度事故が発生すれば甚大な被害を及ぼし補償問題を引き起こしかねなかった原子力発電に,私企業である電力会社はなぜ参入することができたのであろうか.現行の「電気事業法」と「原子力損害の賠償に関する法律」の内容を見る限り,政府は電力会社のリスクを低減するために,次のような二つの懸念を払拭しようとしていたように見える.すなわち,A)莫大な設備投資に見合うだけの収入があるのか,B)事故が起きた場合の補償は可能であるのか,という二点である.それぞれの法の内容を確認してみよう.

「電気事業法」の第十九条二項一では「料金が能率的な経営の下における適正な原価に適正な利潤を加えたものであること」とある.これは電力会社の利益を保証する内容で,電力の原価(値段)を次のように定義するものだ.

総括原価 = 原価 + 適正利潤

この総括原価を電力需要量で割ったものが電力料金として設定される.ここで重要なのは適正利潤と書かれた項目の内訳なのであるが,これは次のように定義される.

適正利潤＝レートベース（電気事業固定資産＋建設中資産＋核燃料資産＋特定投資＋運転資本＋繰延償却資産）×報酬率3％

　適正利潤は電力会社が持つ資産に3％を掛けた金額となっている．つまり，本来ならば私企業は設備投資をなるべく節約して，商品の原価を下げる努力をするわけだが，電力会社の場合は設備投資に金額を投下すればするほど，むしろ電気料金（商品の原価）を吊り上げることができる仕組みなのである．こうして，官僚がつくった電気事業法は，電力業界を原子力産業に誘い込む呼び水となった（河野2011, 64-66）．

　ところが，収益の保証だけでは不安が残った．なぜならば，原子力発電所で事故が発生すれば，損害賠償金額は一企業が背負える金額を大幅に超過してしまうことが目に見えていたからだ．そこでもうひとつの法律が必要となった．それが「原子力損害の賠償に関する法律」（以下では原子力損害賠償法と略記）である．

　この法律は，まず原子力発電所を設計したゼネラル・エレクトリック（GE）社やウェスティングハウス社を保護する内容となっている．つまり，原発事故が発生したとしても，その責任を負うのは原発を運営している日本の電力会社であることだけでなく，製造物責任法の規定が適用されないことまでが明記されているのだ．GEやウェスティングハウスに責任が発生するのは，事故による損害が彼らの「故意」により発生した場合だけで，設計ミスのような過失の場合は，彼らの責任を追及することができない仕組みが用意されていた．

　さらにこの法律は，日本の電力事業者に対しては無過失責任を課す内容となっている．すなわち，原発事故で発生した損害に関しては電力会社が全て補償しなければならないとしている．ところが，同時に免責条件も明記されていた．その内容は，①事故の発生が異常に巨大な天災地変，社会的動乱によって発生したとき，また②損害が電力会社のあらかじめ用意していた賠償措置額（千二百億円）を超過したとき，である．つまり，「想定外」の天災による事故ならば，電力会社に賠償義務が発生しない仕組みであり，また賠償義務が発生したとしてもその上限額が決まっている．このおかげで，電力会社は安心して原子力産業に参入できるようになった．

　さて，損害賠償額の超過分は誰が支払うのであろうか．この法律には，国の措置についても書かれている．すなわち，「（国が）原子力事業者が損害を賠償するために必要な援助を行うものとする」とある．ところが，ここで援助の対象が被害者ではなく，原子力事業者となっていることに注目しなければならない．しかもこの援助は義務であるとは明記されていない．援助するか否かの最終決定は国会に託され，法律によってはどこにも規定されていないのである．つまり，電力会社で補償しきれない被害が出たとしても，残りの損害の全てを国が負担するとはどこにも書かれていないのだ（竹森2011, 第4章）．

　この法律の問題点は民法学者の我妻栄によって早くから指摘されていた．我妻はこの法律の根本的な考え方を次のように要約して，これを批判した．

> 　私企業が第三者に損害を及ぼした場合に被害者に対して国が賠償する責任を負う，ということは，現在の法律制度では，他に例もなく，理論としても許されることではない．国策の上から原子力事業を助成する必要があれば，国は助成・援助することは，さしつかえない．だから賠償をするために企業がつぶれるなら，国は資金の斡旋もし，場合によっては助成金も支給する．（…）その場合にも，主たる目的は企業の助成であって，被害者の保護であるべきではない（我妻1961, 8）．

つまり，原子力賠償法を丁寧に読むと，名目だけは無過失責任を謳っていながらも，実際のところは電力会社の保護が第一の目的となっていたのだ．

ここまで手厚く企業を保護するのならば，原子力産業それ自体を最初から国営事業にすればよかったのではないかとも言えるが，その形式は取られなかった．なぜならば，その場合は事故発生時の責任が明確に国のものとなってしまうからだ．これを避けるために，あえて「国策民営」という形式が採用されてきたと考えられるのではないだろうか．私企業の失敗を，国が全面的に補填するのは理論的におかしいとした上で，国策で事業をしているのだから損害賠償の支払いで企業を倒産させるわけにはいかないとして，事業者だけは保護する．ここできり捨てられたのは，本来なら守られるべき国民の安全や健康だったのだ．

3. 国策民営体制のはじまり

省庁と大企業が一体化して，国家の根幹となる経済や産業のシステムを管理する制度は日本が第二次世界大戦に突入していく総力戦体制の中で構築されていった．経済学者の野口悠紀雄は，この制度的枠組みを「1940年体制」(野口 2010, 7) と呼ぶことを提案している．この体制は，ソ連やナチス・ドイツを模範として，官僚機構が国内に導入した統制経済体制のことを指す[3]．その主体であった革新官僚と呼ばれた経済官僚たちは，自由主義経済体制の一部を否定する思想を政策に反映させた．この中で，行政指導・業界団体・天下り・年功序列賃金体系・終身雇用制といった現代にも通じる制度が用意された．国家の経済計画は官僚が企画し，彼らの計画に基づいて行政指導が行われ，大企業や大学といった機関がそれを遂行する．また大きな企業には下請け企業が連なり，所謂「タテ社会」が形成されていった．このような仕組みは国と国とが全面的にぶつかり合う総力戦を遂行するために，必要な制度であったといえる．そして，この1940年体制が形作られる中で，のちに原子力発電の管理運営につながっていく出来事が起きている．それらは，「電力国家管理法案」の制定と，科学技術庁のルーツとも言える「技術院」の設立のことである．

電力国家管理法案は，産業の基盤となる電力供給を国家の計画に沿わせる意図で作成された．この法案の作成を主導した逓信官僚出身の奥村喜和男は，この法律の基本的な理念を次のように語っていた．

> 民有国営(＝国策民営[4])なる国家管理の新方式は，かかる社会的背景において，国策の要求に促されて，発案せられたものである．これによれば，国有国営の場合に見るがごとき公債の増発を要せず，拡張計画において議会の制肘を受けず，その経営活動において会計法の制約を蒙らず，あえて官吏の増員を要せず，また面倒なる国家報償の問題も生じない (奥村 1940)[5]．

本来，企業はその所有者である株主が経営に関わることが一般的である．ところが，この法律は，それを所有しているわけではない国家が電力会社の経営を掌握することを目指すものであった．つまり，国家(行政)が計画し，民間(電力会社)が運営するという形である．もし国営企業ならば予算を通す際に国会からのチェックがあるが，国策民営ならばその心配もなく，国が自由に経営を行うことができ，また民営であるがゆえに公務員の数を増やす必要もない．統制を行うためには，これ以上ない内容の法律であった．この形は，日本の原子力行政の姿とぴったりと重なる．すなわち，戦前の電力管理の手法が，戦後の原子力行政の場面で再利用されてきたと見ることができよう[6]．

さて，技術院の方は当時の科学動員を総括する目的で設立された．科学動員とは，太平洋戦争を

遂行するために行われた，軍事工業の拡大を目指した科学研究の国家統制のことを指す．第一次世界大戦が化学兵器，戦車，航空機を用いた総力戦となったのを受け，各国が有事のための総動員体制を構築していったが，日本もその例外ではなかった．大正7年(1918年)4月に軍需工業動員法が公布され，その実施機関として内閣に軍需局が設置された．ここは翌年5月には国勢院という官庁になり，軍需工業に関する調査をするとともに，軍需工業に関する研究に対して奨学金を出した．文部省が科学奨励金を始めたのが1918年であることを考えると，この奨学金は日本における最初期の科学研究助成の一つということが出来る．国勢院は大正11年に廃止され，それは農商務省(のちの商工省)に受け継がれた．その後，国家総動員体制を強化する要求が高まり，昭和2年(1927年)に内閣資源局が設立された．資源局の目的は戦時動員時における人的ならびに物的資源の統制運用計画の統轄，およびその計画の設定と遂行に必要な調査および施設の統轄をはかることであった．軍事問題ではなく，工業力の充実や，資源調査に取り組むことがその主な仕事であり，それを遂行していく過程で国内の科学研究施設の拡充を図る動きが出てきた．資源局は昭和8年(1933年)9月には「国家重要研究事項」なる40項目を選定し，これを内閣告示によって発表した．こうした動きが，大学における研究の動向にもゆっくり影響を与え始めていくことになる(廣重2002, 147-148)．

　もっと強力な科学研究統制への要望に応えるため，昭和10年(1935年)政府は内閣調査局を設置した．そこでは，実用化すべき技術案をまとめ，国内の各研究機関・大学に研究させる体制を構築することが目指された．これが資源局と合併されて企画院が設立され(1937年)，この企画院において科学動員の基本方策が作成された．やがて，昭和17年(1942年)に企画院科学部より「技術院」が分離独立し，ここがその後の科学動員の中枢機関となった．

　この技術院創設の立役者だったのが技術官僚の宮本武之輔である．彼は，「科学技術新体制確立要綱」(1941年5月)を起草し，基礎研究から産業・軍事研究までを一貫した計画の下に行うための機関としてこの技術院を位置づけた(大淀1997, 第6章)．ここで国家が科学技術を管理しようとした時，それをどのような思想に基づいて行ったかが問題となる．宮本は，戦争遂行に科学者，技術者を協力させるためには，一種の「粛学運動」(宮本1941, 124)[7]が必要であると説いた．彼が問題としたのは，研究者(特に基礎科学や人文社会科学に従事する者)が持っている自由主義(研究の自由，学問の自由)の考え方であった．宮本自身の言葉を引いてみよう．

> 　私は敢えて学の自由を否定する者ではないが，自由はこれを正しく行使し得るものにかぎって享有せしむべきである．総ての学は何等かの意味において，人類を裨益するかぎりにおいて意義づけられる．直接間接の別があり，また軽重の差があるにもせよ，毫末も人類に裨益することなき学は，その存在理由を持たない．人類の名においてこれを撲滅すべきである．学の自由を名として，これを庇護すべき理由は断じて成立しない．これが学の自由に対する第一の制約である．然るに人類が国家生活を営み，国家生活を外にしては，人類の生活を想像することを許さない現段階においては，学の自由は国家生活による当然の制約を蒙るのを当然とする．これが学の自由に対する第二の制約である(同上, 123-124, 傍点引用者)．

　彼の考えは，①役に立たない学問は存在理由を持たない，②学問の自由は国家による制約を蒙る，という二点に要約することが出来るであろう．科学動員においても重要だったのは官僚によって策定された経済計画であり，科学も技術もそれを実現するために動員されることが求められた．経済計画への忠誠心が第一であり，科学者および技術者自身の独創性や，自己の責任意識などは二の次

であったということになる．ましてや，専門知識のない国民の意見が計画に反映されるなど有り得なかったことであろう．

1940年体制の中で培われたのは，官僚による産業および科学技術の国家管理の手法とそれを支える思想であったといえるだろう．これらの手法や思想は戦後も官僚機構の中で経済企画庁や原子力産業の育成を担った科学技術庁の中で生き延び，高度経済成長を支えていくことになったのである（財団法人新技術振興渡辺記念会編 2009, 201）[8]．

4. 自由主義的科学と原子力安全の模索

学問の自由に牽制を加えようとする技術院の思想とは真逆の考え方で科学技術を運営しようとした組織も戦前に存在した．それは財団法人理化学研究所である．その三代目の所長であった大河内正敏が設えた環境では，学問の自由が最大限尊重された．当時，理研の仁科芳雄の下で研究をしていた朝永振一郎が『科学者の自由の楽園』の中で語ったことをまとめると，その雰囲気が伝わってくる（朝永 2000, 240ff）．

1. 研究の自由：研究所から課される義務は存在しなかった．研究テーマは自由に選ぶことが出来た．
2. 研究費の上限が実質存在しない：研究室単位の予算で赤字が出ても，翌年に持ち越されることはなかった．
3. 主任研究員システムの存在：主任研究員に研究室運営の権限が託され，研究員，研究助手，研究生を何人雇うのか，研究テーマに即して自由に決めることが出来た．研究内容に即した予算配分がなされた．
4. 知の横断性：分野の違う研究室間に常に交流があり，研究課題についての意見交換が行われ，必要とあれば別の研究室に手伝いにいくことも可能であった．異分野の交流が自発的に生まれていた．

理研はこのように研究者に研究テーマを自由に選ばせ，その上で研究の中から生み出された発見や発明を産業化し，ベンチャービジネスを興していった．

この環境で育った物理学者の坂田昌一が，戦後の日本学術会議で原子力産業について鋭い指摘をしたことは象徴的な出来事であった．昭和33年（1958年）4月に開催された日本学術会議第26回総会における坂田の言葉を少し長いが引用してみよう．

> 原子炉が未知の要素を含み，法則性の的確にとらえられていない装置であり，放射能障害が通常の毒物による障害とは質的に全く異なった性格のものであることを正しく認識するならば，原子炉の安全性ととりくむためには，まず基本的観点を明確にすることから始めねばならぬことが理解できるであろう．何を測っているかわからぬような物指をつくり，それで測って安全だといって見たところで，それこそ観念論であり，国民をごまかすおまじないにすぎない．基本的な観点に立ち個々の問題にとりくんでこそ，はじめてどうすれば災害を防ぎうるかという実際に役立つ科学的な対策が生み出されるであろう．日本の学者には断片的な知識や末梢的なテクニックスだけを学問だと思いこみ，そのよって立つ基盤を明確にする基本的な物の考え方が学問を学問たらしめる上に一番大切であることを忘れている人が多い．これはわが国の科学の植民地性の現れであり，外国の出来上がった技術を移入することに追われ，自分で創造した経験をもたぬことの結果だといえる．日本の科学技術の無思想性は学問の幇間性とも密接な

関係がある．何故ならば学問を政治の従順な侍女としておくためには学問が思想をもつことは危険であったからである（坂田 1963, 154）．

ここで強く主張されたのは「基本的な観点」の把握である．つまり，原子力発電に固有の問題を明確にし，通常の技術では考察されてこなかった視点から安全性を検討する意義が強調されたのだ．この「基本的な観点」の具体的内容を以下に要約してみよう（同上，155ff）．

① 放射線障害について…放射性障害の特性を正しく認識すべきである．放射線障害は照射量がいかに少なくともそれに応じた影響が発生するので，通常の毒物に適用される「許容量」という概念は，放射線について用いることが出来ないのではないかという問題．
② 安全性について… (1)原子力開発においては，安全性の保証が最優先されるべきである．(2)安全性は科学的概念であると同時に「社会的概念」である．原子炉設置場所周辺の住民にとって安全性は重大な社会問題であることを認識することが必要である．(3)原子炉の安全は，設計，運転，保守等の場面で，多くの人為的措置に依存していることを確認する必要がある．システムの運営に人間が関わらざるを得ないのであるから，ミスを発生させない工夫を考えねばならない．
③ 設置条件について…原子炉設置に関する法令では，総理大臣に申請書を提出して許可が下りれば原子炉を設置できることになっている．設置場所それ自体が安全性の重要な要素であることを考えるならば，申請者が勝手な場所を選定するより前に，政府があらかじめ基本的な設置条件を提示する必要がある．そのためには全国にわたって設置可能地域の系統的調査を行うべきである．
④ 放射線障害防止について…「放射性同位元素等による放射線障害防止に関する法律」では，管理区域の境界までしか問題にしていないので，これを外部にまで適用できるように改正するべきである．万一事故が発生した場合の補償についても法律を制定しておくべきであり，被害評価に関しては特別の準備が必要である．

昭和33年の段階で，すでにこれだけの問題点が指摘されていたことには驚かされる．

ところが，これらの問題提起が活かされぬまま原子力事業が始まってしまった．原子炉の安全基準については，原子力委員会の専門部会という形で「安全審査機構」（後の原子力安全委員会）を設置することになり，この人選が原子力委員会に委ねられることになったことが原因であった．審査会議を取りまとめていた坂田昌一は「原子炉の安全性は衆智を集めて十分に検討すべきものであるにもかかわらず，資料の公開が行われていないため，学術会議主催の討論会においても立ち入った議論が展開されなかった」（同上，173）と苦言を呈し，情報の公開によってひろく一般の批判を求めることが，原子力の安全性を高めると主張した．さらに坂田は，安全審査機構が原子力委員会の下部機構であることに問題があると指摘した．「設置者側と審査する側とのけじめが，ともすると不明確になったように感ぜられる」（同上，180）というのがその理由であった．設置者側と審査側のなれ合いが後に「安全神話」を生み出す原因となったのだが，これらの重要な指摘は活かされることなくどこかに霧散してしまった．

5. まとめ

　福島原発事故から見えてくるものは何であろうか．歴史を紐解けば，事故原因が科学の水準の低さによるものではなかったことが分かる．原子力発電所を設置する以前に，すでにその危険性は様々な形で予測されていたし，またその対策についても鋭い指摘がなされていた．それらが政策に反映されていれば，あの事故の規模は大幅に縮小されていた可能性が高い．しかし，それはなされなかったのである．科学技術政策を実施していくとき，科学者の意見が必ずしも最大限尊重されるわけではなかったからである．

　この問題の内には二種類の合理性の対立が存在しているように思われる．一つは科学的合理性（科学者の合理性）であり，科学的分析を重んじ，分析結果を自由に発表して，議論を公衆に開くことで「衆智」を結集しようとする考え方である．もう一つは計画的合理性（官僚機構の合理性）であり，計画と効率性を重んじ，上意下達のヒエラルキーの中で組織への「厳格な従属」（ヴェーバー 2012, 255）を要求する考え方である[9]．原子力というテクノロジーは，主に後者の合理性に基づいて運営されてきたのであり，計画的合理性に含めることの出来ない不確定要素（リスク）は，平時には「安全神話」を構築することで捨象し，非常時には「天災」や「想定外」という言葉でシステムの外に追放してきた．

　これまでの論考から明るみになったのは，原子力発電を支える法的・制度的基盤の設計図ともいえる思想の中に，科学的判断を優先したり，国民の安全を優先したりする思想がなかったという事実である．「計画性善説」[10]とも言うべき官界の思想が圧倒的であり，他の領域からの批判を受け付けてこなかったわけである．少なくとも科学者は，最初から原子力発電の危険性を認識していた．もし彼等の懸念の声がテクノ・パブリックに届いていたら，社会全体が原子力発電に依存していくことなど出来なかったであろう．しかし，それは届かなかったのである．計画を実行しなければならないという答えありきの状況の中で，原子力発電は安全であるとする擬制的物語としてテクノ・パブリックに提供されたのが，安全神話だったのだといえるだろう．

　テクノ・パブリックは科学技術が莫大な国家予算を握る技術官僚体制（テクノクラシー）の中で運営されていることに対して，もっと自覚的にならねばならない．科学者や技術者とテクノ・パブリックの間にはこの体制が横たわり，互いの意思疎通を阻害しているのである．この形が変わらぬ限り，新しい科学技術が生み出される度に，第二第三の安全神話が作られていく可能性がないとは言えない．しかし，テクノ・パブリックが安全神話を鵜呑みにすれば，技術の安全性を高めていく動機が社会から失われるため，それがそのまま巨大なリスク要因となっていく．我々は今後，テクノロジーが本質的にリスクを持っているという事実を恐れず，これを軽減させたり取り除いたりするために，科学者や技術者の声に直接耳を澄ませ，必要があればテクノロジーを運用する法や制度とその背後にある思想に対して積極的に意見を述べていく必要がある．そのために，我々は見たくもない現実を知っても，うろたえたりパニックを起こしたりしない「強靭な精神」（山之内 2015, 457）を持たねばなるまい．この覚悟をもつことで，はじめてテクノ・パブリックは技術官僚体制とそれを支える計画的合理性への依存から離れ，自律した批判精神をもってテクノロジーを評価し，その安全性を高めていく作業に貢献できるのであろう．

■注

1）現代アメリカの技術哲学者，ダン・アイディは人間と技術との本質的な関係性を四つに分類した．すなわち①体化関係(Embodiment Relations)，②解釈学的関係(Hermeneutic Relations)，③他者関係(Alterity Relations)，④背景関係(Background Relations)の四つである．体化関係とは，例えば眼鏡のように，我々の身体機能と一体化するような関係を指す．解釈学的関係にある人工物は，例えば温度計のように，我々の五感で感知しえないような外界の情報（ここでは超高温）を我々に解釈して示してくれる．他者関係にある人工物は，愛着のある自動車や人形のように，かけがえのない他者として我々に現れてくる．そして，背景関係とは，例えばエアコンのように，その存在が環境と一体化して対象として認識されなくなるような人工物との関係を指す．

2）この安全神話が生み出されてきた歴史的背景についての分析は，福島原発事故独立検証委員会(2012)の第9章に詳しい．

3）小林(2012および2015)，小林・岡崎・米倉・NHK(1995)，山之内(2015)を参照．この制度設計を最初に描いたのは南満州鉄道株式会社調査部のロシア研究係主任をしていた宮崎正義(1893-1954)だったという．ロシア革命時にロシアのペテルブルグ大学で政治経済学を学び，ロシア語に精通した．満鉄では，ソ連の5カ年計画を研究しながら，満州国の経済体制を設計していった．大日本帝国から満州に派遣された若手官僚らは，彼から大きな影響を受け，やがてその手法は本国の経済統制に適用されていった．こうした体制は日本だけに見られる仕組みではなく，当時の先進諸国ではどこでも大なり小なり似たような仕組みがつくられていた．

4）現代的には「国策民営」という言葉に当たるだろう．

5）野口(2010, 49)より孫引き．これは奥村(1940)からの引用であるが，筆者は原書を確認できずページが分からなかった．奥村喜和男(1900-1969)は逓信省の官僚で，1935年の内閣調査局設立時に調査官として活躍し，電力国家管理法の制定のために奔走した．後に企画院に転じ，1941年には東条内閣で内閣情報局次長となった．

6）戦後にこの法律（「電力国家管理法」）は廃止され，電力自由化が行われたのは事実である．そしてそれ以降，電力各社は企業経営に対する国の干渉を嫌ってきた．ところが，原子力部門に限って，この国策民営の体制が生き残ったのだと見るべきだろう．もちろん，戦前の在り方とくらべれば統制が弱まり，東京電力を筆頭とする電力会社の発言力が戦前に比べて大きくなったのは間違いない．原子力安全委員会の場へも，東京電力の社員が出席し，規制の方針に干渉するほどであったという（NHKスペシャルシリーズ原発危機『安全神話　当事者が語る事故の深層』2011年11月27日(日)午後10時00分放送を参照）．国策民営体制が戦前と戦後でどのように変わったのかについては，さらに詳しい分析を必要とする．それはまた別の機会に改めて論じてみたい．

7）粛学運動とは，アカデミズムを粛正することを指す．

8）ここで技術院と科学技術庁の間に連続性が存在していることが強調されている．戦前と戦後をつなぐ人物として具体例を挙げるとすれば佐々木義武がいる．彼は，満鉄，興亜院，内閣調査局，企画院を経て，戦後は経済安定本部に転じ，初代経済復興計画室長として，傾斜生産方式による政策を遂行した．その後経済審議庁計画部長，科学技術庁原子力局長を務め，1974年には三木内閣の中で科学技術庁長官を務め，1979年には通産大臣として入閣した．

9）筆者は，別の場所で大河内正敏と宮本武之輔の思想の違いを詳しく分析し，今後の日本のイノベーション政策を考えていく上で，大河内の思想が役に立つのではないかと指摘した．本田(2015)を参照．

10）計画性善説とは，経済計画は国家に益するためにつくられたものであり，そこには常に大義名分が存在しているという考え方を指す．

■文献

Ihde, Don 1990: *Technology and the Lifeworld: From Garden to Earth*, Indiana University Press

飯田哲也・佐藤栄佐久・河野太郎 2011:『「原子力ムラ」を超えて』NHK出版
宇井純 1968:『公害の政治学―水俣病を追って』三省堂
ウィナー, ラングドン 2000:『鯨と原子炉』吉岡斉・若松征男訳 紀伊國屋書店
ウォルフレン, カレル・ヴァン 1994a:『日本/権力構造の謎(上)』篠原勝訳 早川書房
――― 1994b:『日本/権力構造の謎(下)』篠原勝訳 早川書房
――― 2012:『いまだ人間を幸福にしない日本というシステム』井上実訳 角川書店〈ソフィア文庫〉
ヴェーバー, マックス 2012:『権力と支配』濱嶋明訳 講談社〈文庫〉. Weber, Max 1947: *Wirtschaft und Gesellschaft, Grundriess der Sozialökonomik*, III. Abteilung, J. C. B. Mohr, Tübingen, 3. Aufl.
大沼安史 2011a:『世界が見た福島原発災害―海外メディアが報じる真実』緑風出版
――― 2011b:『世界が見た福島原発災害2―死の灰の下で』緑風出版
大淀昇一 1997:『技術官僚の政治参画』中央公論社〈新書〉
奥村喜和男 1940:『變革期日本の政治經濟』ささき書房
奥村宏 2011:『東電解体』東洋経済新報社
海渡雄一 2014:『反原発へのいやがらせ全記録 原子力ムラの品性を嗤う』明石書店
川島武宜 1967:『日本人の法意識』岩波書店〈新書〉
北岡伸一 2011:『日本政治史―外交と権力』有斐閣
河野太郎 2011:『原発と日本はこうなる 南に向かうべきか，そこに住み続けるべきか』講談社
後藤孝典 1995:『ドキュメント「水俣病事件」 沈黙と爆発』集英社
小林英夫 2012:『満鉄が生んだ日本型経済システム』教育評論社
――― 2015:『満鉄調査部』講談社〈文庫〉
小林英夫・岡崎哲二・米倉誠一郎・NHK取材班 1995:『「日本株式会社」の昭和史 官僚支配の構造』創元社
財団法人新技術振興渡辺記念会編 2009:『科学技術庁政策史―その成立と発展』科学新聞社
坂田昌一 1961:『科学と平和の創造』岩波書店
桜井哲夫 1998:『〈自己責任〉とは何か』講談社〈現代新書〉
佐々木力 1996:『科学論入門』岩波書店〈新書〉
――― 2000:『科学技術と現代政治』筑摩書房〈新書〉
島村英紀 2008:『「地震予知」はウソだらけ』講談社〈文庫〉
新藤宗幸 1992:『行政指導―官庁と業界のあいだ』岩波書店〈新書〉
――― 2002:『技術官僚』岩波書店〈新書〉
――― 2008:『行政ってなんだろう』岩波書店〈ジュニア新書〉
高木仁三郎 1999:『市民科学者として生きる』岩波書店〈新書〉
――― 2000:『原発事故はなぜくりかえすのか』岩波書店〈新書〉
高木仁三郎・関曠野 2011:『新装版 科学の「世紀末」 反核・脱原発を生きる思想』平凡社
竹森俊平 2011:『国策民営の罠―原子力政策に秘められた戦い』日本経済新聞社
田原総一朗 2011:『ドキュメント東京電力 福島原発誕生の内幕』文藝春秋〈文庫〉
ちくま学芸文庫編集部(編) 2011:『英文対訳 日本国憲法』筑摩書房〈学芸文庫〉
ディーズ, ボーエン・C. 2003:『占領軍の科学技術基礎づくり 占領下日本1945～1952』笹本征男訳 河出書房新社
東京電力福島原子力発電所事故調査委員会 2012:『国会事故調 報告書』図書印刷
中根千枝 1967:『タテ社会の人間関係』講談社〈現代新書〉
――― 2009:『タテ社会の力学』講談社〈学術文庫〉
野口悠紀雄 2010:『1940年体制 さらば戦時経済(増補版)』東洋経済
廣重徹 1960:『戦後日本の科学運動』中央公論社
――― 1965:『科学と歴史』みすず書房
――― 2002:『科学の社会史(上)』岩波書店〈現代文庫〉
――― 2003:『科学の社会史(下)』岩波書店〈現代文庫〉

―――― 2008:『近代科学再考』筑摩書房〈学芸文庫〉
広瀬隆・明石昇二郎 2011:『原発の闇を暴く』集英社〈新書〉
福島原発事故独立検証委員会 2012:『福島原発事故独立検証委員会　調査・検証報告書』ディスカヴァー・トゥエンティワン
FUKUSHIMAプロジェクト委員会 2012:『FUKUSHIMAレポート』日経BPコンサルティング
本田康二郎 2004:「科学技術における基礎研究の社会的責任についての考察」『哲学』第40号 北海道大学哲学会，pp. 37-56
―――― 2011:「テクノ・パブリックの時代―ハイテク大衆化文明における科学技術倫理と消費者倫理」『社会科学』第41巻第1号 同志社大学人文科学研究所，pp. 91-124
―――― 2012:「戦後日本の社会規範と福島原発事故を考える」『哲学年報』59号 北海道哲学会，pp. 27-35
―――― 2013a:「世間・社会・原発―科学知識は誰のものか」『倫理学年報』62号 日本倫理学会，pp. 82-5
―――― 2013b:「我慢と無責任　戦後日本の社会規範と福島原発事故」『金沢医科大学教養論文集』第41巻，pp. 25-46
―――― 2015:「日本のサイエンス・イノベーション政策の思想史」『イノベーション政策の科学』山口栄一〔編〕東京大学出版会 pp. 61-82
丸山眞男 1961:『日本の思想』岩波書店〈新書〉
―――― 1964:『現代政治の思想と行動』未来社
宮本武之輔 1941:『科学動員』改造社
百瀬孝 1990:『事典　昭和戦前期の日本　制度と実態』吉川弘文堂
―――― 1995:『事典　昭和戦後期の日本　占領と改革』吉川弘文堂
山岡淳一郎 2011:『原発と権力―戦後から辿る支配者の系譜』筑摩書房〈新書〉
山之内靖 1997:『マックス・ヴェーバー入門』岩波書店〈新書〉
―――― 2015:『総力戦体制』筑摩書房〈文庫〉
吉岡斉 2011:『新版　原子力の社会史』朝日新聞出版
――――（編）2011:『〔新通史〕　日本の科学技術　第1巻』原書房
米本昌平 1998:『知政学のすすめ―科学技術文明の読みとき』中央公論新社
我妻栄 1961:「原子力二法の構想と問題点」『ジュリスト』No. 236 有斐閣，pp. 6-10

Autonomy of the Techno-public-Fukushima Nuclear Accident Revisited

HONDA Kojiro*

Abstract

Fukushima Nuclear Disaster was brought about by the "Safety Dogma." This dogma's main mention was that there would not be any accident in Japanese nuclear industry forever. Why did we believe such a stupid myth? At the beginning of Japan's nuclear industry, there was a large repertoire of fear of risks, which was pointed out by some scientists. But that fear was not reflected to science policy at that time. We must understand what prevented scientific knowledge from being utilized for safety precaution. In this paper, we try to chase the historical pass in which Japanese technocratic structure was made. And in that pass, we would see an illiberal thought was adopted for science policy. Japanese technocracy demanded scientists to limit their own academic liberty for realizing economic plan. Instrumental reason was in priority to scientific reason. This kind of conflict between two reasons has been maintained in technocratic world after WWII. The contemporary nuclear industry has all but isomorphic structure compared with the prewar structure of technocracy. For transcending the "Safety Dogma" and dependence on technocracy, it is necessary for us to recognize the inherent risks of technology, and to surveil our science policy and technocracy.

Keywords: Fukushima nuclear accident, Techno-public, History of japan's science policy, 1940-era regime, Academic freedom

---

Received: September 11, 2015; Accepted in final form: February 20, 2016
*Senior Assistant Professor General Education Unit Kanazawa Medical University; 1-1 Daigaku, Uchinada, Kahoku, Ishikawa, 920-0293; kh-honda@kanazawa-med.ac.jp

科学の不定性と専門家の役割

原子力施設の地震・津波リスクと放射線の健康リスクに関する専門家間の熟議の試みから

土屋　智子[*1], 上田　昌文[*2], 松浦　正浩[*3], 谷口　武俊[*4]

1. はじめに

1.1　3.11以前

　2001年7月10日,第1回耐震指針検討分科会が始まった.1981年に策定されて以降改訂されていなかった「発電用原子炉施設に関する耐震設計審査指針」(旧指針)を最新知見を踏まえて見直すためであった.地震の発生場所や発生頻度,発生した場合の規模とその影響に関わる不確実性は,この日から公に議論されるようになったと言ってよいであろう.1995年の兵庫県南部地震では,地質・地形学が発見していた活断層が実際に活動したことから,耐震指針検討分科会では活断層評価とそれに伴う地震力の評価が論点の中心になりがちであった.表1は,耐震指針検討分科会の発言内容を分類したものである(東京大学(2012)).ちなみに,津波の問題は「地震随伴現象」として扱われ,ごくわずかな議論しか行われなかった.

表1　耐震指針検討分科会の論点の推移

行数	地震時安全確保の考え方	確率論的安全評価	耐震重要度分類	基準地震動の考え方と算定法	設計用地震力の考え方	設計用地震の区分と想定すべき地震
5～10回	810	261	224	125	10	241
11～15回	1184	608	0	0	0	0
16～20回	170	45	0	0	14	1794
21～25回	0	0	1094	806	509	754
26～30回	87	12	20	532	868	609
31～35回	145	37	22	63	225	501
36～40回	828	65	88	343	633	622
41～45回	157	12	264	155	374	225
46～48回	28	46	235	130	165	867

※なお,1～4回は論点整理に費やされていたため,除外した.数値は,該当する議論における議事録の行数を示す.500行以上に網かけした.

2015年9月4日受付　2016年2月20日掲載決定
[*1] 特定非営利活動法人HSEリスク・シーキューブ　事務局長,tsuchiya@hse-risk-c3.or.jp
[*2] 特定非営利活動法人市民科学研究室代表理事,〒113-0022　東京都文京区千駄木3-1-1　団子坂マンション公園側棟
[*3] 東京大学公共政策大学院特任准教授,〒113-0033　東京都文京区本郷7-3-1
[*4] 東京大学政策ビジョン研究センター　教授,〒113-0033　東京都文京区本郷7-3-1

耐震指針検討分科会は2006年5月に報告書を提出し，これを受けて原子力安全委員会は同年9月に耐震設計審査指針（改訂指針）を改訂した．旧指針策定後，急速に発展した変動地形学の知見が導入されることになったが，地震そのものや地震に関する知識の不確実さを考慮するための確率論を用いた評価手法は導入されず，「残余のリスク」という概念は加わったものの，それをどのように算出し評価するのかは明確にされなかった．原子力安全委員会は，既設の原子力施設が改訂指針に照らしても安全性が十分確保されているかを評価すること（耐震バックチェック）を事業者に指示し，事業者と専門家との攻防が始まった．事業者側は「これまでの評価で十分耐震安全性は維持される」と主張しようとしたが，指針改訂の前から地震現象に対する知見の不足を示す事実が次々と発生した．2005年8月の宮城県沖地震では女川原子力発電所が，2007年3月の能登半島地震では志賀原子力発電所が想定を超える地震動を観測した．2007年7月の新潟県中越沖地震では，想定を超える揺れで柏崎刈羽原子力発電所が被災し，変圧器火災や微量の放射性物質を含んだ水の流出，様々な機器の不具合などが発生した．さらに，2009年8月の駿河湾地震では浜岡原子力発電所の5号機のみが，他号機の3倍以上の地震動を受けた．2000年の鳥取県西部地震や2004年の北海道留萌支庁南部地震は，活断層がないとされていた場所で被害を発生させる大きな揺れを引き起こした．

これに対し，原子力事業者は，ち密な調査を行って，想定外の揺れの原因を説明しようとし（多くの場合，地盤の影響とされた），重要な設備への影響がなかったことをもって耐震安全性が確保されていると主張した．しかしながら，2000年代に入って続いた様々な想定外の事象は，より深刻な問題を提起していたのである．つまり，「徹底した調査」を行って，「極めてまれな地震動をも考慮した設計」を施した施設を，さらに「詳細な評価」を行って安全性を確認している[1]としてきた，耐震安全性の"科学"の確からしさ，"科学"の信頼が問われていた．耐震バックチェックの議論では，知見の不足や地震の多様性により慎重であろうとする専門家と，想定を超えても施設に大きな影響がなかったことで従来の手法の有効性を主張する専門家や事業者とが激しく対立し，論戦が行われていた．

一方，事故時の放射線防護については，1999年の臨界事故後，緊急被ばく医療体制が整えられたほかに大きな変化はなかった．原子力防災指針は臨界事故を受けて20数年ぶりに改訂されたものの，そこには「あえて技術的には起こりえないような事態までを仮定し」の文言が並び[2]，過酷事故時の放射線防護の指標は，希ガスと放射性ヨウ素が中心で，放射性セシウムは飲食物の摂取制限に関わるもののみであった（原子力安全委員会（2010））．

1.2　研究の目的

本稿で紹介する研究[3]は，科学的な調査や判断が必要であるものの，そこに多くの不確実性が存在し，科学だけでは判断が困難な問題について，専門家がどのように議論すべきかを試みた社会実験の結果である．1.1節に示したように，原子力施設の地震・津波リスクをめぐる"科学"は3.11以前から論争になっていた．しかしながら，審議会や委員会などの場は特定の政策に関する意見をそれぞれの専門家が述べることが中心で，各々の専門領域がもつ不確実性について議論されていたわけではなかった．多様な学問領域が関わるにもかかわらず，複数の学会が議論を交えることは稀であり，あったとしても参加者個人の意見を主張するだけの場が多かった[4]．放射線の健康影響については，3.11以後に多様な"放射線の専門家"が登場し，相矛盾する主張が流布されることになった．政府対策本部に専門的知見を踏まえて助言すべき原子力安全委員会が初動期の機能不全で信頼を失って十分役割を果たせない中，放射線審議会，食品安全委員会と厚生労働省の判断が異なった

り，文部科学省の学校再開をめぐる判断や説明が二転三転したり，政府機関が混乱したメッセージを発信した．この混乱ぶりに対する人々の反応は，"知識不足による不適切な不安"と解釈され，政府機関をあげて"不安解消のためのリスクコミュニケーション"と称する一方的な知識提供活動が展開されてきた[5]．

本稿では，原子力施設の地震・津波リスクと放射線の健康リスクに関する専門家の議論の場を試行した結果を紹介し，異なる領域の専門家同士が各領域の特徴を相互理解した上で，不確実性を含む問題について議論することが可能かどうか，可能にするためにはどのようなことに留意しなければならないのかを論じ，このような議論が科学技術のリスクガバナンスの一つとして機能するための課題を述べる．2章は，研究の基本的な枠組みと実施概要を示し，3章で科学の不定性をめぐって専門家がどのように議論をし，何が足りなかったのかを述べる．4章では，3章の議論を踏まえて，専門家の役割や議論の仕組みに関する課題と提案を示す．

2. 研究の実施概要

2.1 研究の枠組みと手順

どのような議論の場においても，誰が(参加者)，何を(論点)議論する場とするかを最初に決める必要がある．本研究では，原子力施設の地震・津波リスクおよび放射線の健康リスクに関する国の委員会の議事録や専門家へのインタビュー調査結果を参考に，どのような専門家がどのような議論を行っているかを整理し，参加者や論点のデータベースを作成した．次に，議論の場を設計するための運営委員会を設け，参加者と論点の選択を行った．地震・津波リスクの運営委員会は，問題に精通した理学系専門家の他，原子力施設の地震対策を取材した経験のあるジャーナリストや立地地域住民として情報収集を続けている市民など，過去の経緯や論争を知る委員で構成した．放射線の健康リスクの運営委員会は，放射線影響の専門家に加え，福島事故では被ばく線量が避難や帰還の基準と密接に関連していることから，社会的な問題の専門家と，両者をつなぐトランス・サイエンス問題に関わる専門家で構成した．運営委員会で実施計画の大枠を決定し，それにしたがって専門家の議論の場を「専門家フォーラム」と命名して実施した．運営委員会での設計案を原則としつつも，参加者の希望に配慮し，継続的な議論への参加のインセンティブを維持することに配慮した．

研究の手順は，図1に示すとおりである．ただし，原子力施設の地震・津波リスクは2011年度からフィージビリティスタディとして開始していたため，2.2節に示すように専門家フォーラムの開始時期や実施回数が異なっている．

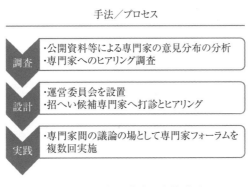

図1　専門家の議論の実施手順

2.2 実施概要[6]

(1) 原子力施設の地震・津波リスクに関する専門家フォーラム

活断層認定に係る地質・地形学，地盤変位に関する地盤工学，地震動評価を担う地震工学，施設・設備の耐震評価を行うシステム安全工学に加え，地震学とリスク評価に造詣のある建築学の専門家6名の協力を得て，全5回のフォーラムを開催した．当初は同じ分野において異なる見解の専門家間で何が共通し，どこが異なるのかを議論する共同事実確認手法を検討したが，断層認定から地震動評価，耐震性評価までのすべてのプロセスに関わる学問領域で対立する見解をもつ専門家を見出すことが困難であった．さらに，協力依頼を開始した2013年度には新しい規制基準が施行され，活断層評価の委員会に社会の耳目が集まるなど，この分野の専門家にとって時間的精神的に負担のかかる状況となったため，これらの再評価や審査に関わっている専門家には参加いただけない状態であった．このため，地震・津波問題では理学系と工学系の対立があったり，理学系の中でも意見の対立があったりすることを踏まえ，異なる領域の専門家間での議論の場として設計した．また，耐震指針検討分科会の議事録分析や検討に関与した専門家へのヒアリング調査(東京大学，2012)によれば，政府等の委員会では活断層認定や地震の規模の想定の部分に議論が集中し，工学的な安全確保の部分まで議論が進まないという問題があったため，議論はまず原子力施設がどのような対策をとっているのかから始め，その後地震動や活断層認定の議論を行うこととした．参加を了承した専門家のほとんどが不特定多数の市民が参加する公開の場での議論に懸念を示したことから，すべて研究プロジェクト関係者のみが聴衆の開催形式とした．開催結果は表2のとおりである．ただし，市民と専門家をつなぐフォーラムとして企画した第6回には，原子力発電所立地地域の行政担当者5名の参加を得た．

(2) 放射線の健康リスクに関する専門家フォーラム

研究開始が2012年度からであったため，2014年度に1回の専門家フォーラムと，福島県内自治体担当者と専門家との議論の場の2回のみの開催となった．こちらのフォーラムでは，国等の議論に参加している専門家と，福島県内で活動する専門家，政策決定には関わっていない専門家など，立場と見解が異なると考えられた専門家5名の参加を得て実施することができた．専門家調査(文献およびヒアリング調査)で浮かび上がってきた4つの質問を軸に，どこに意見の相違があるかを議論した(表2参照)．

3. 科学の不定性を専門家はどう論じたのか

3.1 Unknownsの相互理解

表3は，地震・津波リスクに関する専門家フォーラム第1～3回の情報共有段階で示された各専門家の発言に，文献・資料調査や専門家へのインタビュー調査の内容を加味して整理した．各分野で共通理解が形成されているknownsと，知見や技術の限界および共通理解が形成されているとは考えられないunknownsである．

一般的に工学系の専門家はあまり不確実性を説明しないか，不確実性も考慮していると説明する傾向がある．しかし，今回の専門家フォーラムでは，単独のシステムについては分かっているが，複数のシステムが複雑に関連する場合の不確実性が述べられたり，原子力施設の地盤モデルが変位を推測する地盤工学とは異なること，つまり隣接する専門領域の間で断絶があることが示されたりした．地盤工学，地震工学は地震現象のデータから変位や揺れの推測を行う手法を発展させてきているものの，予測に使うには不確実性が大きいことが示された．現状の地盤変位を推定する手法で

表2　専門家フォーラムの実施概要

地震・津波リスクに関する専門家フォーラム
第1回　2013年11月23日(土)13時～17時
テーマ：原子力発電所はどのような地震にどのように備えているのか？
話題提供①　システム安全の考え方と耐震設計について(システム安全工学の専門家)
話題提供②　原子力施設は地盤の変位にどう備えているのか(地盤工学の専門家)
第2回　2013年12月21日(土)13時～16時30分
テーマ：原子力発電所に影響を及ぼす断層とそれによる揺れ・変位はどう推定されているのか？
話題提供①　原子力施設に対する地震動評価の方法とその不確実性(地震工学の専門家)
話題提供②　断層認定の方法とその不確実性(地質・地形学の専門家)
第3回　2014年2月22日(土)13時～16時30分
テーマ：原子力発電所に影響を及ぼす地震と津波はどう想定され，対策はどこまでされているのか？
話題提供①：東日本大震災をもたらした地震と津波はどのように発生したのか(地震学の専門家)
話題提供②：地震・津波現象の不確実性と原子力施設の対策～耐津波設計を考える～(システム安全工学の専門家)
第4回　2014年7月5日(土)13時～16時30分
テーマ：リスク論はどう使えるのか？
話題提供　原子力発電所の耐震設計　および　リスク概念の重要性(建築の専門家)
第5回　2014年10月25日(土)13時～16時30分
テーマ："リスク"と不確実性と専門家の役割
議論のきっかけとして，多様な"リスク"の定義と米国での専門知活用方法の紹介を研究プロジェクトの事務局(本稿著者の一人)より行った．
放射線の健康リスクに関する専門家フォーラム
第1回　2014年6月1日(土)13時～17時
セッション1「100mSv、20mSv、線量評価」
質問1　100mSv以下の被ばく線量の影響の捉え方について(低線量域の被ばく線量と健康影響の現れ方との対応関係)について
質問2　20mSvによる線引きの妥当性・受け止め方について(ICRP、LNT仮説に依拠した現存被ばく状況での参考レベル設定の問題)
質問3　福島原発事故での被ばく線量推定の確からしさと主たる疾患(主に甲状腺障害)との因果関係について
セッション2「保健対策」
質問4　福島原発事故に関連した住民の健康管理(保健対策)と疫学調査について

は，東日本大震災の被災エリア規模での変位はうまく説明できるが，個々の原子力発電所の変位は近くで大きな地震が起きなければ，予測値が正しいかどうかを確認する術がない．地震動評価の方が変位よりも多くのデータがあるものの，地盤の違いで同じ発電所エリアでも揺れが異なったり，断層の近くの揺れのデータはまだ不十分だったりと，論争になりやすい発電所近傍の断層による影響評価には課題がある．変動地形学による断層認定は，唯一どこで地震が発生するかを示す学問であるが，いつ発生するかについては情報が限られている．特に論争になりやすい発電所近傍の断層や破砕帯は，自ら活動して地震を起こすというよりも，周辺や地下深くの運動の影響の結果と考え

表3 地震・津波リスクに関する専門家フォーラムで示された不確実性

分野	Knowns(分かっている／異論がない／使っている考えなど)	Unknowns
原子炉システムの耐震設計	設備も機器もほとんど振動台で実験している 接続部の挙動もほぼ分かっている 材料など他の分野の知見あり シミュレーションモデルも実験結果から検証可能	機器や設備がすべてつながったシステムとしての相互作用を考慮した耐震設計やシステム解析は始まったばかり (B, Cクラスの被害がどの程度影響を及ぼすかはあまり分かっていない) 外的要因の考慮は地震がほとんど 事故で放射性物質が放出された後の影響については検討していなかった
地盤工学	半無限弾性体の地殻における線形・一様・均質・等方の断層運動を仮定 広域(東北地方)の地盤の挙動の全体的傾向を表すことができる 地震が起きたサイトでは、地盤の特性をモデル化可能 地盤変位の範囲は、大きな断層で繰り返し動くほど集中する 変位量が少なければ、設備の機能を維持するための方策をとれる	予測は容易ではない 知見が限られている(これまで揺れに注目した研究が多かったため) 地震が起きなければ、個別サイトの評価がどのくらい違うかはわからない。 ※大きな断層に関連してどのくらいの範囲で変位が生じるかについては、地形学の専門家と意見が異なる ※対応できないとする専門家も存在
地震動評価	強震動予測の3要素(震源特性, 伝播経路特性, サイト増幅特性) 断層モデルの活用, 様々な地震の経験で改良(地下構造調査でサイト特性を把握することが重要) ある程度パラメーターを変化させることで、右側の多様性を考慮する	応答スペクトルによる評価は経験式のため適用限界あり, 特に震源極近傍への適用は困難 将来の地震の震源域(断層の長さと幅, 傾き)はどこか 断層運動の不均質性(アスペリティの位置)をどう考えるか 破壊開始点・破壊伝播方向・破壊速度 地盤情報がない場合の揺れは?
断層認定	「どこで地震が起きるか」を示せるのは変動地形学だけ 破砕帯は、過去そのエリアの地下深くで地盤が動いたことを示すもの	「いつ」は分からない M7以下の地震による断層は分からない
地震学	プレートテクトニクス アスペリティモデル M4クラスの繰り返し地震は、発生月まで予測できていた	100年オーダーのデータでは分からない地震が存在 M9クラス(低頻度)のメカニズム 活断層型地震の発生(繰り返し)メカニズム 最大どの程度の地震が起きるのか その断層で起きる最大の地震が起きたか
耐津波評価	過去のデータから既往最大を求めるしかなかった 溢水による電源喪失のリスクは高かったが、十分その情報が利用されていなかった 電源を失っても対応できる設備はあったが、操作訓練をしていなかった	津波堆積物調査で分かるのは、内陸のどこまで津波が到達したかであり、海岸線でどのくらいの高さの津波が来たかは分からない 津波の高さは、地震規模だけでなく地震の起こり方や海底の動き方、どこで発生したかによって大きく異なる

られ，活動性の評価が難しい．さらに，内陸の活断層がなぜ繰り返し同じ所で動くのかについて，地球物理学は説明する理論をもたないとの地震学の専門家の発言は驚きをもって受け取られた．プレートテクトニクスはプレート境界の繰り返し地震の中でもデータ蓄積の多いマグニチュード4クラスの地震であれば，地震が発生する月まで正確に予測できている．しかしながら，社会が最も期待する被害地震の予測は困難であり，地震学の専門家は現状の知見の不十分さに対して謙虚さを失わないようにすることの重要性を述べている．

津波リスクの評価は，地震よりも知見やデータがない上に，海底がどこでどのように動くかによって多様な津波が発生するため，さらに不確実である．津波堆積物の研究から推定できるのは浸水域であり，沿岸部の高さは地形によって様々である．福島第一原子力発電所は長大な断層破壊が続いたことにより，津波が重なって高くなったとの報告もあり，地震学の専門家は事前の予測よりも，発生直後の津波警報の精度を上げることの重要性を強調した．ただし，今回気象庁の地震規模や津波警報のレベルが過小評価であった一因として，事前に想定された地震規模が最大でもマグニチュード8クラスという地震調査研究推進本部における専門家の合意があげられた．同様に，工学系専門家は，津波の高さの予測の精度よりも，たとえ想定を超えた津波に見舞われても，重大な事故を起こさない対策を強調した．福島第一原子力発電所にも全電源喪失時に対応する設備があったが，訓練も行われておらず，様々な混乱の中で十分機能を発揮させることができなかった．つまり，どちらの専門家も，津波については被害もしくは事故の予防だけでなく，被害や事故の規模をできるだけ小さくする事後的な対策が重要であることを示している．

放射線の健康リスク問題については，見解が異なると想定された専門家間で多くの共通点が見出された(表4)．例えば，100mSv以下での影響の根拠は広島・長崎の原爆被爆者の死亡原因調査(ライフスパン調査)であること，この調査には多くの問題があるものの，最も信頼性の高い調査として国際的に認められていることは共通認識であった．しかし，100mSv以下の健康影響を示す他の科学的データがあるかないかについては見解が分かれている．参加した専門家が全員同意したのは，「被ばく線量で安全・危険の線引きはできない」という点である．このことは，陪席した避難自治体の行政担当者にとって大きな衝撃であった．なぜなら，あらゆる施策がすべて20mSvという基準で設計されており，行政担当者も住民もそこに何等かの科学的根拠がある，科学的証拠に基づき決められたと受け取っていたからである．しかも，政府系の委員会に関わっている専門家も含めて，全員が20mSvは管理基準としては高い，と考えていた．甲状腺がんが事故の影響で増加しているか否かを判断する段階ではないことも共通しているものの，がん以外の疾患に関する科学的データの存否には見解の相違があった．また，被ばく線量評価を専門家の総力をあげてやり直すべきという意見がある一方で，現実問題として現状のやり方を容認せざるをえないという見解もあった．全体として，現時点のunknownsの認識は共通しており，相違は新たな知見に対する信頼性やunknownsへのアプローチに表れていた．

表4 放射線の健康リスクをめぐる共通点と相違点

	共通点	相違点
100mSv以下の健康影響について	○100mSvという数値の根拠となっているのは、原爆被爆生存者の疫学調査(ライフスパン調査、LSS)。しかし、LSSはいろいろな限界を抱えている(100mSv以下の被ばく線量を精度よく把握できていない、比較対照群が低線量被ばくの人であるなど)。LSSを基に100mSv以下での被ばくとの因果関係を見るのはそもそも難しい。 ○100mSv以下の放射線の影響について混乱があったのは、専門家がうまく伝えられなかったという側面もある。	・LSS以外で100mSv以下での放射線影響を示す研究結果(子どものCT検査、15か国原子力施設労働者、旧ソ連テチャ川沿岸住民など)が出ており、100mSv以下の影響はわかってきている。 ・LSS以外で100mSv以下での放射線影響を示す研究結果は、100mSv以下の人だけを取り出して検討すると、影響についてほとんどわからない。100mSv以下は放射線以外のリスクが優勢になってくると考えられる。動物実験も含め、いろいろな研究に共通して100mSv以下の影響は曖昧であるということは押さえるべきである。
避難や補償、帰還の基準となっている20mSvについて(相違点なし)	○100mSvにしろ20mSvにしろ、事故後に提示されている「基準値」は安全と危険の境界ではない。それ以下の線量で影響がなくなるということではない。 ○「安全」を担保するような線引きはできない。「安全か危険か」ではなくリスク(確率)で考えるべき。 ○どのくらいのリスクがあるかという科学研究から推測されることと、どのくらいのリスクなら受容するのかという政策判断は、別のものである。 ○ICRPによる現存被ばく状況での参考レベル(現在は20mSv/年)は、汚染状況の改善の目安や目標として1−20mSvの下方部分(たとえば1−10mSv)から選択し、1mSvに向かって段階的に下げていくように考えられているが、現実の政策はそのように運用されてはいない。	
甲状腺がんを含む子供への影響や非がん疾患への影響について	○子どもへの影響は大人とは異なる。概して、子どもの方が大人よりもリスクが高い。 ○甲状腺被ばく量(内部被ばく)の実測数が少ない。データの検証(実測データの信頼性など)の確認ができていない。まだやるべきことはある。 ○福島の甲状腺被ばく量は、チェルノブイリ事故による被ばく量よりは低いであろう。 ○これまで福島で見つかっている甲状腺がんと今回の事故による放射線被ばくとの因果関係は断定できる段階ではない。因果関係を見るには規模の大きい対照群をとって比較すべきだが、そうした対照群がない。	・ICRPは成人の体格補正のみで個々の体系を作ってきたから、子どものモデルがない。だから感受性の違いなど細かい説明はかなり苦しい。本格的に子どもへの影響ということが議論になったのはチェルノブイリ以降である。 ・最近、原爆被爆生存者の中で、放射線との因果関係が掴みにくい、いろいろな病気、いわゆる非がん疾患が出てきている。 ・放射線の非がん疾患に対する影響については今もよくわかっていない。チェルノブイリでさまざまな病気のデータが出ている。放射線影響ではないと思われるものもあるが、すべてを放射線と無関係として無視するには無理がある。
被ばく線量評価や保健対策について	○被ばく線量評価は十分でない。 ○国が責任をもって線量評価をすべきであった。国の関与が小さい。福島県に任せてしまったことはよくなかった。 ○幅広く健康状態をフォローアップしていくことが大事。 (注:但し、放射線影響の可能性を考慮するか否かの意見の相違はある。) ○既存の健診制度の活用などできる形を追求するのがよいのではないか。 ○研究者が生のデータを使えないという実態があり(たとえば放射線量に関わるデータが個人情報という名目によって)、解明の障害になっている。	・放射線を避けること(避難・移住など)によって別の健康リスクを上昇させるようなやり方は、医学的には正しくない。 ・今回の事故で疫学調査をやるのは、大規模な人数の線量評価や対照群の問題などがあり、現実的に難しい。 ・今からでも疫学調査に必要な線量は評価できる。科学的真理の追究という気持ちとそれにふさわしい体制を整えれば可能である。 ・現在行われている福島県民健康調査は、目的が県民の福祉のためなのか放射線の影響を追及しようとするものなのかはっきりしない。まず目的を明確にしてそれにふさわしい体制にすべきである。

3.2 リスク評価の共同作業の可能性

原子力施設の地震・津波リスクの専門家フォーラムでは，第4回と第5回にリスクの考え方について議論した．第4回では工学的なリスクの定義である被害の発生確率と被害規模の積のみが議論されたが，第5回では積ではなく，確率と被害規模（ハザード）の関数として双方の不確実性を表現する方法を事務局側から提案した．それを契機に，何をハザードとして考えるかについて疑問が提示された．地震リスクの場合，地震の規模と発生確率はある程度示すことができるが，地震の規模が同じでも生じる被害が同じわけではない．また被害が同じでもその影響の内容は様々である．この疑問に対して，工学系専門家が対策によってどこまで被害を軽減できるかまで考慮する分析方法を紹介した．その考え方は他の領域の専門家にはあまり共有されていなかったが，特定の発電所を事例に議論して評価してみてはどうかとの提案が他領域専門家から出された．このような共同作業によって，様々な不確実性がどのように関連し，最終的な対策の部分まで含めたリスク評価の議論につながる可能性がある．

放射線の健康リスク問題では，被ばく線量評価を放射線測定や放射線防護の専門家と協力して早急にやり直すべきとの提案があった．これは，広島・長崎の被ばく線量評価に関わった専門家が特に強調し，被ばくから時間が経過しても評価できること，事故直後から様々な専門家が行った調査結果を集約し，個々人の生涯被ばく線量を評価し，丁寧に説明することが提案された．

3.3 便益の議論と社会との相互作用の不足

本来，リスクは便益と対で議論される必要がある．しかしながら，原子力エネルギー利用の便益の議論は，核不拡散やエネルギー資源確保といった国際的な視点，日本経済への波及など経済的社会的問題，立地地域の産業構造や歴史・政治・人間関係など多岐にわたる論点があり，別途専門家フォーラムを何度も開催して議論すべき広がりがある．地震学の専門家からは繰り返し「便益についての議論をすべき」との提案があった．従来，経済的社会的議論と耐震性評価の議論は別々の専門家によって行われ，相互に情報共有することはなかったが，地震・津波リスクの不確実性が高い中でどこまでの地震・津波に備えて対策を講じるべきかは，原子力施設がどの程度必要かに依存する．地震学の専門家は，社会科学系専門家との情報共有の必要性を示唆したのである．

福島第一原子力発電所から放出された放射性物質は何らの便益も伴わない．リスクの議論は，事故前より高い放射線量の中でどのような生活を選択するかを考える際に重要になる．つまり，専門家が議論するというよりも，被災した住民や自治体が議論する問題である．地震・津波リスクも，ゆくゆくは立地地域の住民がそのリスクと便益をどう考えるかという議論がなされる必要がある．

本稿で紹介した活動では，市民と専門家をつなぐ試みとして，原子力立地地域の行政担当者と専門家との議論の場を設けた．地震・津波も放射線も事前に行政側から質問を集め，各質問に専門家が答える形式であったが，単なる質疑応答ではなく，行政側からは質問の理由や背景が語られたため，専門家は質問の真意を理解しつつ回答し，意見交換が行われた．地震・津波問題では，変動地形学の専門家の見解が異なる理由の説明があったこともあり，行政側は専門家発言やその相違の背景にある不確実性を理解する機会になり，ぜひ継続してほしいとの希望が寄せられた．放射線問題では，初期の混乱も含めて専門家への不信感が存在していることや，20mSvに振り回されている現状が率直に語られ，専門家側からは反省の弁や今後なすべき改善案の提案があった．ただし，参加した行政が市町村レベルであったため，提案の実現に向けた議論はできず，そのためには国や県の施策決定レベルの担当者の参加が必要であった．

4. 専門家の役割と仕組みづくりに向けて

小林傳司は，英国のBSE事件に関連して指摘された問題点として，「科学的不確実さ」「委員会の構成と役割」「(報告書の)利用のされ方」をあげている（小林，2007）．本研究の社会実験もまた，科学的知見が不確実な問題について，誰が専門家として関わり，どのような役割を果たすべきかを試行錯誤した．

本稿では断りなく「専門家」という表現を用いたが，実際には「誰が専門家か」について専門家間でも議論があった．地震・津波リスクの専門家フォーラムでは，官僚による委員と論点の選定の問題が指摘され，行政を交えたフォーラムでは明確な選定方法を持たない自治体の実態が示された．行政担当者が参加した放射線の健康リスクに関するフォーラムでは，「県レベルで行政がきちんとした専門家を抱えて自主判断できるようにしていかないと解決できない」との指摘に対して，「誰が専門家であり，行政がそのことを見抜く力があるか，という点が一番問題になる」「行政が専門家を選ぶ際は，行政に都合の良い専門家を選びがちである」「英国では行政がルールを作って専門家を選ぶ試みがなされてきている」といった意見が出された．つまり，どちらのリスク問題に対しても「誰が専門家か」よりも，「誰が専門家を選ぶのか」の方が問題であり，行政機関内に専門的知識のある人材を育成することの必要性が指摘された．

専門家の選定に関連して「科学的知見」をめぐる議論もあった．例えば，3.11の地震の前にマグニチュード9クラスの地震が日本近海で発生するとした地震学者はほとんどいない．震災前に「マグニチュード9の地震が起きる」と主張する学者を専門家として委員に選定することがありえただろうか．その学者の意見を施策に取り入れることがありえただろうか．放射線の健康被害でも，広島・長崎のデータを重視するあまり，チェルノブイリ事故後の小児甲状腺がんの多発がなかなか認知されなかった．常に知識が更新される"科学の不定性"の下で，専門家の選定は，定説とは何か，異論をどう取り入れるかという，科学的議論の困難さにもつながる難しい問題である[7]．

表5に，専門家自身が専門家の選定とその役割に対して，どのような考えをもっているかを調査した結果を示す（東京大学，2013）．地震関係の専門家は放射線関係の専門家に比べて，利益相反について寛容な傾向があるが，どちらの専門家も科学的知見だけでなく，判断を示すことを役割と考えている．当然のことながら，判断には専門家の価値観が影響を及ぼす．

「トランス・サイエンス」を提唱したワインバーグは，「科学とトランス・サイエンスの境界線を明確に示すことが専門家の第一の使命である」と述べたが，小林傳司は，ワインバーグ自身が取り上げた米ソの原子炉設計の事例から，「技術が社会のしくみの表現」であることを示している（小林，2007）．安全性や市民参加を重視する米国では公共的討議を経て多重の安全装置が設置され，ソ連では格納容器すら設置されなかった．技術的な事実確認と議論でつくりあげられたと思われる原子炉設計ですら，専門家の議論や判断には社会的価値が反映されている．まして，地震・津波などの自然現象や低線量被ばくの人体影響など，不確実性が大きな，そして科学的な確認が不可能な領域の問題について，科学的判断と価値判断との境界線を引くことはほとんど不可能であろう．境界線を引くことよりもむしろ，境界線を引きえない問題として，また専門家も社会的個人的価値判断から自由ではない存在として，専門家の役割を考えることが必要である．

最後に，社会実験を行った結果から，日本社会で専門家間や専門家と社会との議論が進展するための課題と可能性を以下に述べる．

表5 専門家に対する意識調査結果

Q. 政策的判断を行う際，どのような専門家を選ぶべきか						
A：学術面で優れた利益相反のない研究者を選ぶ						
B：利益相反があっても課題に知見を有する人材を選ぶ						
(%)	Aに近い 1	2	3	4	Bに近い 5	無回答
地震関係専門家(87名)	20	28	9	29	8	7
放射線関係専門家(92名)	26	30	21	11	4	9
Q. 政策的判断を行う際，専門家はどのように貢献すべきか						
A：科学的な知見を提供し，個人の判断は示さない						
B：科学的知見を提供するだけでなく，課題に対する判断も示す						
(%)	Aに近い 1	2	3	4	Bに近い 5	無回答
地震関係専門家(87名)	16	14	10	36	17	7
放射線関係専門家(92名)	11	14	10	38	20	8

(1) 我が国には専門知を活用する仕組み，特に社会問題の解決に用いるための仕組みがなく，それをつくるための議論も不足している[8]．

　地震・津波リスクの専門家フォーラムでしばしば専門家らは，「国の審議会や委員会では（官僚が用意した特定の政策に対する意見を求められるため），専門家間で質問したりするような議論はできない」という発言をしている．放射線の健康リスクの専門家フォーラムでは，事故後の対策の検討プロセスにおいて多様な見解をもつ専門家間の議論の開示が不足していたために，意見が対立していると考えられていた専門家が実はほとんど同じような考え方をしていたことが判明した．もし率直な議論が耐震指針改訂のプロセスやバックチェックの際に行われていれば，もし事故後の放射線量基準の決定プロセスで行われていれば，異なる判断や施策がとられ，専門家への不信感は高まらなかったかもしれない．しかし問題は，科学的な知見を提供する側の専門家ではなく，こういった議論の場をどうすればよいのか，科学的助言をどう扱うべきかを議論すべき専門家，つまり科学技術と社会との問題を論じる専門家の側にあるのではないだろうか．科学技術立国を目指すのであれば，科学技術とその担い手を活用する仕組み，不確実性やリスク問題に対処していく仕組みをもつことが必要であり，日本の政策立案プロセスや体制を踏まえた具体的な仕組みの提案が社会科学系専門家に求められる．

(2) 専門家間の議論は可能だが，率直な議論を可能にする場の設計，意思疎通のための時間が必要．

　東日本大震災以降，あらゆる会議は公開で行わなければならないかのような風潮であるが，今回の「専門家間の熟議の場」は非公開で行い，議事録を公開した．非公開にすることで，それぞれの専門家が「よく分かっていない」ことを率直に語った．「公開」とは，議論の場の映像を見せることではなく，何が議論されているかを示すことと見なすことができるのではないだろうか．

地震・津波リスクの専門家フォーラムでは，当初，複数の専門家が「フォーラムの目的が分からない」とアンケートに回答した．しかし，継続する中で，「言いたいことが言えた」「有意義だった」などの意見が増加していった．一方，放射線の健康リスクのフォーラムは時間制約があったため，事務局側が頻繁に専門家と連絡をとり，相互理解のために各専門家の見解を整理して提供するなど，フォーラム前の準備段階で様々な作業を行った．単に専門家を集めれば熟議が実現できるわけではない．テーマによっても準備の仕方は異なるであろう．政策立案などの場では，専門家の選択段階から情報公開や意見募集することも必要になろう．

(3)最終的には社会，つまり本来リスク問題について判断すべき主体と議論できるようにする必要がある．そして，この議論は専門家にとっても社会にとっても有益な場として機能する．

本社会実験の専門家フォーラムあるいは行政と専門家のフォーラムでは結論を出さなかったが，一般的に専門家には回答が求められ，その内容に対する責任も問われている．しかしながら，本来，リスク問題はそれによって影響を受ける幅広い意味での利害関係者が議論して判断すべきである．本研究では，難解な議論に参加してもらうという点から，ある程度の知識と関心があることが必要であり，自治体の原子力や放射線関連業務の担当者に参加を求めた．自治体担当者は単に知識と関心があるだけでなく，住民のために判断する場合もあるため，質問や意見は専門家にとって有益な情報を提供した．自治体担当者との議論を繰り返すことで，専門家は社会との議論の方法を学び，社会が何を問題とするかを理解することができるだろう．これは，1)の仕組みを支える専門家を増やすことにもつながるだろう．

■注

1) 経済産業省原子力安全・保安院・独立行政法人原子力安全基盤機構「原子力発電所の耐震安全性」パンフレット(http://nsr.go.jp/archive/jnes/atom-library/hyouka/taishin/book1/)より見出しを抜粋した．なお，「極めてまれな地震動をも考慮した」という表現は，電気事業連合会等の冊子では「最大級の地震を想定」と表されることもある．

2) 原子力安全委員会「原子力施設等の防災対策について」（平成22年8月改訂）の13ページには，「防災対策を重点的に充実すべき地域の範囲」（EPZ: Emergency Planning Zone）について，そのめやすは，「原子力施設において十分な安全対策がなされているにもかかわらず，あえて技術的に起こりえないような事態までを仮定し，十分な余裕を持って原子力施設からの距離を定めたもの」と記載されている．この表現は15ページにも登場している．また，付属資料46ページには，チェルノブイリ事故について「日本の原子炉とは安全設計の思想が異なり，固有の安全性が十分ではなかった原子炉施設で発生した事故であるため，我が国でこれと同様の事態になることは極めて考えがたいことであり，我が国のEPZの考え方については基本的に変更する必要はない」との記述がある．

3) 本稿で紹介する研究は，平成23年度文部科学省国家基幹研究開発推進事業原子力基礎基盤戦略研究イニシアティブにおいてフィージビリティスタディとして採択された「市民参加による熟慮型地震リスク分析の社会実験研究」および平成24～26年度文部科学省国家課題対応型研究開発推進事業原子力基礎基盤戦略研究イニシアティブ「原子力施設の地震・津波リスクおよび放射線の健康リスクに関する専門家と市民のための熟議の社会実験研究」において実施された．

4) なお，地震工学会のように，理学系の地震学研究者と工学系研究者が参加する学会も存在する．また，様々な設計指針を議論する学会内部の委員会には，多様な領域の研究者が参加していた．ただし，そこでどのような不確実性をめぐる議論が行われたかは，関係者内部に留まっていたといえよう．

5) 事故後からの放射線の健康影響に関する情報提供やコミュニケーション活動の課題は，環境省が設けた原子力被災者等の健康不安対策調整会議で議論され，課題を解決するためとして，2012年5月

に「原子力被災者等の健康不安対策に関するアクションプラン」が決定，公表された(http:www.env.go.jp/jishin/rmp/conf-health/03-mato5.pdf)．さらに，放射線の健康への不安のみならず，早期帰還の実現に向けた対策として，2014年2月，復興庁は「帰還に向けた放射線リスクコミュニケーションに関する施策パッケージ」を発表した(http://www.reconstruction.go.jp/topics/main-cat1/sub-cat1-1/201402175933.html)．当初より双方向性や個別の問題への対応など丁寧なコミュニケーション活動が意識されるようになったものの，基本は健康不安解消のために正確な情報を作成・提供したり，それらの活動をする人材の育成となっている．

6) 専門家フォーラムの内容は，概要と議事録が東京大学政策ビジョン研究センターのサイト(http://pari.u-tokyo.ac.jp/unit/riskcafe/index.html)ですべて閲覧可能となっている．

7) 平成23年度のインタビュー調査(東京大学(2012))では，知見を更新する作用よりも，既存の知識が維持される作用の力が強いことが次の具体的な発言からうかがえる．「どこまでのデータが分かっているのかという謙虚さが必要．持っているデータからモデルは構築される．つまり，モデルもデータに制約を受ける．また，データからモデルへというプロセスはたどりやすいが，モデルに問題があるとデータに戻る方向へのプロセスはたどりにくい．」「日本では，長期評価の科学的な根拠となったアスペリティモデルが，（日本海溝の）不思議な現象に対する一応の説明を与えたため，研究者にある種の思考停止を招いた可能性がある．」「仮定の話であるが，計算でM9.0が出た場合，計算結果を疑ってしまったかもしれない．研究者には"もっともらしさ"の上限のようなものがある．」「様々な学説の真偽の判断が難しい」「新しい知見が取り入れられない」また，実際，平成24年度の日本地震学会では，東北地方太平洋沖地震が全く想定外ではなく従来の考え方で説明可能であるとする論調が目立つ傾向となった(東京大学(2013))．

8) ここで提案している専門知の活用の仕組みは，より具体的な方法を示す．科学的助言のあり方については，国)科学技術振興機構研究開発戦略センター(CRDS)が海外の動向を調査し(CRDS(2011))，政策提言を行っており(CRDS(2012))，ここでの提言を実現させる方策を検討する必要があろう．また，地震リスクについては，米国原子力規制委員会が専門家の熟議を踏まえた評価手法を提案し(SSHAC(1997)，USNRC(2011))，日本においても専門家グループによる評価が試行され(JNES(2005)など)，日本原子力学会の「原子力発電所の地震を起因とした確率論的安全評価実施手順」が学会標準として公開されている．ただし，これは手法を中心としており，どのような専門家を選定すべきか，議論をどう進めていくかについては簡単な記述にとどまっている．

■ 文献

国立研究開発法人科学技術振興機構研究開発戦略センター(CRDS)2011:「調査報告書　政策形成における科学の健全性の確保と行動規範について」CRDS-FY2011-RR-01.

国立研究開発法人科学技術振興機構研究開発戦略センター(CRDS)2012:「戦略提言　政策形成における科学と政府の役割及び責任に係る原則の確立に向けて」CRDS-FY2011-SP-09.

原子力安全委員会 2010:「原子力施設等の防災対策について(平成22年8月改訂)」．http://www.nsr.go.jp/archive/nsc/anzen/sonota/houkoku/bousai220823.pdf

独立行政法人原子力安全基盤機構(JNES) 2005:「地震に係る確率論的安全評価手法の整備＝地震ハザード評価における不確定性評価に関する手順書の作成＝」05解部報-0121.(http://www.nsr.go.jp/archive/jnes/atom-library/seika/000005999.pdf)

小林傳司 2007:『トランス・サイエンスの時代　科学技術と社会をつなぐ』NTT出版.

Senior Seismic Hazard Analysis Committee (SSHAC) 1997: "Recommendations for Probabilistic Seismic Hazard Analysis: Guidance on Uncertainty and Use of Experts," NUREG/CR-6372.

東京大学 2012:「平成23年度文部科学省国家基幹研究開発推進事業原子力基礎基盤戦略研究イニシアティブ　市民参加による熟慮型地震リスク分析の社会実験研究　成果報告書」．

東京大学 2013:「平成24年度文部科学省国家課題対応型研究開発推進事業原子力基礎基盤戦略研究イニシ

アティブ　原子力施設の地震・津波リスクおよび放射線の健康リスクに関する専門家と市民のための熟議の社会実験研究　成果報告書」.

東京大学 2015:「平成 26 年度文部科学省国家課題対応型研究開発推進事業原子力基礎基盤戦略研究イニシアティブ　原子力施設の地震・津波リスクおよび放射線の健康リスクに関する専門家と市民のための熟議の社会実験研究　成果報告書」(2016 年 2 月公開予定).

U. S. Nuclear Regulation Committee (USNRC) 2011: "Practical Implementation Guidelines for SSHAC Level 3 and 4 Hazards Studies", NUREG-21117.

Article

Scientific Uncertainty and the Roles of Professionals: Deliberations on the Seismic and Tsunami Risks for Nuclear Facilities and Radiation Health Risks

TSUCHIYA Tomoko[*1], UEDA Akifumi[*2], MATSUURA Masahiro[*3], TANIGUCHI Taketoshi[*4]

Abstract

Prior to March 11, 2011, the seismic risk for nuclear facilities was controversial, while health risks arising from radiation were noted after the Fukushima accident. Scientific information is thus necessary, but science is not sufficient to settle such disputes, owing to intrinsic uncertainties. This article discusses results of a pilot program for professionals to encourage deliberation on problems of scientific uncertainty. Six professionals from different fields held five meetings to discuss risks related to nuclear facilities from seismic and tsunami events. They included those from natural sciences and engineering who frankly discussed area of uncertainty in their disciplines. After deliberating on unknown elements and limitations of each field, they discussed seismic and tsunami risks faced by nuclear facilities, and steps to be adapted by professionals in cases of uncertainty. Five professionals participated in discussions regarding the health risks of radiation. Their discussions, however, reveals their common sense on health impacts for less than 100 mSv and their knowledge of basic concepts to protect people from radiation. They have different opinions on the scientific credibility of new studies as well as the role of the government and experts in Fukushima to counteract people's distrust of experts and their anxiety as regards radiation.

Keywords: Scientific uncertainty, Deliberation, Professionals, Seismic and tsunami risk, Radiation health risk

---

Received: September 4, 2015; Accepted in final form: February 20, 2016
[*1] Executive director, NPO HSE Risk C-Cube; tsuchiya@hse-risk-c3.or.jp
[*2] Representative, NPO Citizen Science Initiative Japan, 3-1-1, Sendagi, Bunkyo-ku, Tokyo, 113-0022
[*3] Associate Professor, Graduate School of Public Policy, The University of Tokyo, 7-3-1, Hongo, Bunkyo-ku, Tokyo,113-0033
[*4] Professor, Policy Alternatives Research Institute, The University of Tokyo, 7-3-1, Hongo, Bunkyo-ku, Tokyo, 113-0033

Risk Governance Deficits in Japanese Nuclear Fraternity

TANIGUCHI Taketoshi *

Abstract

This article analyzes whether the common deficits of risk governance identified by IRGC could be observed or not in the case of emergency preparedness and severe accident management of Japanese nuclear power plant before and after the Fukushima nuclear disaster. In summary, the followings are underlined as critical deficits. First, risk-related knowledge base was deficient or inadequate. Second, interface problem among stakeholders was a serious underlying problem. A failure of interdisciplinary communication in the phase of risk knowledge generation causes oversight or disregard of early risk signals. Third, appreciation or understanding fundamental changes and interdependencies of agents in complex societal system was lacking. Fourth, deficits in legal system and departmentalized emergency response scheme could exacerbate risks and make organizations insensitive to risk. Fifth, organizational capacity building for managing risks (in particular, specialized competence and knowledge, organizational integration, flexibility and its network) was inadequate. Lessons from the Fukushima and our challenges ahead are to urgently and seriously correct the deficits noted above. After the Fukushima, however, a few deficits are slightly corrected, but critical deficits still remain.

Keywords: Risk governance deficit, Nuclear fraternity, The Fukushima nuclear disaster, Emergency preparedness and response, Severe accident management

Received: August 27, 2015; Accepted in final form: February 20, 2016
*Professor, Policy Alternatives Research Institute; 7-3-1 Hongo, Bunkyo-ku, Tokyo, 113-0033; taniguchi@pari.u-tokyo.ac.jp

1. INTRODUCTION: THE ERA OF SYSTEMIC RISKS

On March 11, 2011, a mega-quake with M9 and the subsequent unprecedented tsunami crippled the Fukushima Daiichi nuclear power station, and disruption of cooling system for the three reactors led to core meltdowns and hydrogen explosions, which caused a release of radioactive materials into the atmosphere and the ocean. Furthermore most notably the accident brought about multi-faceted risks with systemic nature in social, political and economic domains.

The unprecedented natural and man-made disasters have really put risk landscape of Japanese society into relief. Physical, social and economic risks strongly interlink through an increasing interdependency and complexity of socio-economic activities. Perception and awareness of risks are diversifying due to fragmentation and atomization of society. In addition, communication tools and devices with different characteristics such coverage, speed and capacity, can induce unstable dynamics of risk information delivery. These phenomena amplify risk with systemic nature and induce domino effects. The Fukushima nuclear disaster clearly illustrated these social phenomena.

Nuclear power in Japan has been tightly and complexly interlinked with and interdependent on socio-economic activities and has also produced nested or collective interests everywhere as a result of lock-in phenomenon of nuclear technology. Nuclear accident risk may be relatively low in frequency, but it has broad ramifications for human health, safety and security, the environment, economic wellbeing and the fabric of societies.

In the aftermath of unprecedented disasters, the words "unexpected" and "unforeseeable" flew about among diverse stakeholders. Secondary and tertiary social or economic consequences, so-called "ripple effects", are seemed to be "unintended or unforeseeable consequences" in the eyes of the people or organization that causes the incident, but "the unexpected" in the eyes of a victim. It is easy for the interested party to be aware of the risks and benefits of nuclear power, but not clear to almost all people in a complex society. These gaps in perception can create issues of societal risk with great complexity and ambiguity that may be hard to address.

Taking far-reaching impacts into account, it is necessary to urgently examine the root causes of the Fukushima nuclear disaster from the viewpoint of risk governance rather than risk management capabilities of both Tokyo Electric Power Company (TEPCO) and regulatory authorities. The scope of the risk governance is not restricted to the issue of risk alone, but embraces the justification of hazardous activities with potentials of major risks (EC 2000). Author presumes that awareness, organizational behaviors and institutional arrangements arising from the nested or collective interests built up over time in Japanese nuclear fraternity (electric utilities, administrative ministries and agencies, regulatory agencies, academic and research institutions, industry, politicians, local governments) has given rise to many deficits of risk governance.

This article discusses the risk governance deficits through a case study and some challenges ahead for better governance in Japan.

2. ANALYTICAL FRAMEWORK AND APPROACH

The International Risk Governance Council (IRGC) defines risk governance as the identification, assessment, management and communication of risks in a broad context, which includes the totality of actors, rules, conventions, processes and mechanisms concerned with how relevant risk information is collected, analyzed and communicated, and how and by whom management decisions are taken and implemented (IRGC 2005). IRGC has also identified the common deficits of risk governance that are defined as deficiencies (where elements are lacking) or failures (where actions are not taken or prove unsuccessful) in risk governance structures and processes. 10 deficits in assessment sphere (i.e. knowledge creation) and 13 deficits in management sphere (i.e. decisions and implementation of actions) have been identified through multidisciplinary discussions on several case studies (IRGC 2010).

Based on risk governance framework noted above, author conducted the deficit analysis of emergency preparedness (i.e. nuclear disaster prevention policy and its drills) and severe accident management (SAM) of nuclear facilities (i.e. SAM policy and the countermeasures, its exercises) before and after the Fukushima nuclear accident, referring to reports of Accident Investigation Committees (Government 2012, National Diet 2012, RJIF 2012, TEPCO 2012) and other literatures (Funabashi et al. 2012, Suzuki 2011, Kugo 2013, Juraku 2014, Taniguchi 1997). In the case study, whether the common governance deficits identified by IRGC could be observed or not, and to what extent seriousness of deficits were have been examined subjectively and relatively by each major actor (electric utilities, regulatory authorities, academic and research institutions, administrative ministries and agencies, local governments).

3. RESULTS OF DEFICIT ANALYSIS AND DISCUSSIONS

3.1 Before the Fukushima Nuclear Accident

For emergency preparedness and response and severe accident management policy-making, a wide range of knowledge and information are inevitably needed and should be understood by decision-makers and first responders in emergency situation. From these perspectives, lacks of gathering knowledge about hazards and risks, their early signals, stakeholders' risk perception, interests and concerns were definitely fatal deficits as shown in Table-1. So far nuclear safety research even in the universities and research institutions focused upon technological issues and rarely was on the subject of social scientific issues. Regarding probabilistic risk assessment (PRA) studies of nuclear power plant in Japan, national research institutions launched in mid-1980s and were on a certain research level in comparison with the United States by the mid-1990s, but not to be able to use on a practical level yet. For instance, these studies remained in level-1 and level-2 PRA that estimate technically the frequencies of reactor core damage and containment vessel failure caused by internal initiating events in a plant respectively, and research and development of PRA methodologies on external initiating events such earthquake, tsunami and malicious threats have never been done. In addition, level-3 PRA that estimates

Table-1 Deficits Observed in Assessment Sphere (Generation of Knowledge) Before the Fukushima Case: Emergency preparedness and response and Severe accident management of Nuclear Facilities

	Before Fukushima Nuclear Accident					
	Electric Power Companies	Regulatory Bodies (NISA/NSC)	Science & Technology Professionals	Government (Cabinet/ METI)	Local Government & Residents	Comments
A1: Missing and ignoring early signals of risk						False negatives and false positives in risk assessment and preventive actions against natural hazards, with the benefit of hindsight. The underlying problem is a failure of interdisciplinary communication.
A2: Lack of adequate knowledge about hazards and risks						Under constraint of safety myth, health/environmental/economic risks research of nuclear facility has been at a standstill during 1990s. Regulatory bodies and academia had not focused on safety research incl. social impact. The subject of PRA studies was internal events only.
A3: Lack of adequate knowledge about values, risk perception, interests						Nuclear fraternity had little concern on understanding of stakeholders' risk perception and importance of social sciences. Persuasion is first, only one-way communication without risk information.
A4: Stakeholder involvement in risk assessment						Same as A1. RA and risk policy making have been done by limited scientific experts, not considering interdisciplinary approach, improvement information input and conferment of legitimacy on the process.
A5: Failure to consider the acceptability of the risk						Strongly relevant to A2 and A3. NSC has drawn up nuclear safety goals (tentative) at last in 2003, but it has not been applied to risk decisions both in regulation and utility's safety management.
A6: Provision of biased, selective or incomplete information						Strongly relevant to A2 and A3. Nuclear fraternity has DAD (decide, announce, and defend) approach for promoting nuclear power with safety myth.
A7: Lack of understanding of complex system						This deficit is a root cause of A2, A3 and A4. Inward-looking and non-holistic management might hinder awareness of the systemic nature of many risks of critical infrastructure and economic system advancement.
A8: Failure to reassess in a timely manner fast and/or fundamental changes in systems						The organizational inertia, in particular, of electric utilities and governmental, organizations is a really large and decision-making takes time even if recognizing fundamental change or reaching at tipping point.

A9: Over- or under-reliance on models								Being influenced strongly by A10. Periodic drills in order to verify effectiveness and feasibility of nuclear emergency preparedness were based on the simplified model or scenario. SAM also remained only in name because of the existence of safety myth.
A10: Failure to overcome cognitive barriers to imaging potential surprises								Same as A2 and A5. Even if risk assessor was aware that such events could occur, they should downplay them, ignore them or be helpless in considering how to take them into account.

Pattern are used for our initial judgment: black corresponds to serious, gray to considerable, light gray to slight.

human health, environmental and societal impacts due to release of radioactive materials has not been implemented at all.

These deficits have given rise to not only provision of biased, selective or incomplete information but also lack of understanding of multi-faceted risks in complex social system. As a result, interdisciplinary discussions and deliberation about nuclear safety goals relating to tolerability and/or acceptability of technological risks in Japan failed to gain in depth or breadth after the Nuclear Safety Commission (NSC) established provisional safety goals in 2003.

Interface problem among stakeholders has been a serious underlying problem in risk governance process. For instance, a failure of interdisciplinary communication can be observed in the phase of risk knowledge creation. Advances in tsunami research have made the uncertainty of tsunami predictions more obvious in the tsunami experts' community. Nevertheless, their recognition of uncertainty was not transmitted to the nuclear safety experts. This example emphasizes a deficit, in which relevant stakeholders are not involved in the assessment process. Consequently, they missed or ignored early risk signals.

The nuclear fraternity failed to overcome embedded cognitive barriers to imaging potential surprises. As a result, the emergency drills and SAM exercises based on simplified model and scenarios with a narrow scope have been conducted. In fact, these drills merely aimed to test participants' actions prescribed in a pre-set plan, thus turning them into a ritual confirmation of existing hierarchies and certainties. This hindered the validation of practicability, efficiency and effectiveness of emergency preparedness and response, and retarded imagination of severe complex disasters as well as the acquisition and improvement of crisis management capability.

As a whole, a lack of appreciation or understanding complex system is considered as one of the root-cause deficits. During nuclear power generation has planted its roots deeply in the society, socio-economic-political fabric that included local communities where nuclear power plants are located has been significantly changing, and therefore, various interests and stakeholders have emerged, and their interdependent relationships became more complicated. Despite these situations, nuclear fraternity, being basically introverted, held only a narrow perspective. Inward-looking and non-holistic management might hinder awareness of the systemic and multi-faceted natures of many risks of critical infrastructure and economic system advancement. Moreover the electric utilities and governmental agencies have considerably large organizational inertia and take much time for decision-making even if recognizing fundamental change or reaching at tipping point, it is also one of the root-causes. According to the law of requisite variety (Ashby 1956), the nuclear fraternity needed to diversify concurrently with the diversification of society, but movement in that direction stalled, and then the gap between nuclear fraternity and the society increased. This led to the emergence of systemic risk in the Fukushima nuclear disaster.

With respect to the deficits in management sphere of risk governance, many serious deficits can be observed at both electric utilities and regulatory authorities as shown in Table-2.

The first deficit is the failure of risk managers to respond and take action, even if risk signals are identified early. For example, Nuclear and Industrial Safety Agency (NISA) did not take initiatives to encourage the application of new knowledge obtained from tsunami-related research, which was a very serious matter. On the other hand, TEPCO examined new scientific knowledge on tsunami research in back-checking plant safety, but tabled any decisions related to their conclusions until the results of research entrusted to the Japan Society of Civil Engineers had been clarified. If a precautionary approach had been applied to large-scale hazards, research could have been promoted while actions to alleviate potential damage had been undertaken. In short, "paralysis by analysis" constituted a serious deficit in terms of risk management and should have been avoided.

Second, serious failures to respond to early risk signals and design balanced risk management strategies are observed in TEPCO's decision-making and management of risks. For the implementation of severe accident countermeasures, the management of TEPCO failed to make strategic decisions regarding the trade-offs between reduction of power generation capacity for the short term and compensation risk over the long term. This matter is deeply related to the inability to reconcile the time frame of decision-making and incentive schemes (i.e. visible, short-term perspective) with the time frame of the risk issues (i.e. long-term perspective). These failures in managerial decision-making have been probably stemmed from perception change of business risks of nuclear power generation, with emphasizing competitiveness in energy market since the 1990s. Self-satisfaction and lack of understanding a precautionary approach led to complete disregard for SAM options that might have added redundancy or resilience to systems (e.g., an alternative water-injection measure to the nuclear reactor by employing a fire-extinguishing line whose water source was a fire truck).

Third, there existed the failure to balance transparency and confidentiality, needed for decision-making. After the September 11 attacks in the United States in 2001, Japanese government also recognized terrorist attacks as a serious threat, the Reactor Regulation Act was amended, and design basis threats (DBT) were devised in cooperation with public safety authorities. Countermeasures were made mandatory for electric utilities, and have caught up to international standards. However, each requirement for assuring nuclear safety and security can be both contradictory and complementary. Authorities in charge, therefore, must continually consult with each other. But this awareness was absent in both sides. The NSC provided no basic policy for such engagement because of recognizing from the onset that nuclear security was outside of its scope of responsibility, and at NISA the security personnel apparently never had consultations with safety regulation personnel. This is a likely underlying cause of inaction

Table–2 Deficits Observed in Management Sphere (Decision & Implementation) Before the Fukushima Case: Emergency preparedness and response and Severe accident management of Nuclear Facilities

	Before Fukushima Nuclear Accident					
	Electric Power Companies	Regulatory Bodies (NISA/NSC)	Science & Technology Professionals	Government (Cabinet/METI)	Local Government & Residents	Comments
B1: Failure to respond to early signals of risk	■■■	▨▨	░	░		Both utilities and regulatory bodies were unwilling to know risk signals when they contradicted with the existing plan or objectives even if they were certain warning signals. Lack of risk culture in organizations was fatal and led postponement of countermeasures. Paralysis by analysis.
B2: Failure to design balanced RM strategies	■■■	░		░		TEPCO's executive failed strategic decision of trade-off between short-term loss of power supply due to SAM preparation and potential long-term liability risks. Strongly relevant to B7.
B3: Failure to consider a reasonable RM options	■■■	▨▨	░	░		Same as B2. TEPCO has neglected an entire set of SAM options such as those that aim to build redundancies and resilience into systems because of complacency and not well-understanding of precautionary approach. Regulatory bodies also had same awareness.
B4: Inappropriate balancing of B&C in efficient and equitable manner	■■■	▨▨	░	░		So far both utilities and regulatory bodies had not carried out explicitly risk-cost-benefit analyses at all for designing emergency preparedness and SAM due to A2.
B5: Failure to muster the will and resources to implement RM decisions	■■■	▨▨	▨	▨	░	The underlying deficit of other deficits. SAM was a voluntary action that NISA gave order in the form of administrative guidance (not legally binding). The regulatory bodies, however, have not prepared any system to follow through utilities' voluntary actions.
B6: Failure to anticipate, monitor and react to the outcomes of RM decisions	▨▨	■■■	░	░		Both utilities and regulatory bodies have not learned seriously from emergency drills and SAM exercises at all that what type of effects were accompanied by decisions in drills and exercises, and what were the intended or unintended consequences.
B7: Inability to reconcile the time frame of risk with incentive schemes	■■■	▨▨	░	░		Same as B2. Recognition of corporate risks of nuclear power utilities has been changing since the early 1990's because of prioritizing economic competitiveness.
B8: Failure to balance transparency and confidentiality	▨▨	■■■	▨	■■■	▨	Desire to avoid public panic and lawsuits may justify a prioritization of confidentiality over transparency. No recognition about the necessity of interdepartmental consultation on contradictory and complementary demands between nuclear safety and security assurance. An inaction of B. 5. b was a typical example.

B9: Failure to build or maintain an adequate organizational capacity to manage risks							Both utilities and regulatory bodies had little awareness about the value of building organizational risk management capability, although they had no problems of assets such financial and human resources. "Safety first" fizzled out. They may have not understood more specific the meaning of the word of "safety culture" under a spell of safety myth.
B10: Failure of the multiple departments or organizations responsible for RM							Situations such overlapping shared or unclear responsibilities, with poor communication and cooperation could be observed in the relationships among METI (former MITI)–NISA–MEXT (former STA)–NSC–Cabinet. Nuclear power department in utility, is a sacred zone with original culture and behavioral principles, could be an obstacle for dealing with complex risks cohesively as an organization.
B11: Lack of understanding of the complex nature of commons problems							Relevant to A2 and A3. In the deliberative process for drawing up the safety goals for operating nuclear facility by the NSC, environmental externalities such as land and sea contaminations by radioactive materials released from nuclear severe accident have not been taken into account.
B12: Inappropriate management of conflicts of interests and ideologies							Same as B9. Capabilities of communicating and consulting with stakeholders, which are important element of organizational capability and underpin sound governance of risk, were of critical deficiency.
B13: Insufficient flexibility in the face of unexpected risk situations							Scenarios with the unexpected situations have never been adopted even if in the drill of emergency preparedness. Utilities, regulatory bodies and governments lost any opportunities of building capabilities of adaptation and resilience against extreme emergency situations.

Pattern are used for our initial judgment: black corresponds to serious, gray to considerable, light gray to slight.

of terrorism countermeasures, so-called B. 5. b[1)], which was raised as a crucial issue from the U. S. experts in the Fukushima nuclear accident (Kondo 2014).

Fourth, the failure to muster the necessary will and resources to implement risk management policies and decisions is pointed out. For instance, the Ministry of International Trade and Industry (MITI) requested to implement voluntarily severe accident countermeasures for the electric utilities by an official notice from director of the Public Utilities Department in 1992, but the regulatory agencies including the NSC did not prepare a system for monitoring those engagements. Though lacking organizational capacity, NISA allowed re-examination of seismic resistance to remain within the purview of power companies as a voluntary task, and neglected to make efforts to urge its early completion. This serious deficit was an administrative forbearance.

Deficits in the legal system can exacerbate business risks of electric utilities and make organizations insensitive to risks. One example is falsification and concealment of data in

TEPCO's self-inspection records in 2002. Although violations of the law and failures to perform duties in self-inspections at plant site continued over many years, the top management was completely unaware of them. This fact represents a failure in organizational risk management, but the cause that induced the violations was the lack of regulatory standard for maintenance. Since the shroud inside the reactor pressure vessel of boiling-water reactor (BWR) was not classified as SSCs (Structures, Systems and Components) of critical importance for plant safety, the NISA did not conduct direct inspections. Instead, self-inspection was conducted with respect to its conformance with technical standards, and the only duty of the electric utility was to maintain conformance to those standards and report any abnormality discovered during inspection that would interfere with operations. However, onsite personnel had difficulties in making sense of these ambiguous technical standard compliance requirements, as well as determining reportable content based on those standards. The root problem here lay with the reluctance of anyone involved to "rock the boat" by not taking any initiative toward eliminating ambiguity (Kondo et al. 2002). Discussions about maintenance standards have taken place at international conferences on operational safety since late in the 1970s. The electric utilities raised this issue with the regulatory authorities in the early 1980s. The MITI's Technical Advisory Council for Nuclear Power Generation, however, did not take it into consideration at the time. In any event, the academic experts and professionals certainly bear significant responsibility. Matters culminated with the JCO criticality accident in 1999, and eventually the regulatory scheme for monitoring inspection activities of the power companies was developed.

The most serious deficit observed for both the electric utilities and regulatory authorities is the failure to build or maintain an adequate organizational capacity for risk management. Organizational capacity collectively refers to the vision, rules and codes, resources, specialized competence and knowledge, organizational integration, flexibility, its network, etc. Although neither the electric utilities nor the regulatory authorities faced any restrictions related to developing their organizational risk management capacity in regard to financial and/or human resources, they had little recognition about the importance of such capacity. As Accident Investigation Reports by the Government, the National diet and private sector have noted, scientific and technical expertise and knowledge held by NISA were inadequate. The backdrop to these deficits is an "absence of safety culture," as noted among the respective accident investigation reports. Both the regulatory authorities and electric utilities structurally failed to absorb the genuine meaning of "safety culture", which is to reject satisfaction with status quo with respect to safety, and diligently pursue autonomous reforms aiming at higher objectives. Instead, "safety culture" remained simply a pleasant sounding slogan without any behavior pattern for detection, recognition, sharing, assessment, or response to risks.

Organizations, by and large, experienced failure of multiple departments and/or sub-organizations to address risk management responsibly and cohesively. The nuclear power department within the electric utilities was sacred zones with their own culture and behavioral principles. Consequently, this was an obstacle for planning and implementing emergency preparedness in collaborative manner, and induced overconfidence or complacency to safety. The engineering works division of TEPCO, which had the primary responsibility concerning seismic vulnerability of the Shin-Fukushima substation, was unaware that a long-term loss of an external AC power source would cause a serious risk for nuclear safety. The case of early consultations and countermeasures not being implemented provides an example of this deficit.

Regarding lacks of adequate knowledge about hazards, values and interests, inadequate understanding of the complicated nature of commons problems such as negative externalities concerning natural and marine environment, led to the deficit of risk management tools required for response. In the process of establishing provisional safety goals by the NSC, environmental and ecological impacts due to the release of radioactive substances have not been considered at that time, because assessment methodologies had not matured into practical use. After that, scientific understanding about socio-ecological impacts, however, did not deepen at all because environmental risk researches had not been positively promoted.

3.2 After the Fukushima Nuclear Accident

In the aftermath of the Fukushima nuclear accident, NISA successively directed the electric utilities to implement additional safety measures and deliver status reports. Hearings that solicited opinions over scientific and technical knowledge and findings related to earthquakes, tsunamis, the Fukushima nuclear accident, basic approaches to stress tests and severe accident regulations, and off-site center have been held, then the Nuclear Regulation Authority (NRA) inherited these views and outcomes (NRA 2013).

As of October 2014, both electric utilities and regulatory authority make great efforts to develop and reconfirm scientific knowledge associated with external hazards through the process of the conformance examinations of new regulatory requirements toward restarting operation of the power plants (METI 2014). Moreover the electric utilities have established a risk research center at the Central Research Institute of Electric Power Industry (CRIEPI), for the purpose of implementation of full-scope PRA for nuclear power plants. As a result, the deficits observed before the Fukushima nuclear accident have largely been improved in a couple of specific issues as shown in Table-3 and -4. Nonetheless, neither the electric utilities nor the regulatory authority currently disclose risk information, such as to what extent could new additive countermeasures improve in terms of risk reduction. If such risk information has not yet been generated, or will not be generated, some critical deficits in management sphere will live long without any change from the situations existing before the Fukushima accident.

Since the Fukushima accident, electric utilities and regulatory authority seem to insist technological safety enhancement rather than the extended societal safety. The NRA emphasizes scientific evidences, but this refers to natural science and engineering, and currently lacks social scientific perspectives. Inadequate discussions concerning nuclear safety goals by the NRA proved this observation, and an absence of activities to obtain knowledge about stakeholders' concerns and risk awareness reveal such lack of scope. These deficits appear to have worsened since the Fukushima accident.

As for a failure of interdisciplinary communication noted above, the joint-fact-findings about seismic and tsunami risks have been attempted among natural scientists, engineering professionals in academic arena (Tsuchiya et al. 2014), but the NRA does not proactively try to

Table–3 Deficits Observed in Assessment Sphere (Generation of Knowledge) After the Fukushima Case: Emergency preparedness and response and Severe accident management of Nuclear Facilities

	After Fukushima Nuclear Accident					
	Electric Power Companies	Regulatory Authority	Science & Technology Professionals	Government (Cabinet/METI)	Local Government & Residents	Comments
A1: Missing and ignoring early signals of risk	considerable	serious	considerable	considerable	slight	Widening gap of risk sensitivity within each sector such utility companies, professionals and local residents.
A2: Lack of adequate knowledge about hazards and risks	considerable	considerable	considerable	considerable	slight	Regulators focus on technological safety measures without taking into consideration prioritization in terms of effective risk reduction.
A3: Lack of adequate knowledge about values, risk perception, interests	serious	serious	considerable	serious	slight	Failure to understand what local stakeholders, especially fishermen's cooperative, want to say and concern in the context of onsite contaminated water problem. NRA pursues only scientific rationality and validation. "risk is interdisciplinary phenomenon and social", but they are still poorly understood.
A4: Stakeholder involvement in risk assessment	considerable	considerable	considerable	considerable	slight	In regulatory examination process of seismic risks of NPS, someone points out a biased or arbitrary selection of the experts. Additional safety enhancement is based on a unilateral decision by the utility, not reflected local stakeholders' voices in the decision.
A5: Failure to consider the acceptability of the risk	considerable	serious	considerable	serious	slight	Same as A3. "risk is interdisciplinary phenomenon and social", but they are still poorly understood.
A6: Provision of biased, selective or incomplete information	considerable	considerable	considerable	considerable	slight	Utilities, NRA and the Government say "risk communication is important!", but they still apply DAD approach. Their understanding of what information are needed are probably insufficient due to A3 and A4.
A7: Lack of understanding of complex system	serious	serious	considerable	serious	considerable	Not improve at all. Inward–looking, short and narrow perspective horizon are dominant in the way of thinking of decision–makers who face a tough problem of NPS restarting.
A8: Failure to reassess in a timely manner fast and/or fundamental changes in systems	serious	serious	serious	serious	considerable	Root cause is a loss of public trust to utilities, regulators and decision–makers. They also hesitate to take actions proactively. They are trapped in a vicious circle.
A9: Over– or under–reliance on models	considerable	considerable	considerable	considerable	slight	NRA introduced operational criteria in emergency plan and response without relying heavily on simulation or multiple judgments and both.
A10: Failure to overcome cognitive barriers to imaging potential surprises	serious	serious	considerable	serious	considerable	Utilities, NRA and the Government scarcely consider improvement of crisis management capabilities such as the red teaming. "Think the unthinkable!" is only slogan.

Pattern are used for our initial judgment: black corresponds to serious, gray to considerable, light gray to slight.

Table-4 Deficits Observed in Management Sphere (Decision & Implementation) After the Fukushima Case: Emergency preparedness and response and Severe accident management of Nuclear Facilities

	After Fukushima Nuclear Accident					
	Electric Power Companies	Regulatory Authority	Science & Technology Professionals	Government (Cabinet/METI)	Local Government & Residents	Comments
B1: Failure to respond to early signals of risk						Widening gap of risk sensitivity within and among sectors. Being influenced strongly by dealing with B5.
B2: Failure to design balanced RM strategies	■					Being implemented safety improvement according to new regulatory requirements that reflected technological lessons learned from the Fukushima and international standards. But nobody consider a holistic risk management strategy including societal resilience yet.
B3: Failure to consider a reasonable RM options	■					Relevant to B2, safety improvement measures done by the utilities are not exactly based on a holistic examination of risk reduction that includes creation of options to meet regulatory requirements and analysis of tradeoff of the options etc. NRA does not provide the utility with incentive to consider a reasonable options.
B4: Inappropriate balancing of B&C in efficient and equitable manner						Relevant to B2 and B3. Both utilities and NRA don't still show explicitly the results of risk-cost-benefit analysis relating to policy-making on emergency preparedness and response and SAM.
B5: Failure to muster the will and resources to implement RM decisions						Utilities and nuclear industry set about improving voluntarily and continuously nuclear safety through reinforcement of organizational risk management, establishment of Nuclear Risk Research Center etc.
B6: Failure to anticipate, monitor and react to the outcomes of RM decisions						NRA decided the back-fit rule of new regulatory requirements, but doesn't still conduct the regulatory impact assessment that is implemented in US, UK and EU.
B7: Inability to reconcile the time frame of risk with incentive schemes	■					Same as B2. Risk environment the utility's management faces will be more complex according to the course of the reform of electric power industry and policy-making of climate change.
B8: Failure to balance transparency and confidentiality				■		No recognition about the necessity of interdepartmental consultation on contradictory and complementary demands between nuclear safety and security assurance.

B9: Failure to build or maintain an adequate organizational capacity to manage risks						NRA obtained the required number of staff by consolidating JNES. Challenges ahead are to enhance skill, expertise and capacity of staffs based on the identification of core capabilities needed in regulatory activities. Utilities also are in same situation.
B10: Failure of the multiple departments or organizations responsible for RM						Institutional reform in regulatory activities resulted in improvement to some extent. However, NRA seems to exaggerate their "independency" and not to build frank dialogue with other department in the government. Whole–of–government approach for extreme emergency is a big issue. In utility's case, depends on dealing with B5.
B11: Lack of understanding of the complex nature of commons problems						Relevant to A2 and A3. Looking at activities for managing the contaminated water issues at the Fukushima Daiichi site, TEPCO, NRA and the Government still have this deficit. Little awareness about problem of environmental externalities.
B12: Inappropriate management of conflicts of interests and ideologies						Capabilities of communicating and consulting with stakeholders, which are important element of organizational capability and underpin sound governance of risk, don't improve yet.
B13: Insufficient flexibility in the face of unexpected risk situations						It starts to try emergency drills incorporated scenarios with the unexpected situations and/or multiple disasters. It is not explicitly intend to have any opportunities of building capabilities of adaptation and resilience against extreme emergency situations.

Pattern are used for our initial judgment: black corresponds to serious, gray to considerable, light gray to slight.

overcome this deficit yet. Moreover, in response to criticism on regulatory capture issue, the NRA now discloses summaries of their meetings with regulated entities, but a lack or dysfunction of interface with the actors, particularly with local governments, can be observed.

Regarding deficits of the legal system, severe accident management has improved to international levels through the change from voluntary initiatives to regulatory requirements. Taking a seamless response during emergency situation into account, however, it needs urgently to consider holistically whether any gaps exist in the integrity, consistency, and interoperability among the following; the Act on Special Measures Concerning Nuclear Emergency Preparedness, Nuclear Emergency Response Guidelines, Nuclear Operator Emergency Action Plan, The Local Disaster Management Plan (Nuclear Disaster Countermeasures), and Civil Protection Plan.

With respect to the regulatory activities of the NRA, which is the Committee established by the National Government Organization Act-Article 3, some legal problems are pointed out. For instance, there is no provision of the back-fitting rule in the Reactor Regulation Act. Expert group that assessing fractures zones under plant site in the conformance examination process of new regulatory requirement for seismic resistance of the existing power plant has no legal foundation and power. These imperfections to the legal system comprise serious deficits in risk governance that not only hinder an anticipatory approach for regulated entities, but also prevent assurance of proper procedures, and induce distrust in the regulatory process. The "Guiding Principles for Activities" proclaimed by the NRA, which itself has powerful regulatory authority, need to be made specific and developed in alignment with the law.

3.3 Awareness and Behavior behind Deficits

Behind risk governance deficits observed before the Fukushima nuclear accident, there are affirmative awareness and attitude of justifying and maintaining the status quo: that is, to ensure consistency and integrity with past explanation on safety assurance and policy to local governments and residents, to reduce or avoid too much impacts to the operating power plants and lawsuit against permission of nuclear facility installation (keeping infallibility of regulations). As a consequence, even if certain signs were found, any contradiction with an existing plan or purpose led to reluctance toward recognizing them as such. Furthermore, since a genuine safety culture had been absent in the organization, countermeasures were postponed. A moral hazard of the thought pervaded all hierarchy, such as following the precedent, willful blindness, only formality (i.e. plowing the field, don't forget the seed), and autonomously deciding that the status quo was, for the most part, not negative. Moreover, within the governmental agency in particular it can be noted that practice of the bad-mark system affects in every aspect. These awareness and behavior noted above still pervade even after the Fukushima.

4. CONCLUDING REMARKS

After the Fukushima nuclear accident, some deficits observed in electric utilities are on a course of improvement, but critical deficits such a lack of adequate knowledge about values, risk perception and interests of stakeholders and local communities are untouched and are rather worsening, as observed in the responses to contaminated water at Fukushima Daiichi nuclear power station (Juraku 2015) and to restarting the power plant operation. Most of deficits observed in nuclear fraternity have not been corrected yet. The situation truly portrays not learning the lessons from the Fukushima accident socially and organizationally.

The implication of any deficits in the legal system is serious in terms of risk governance. The National Diet Accident Investigation Committee has unquestionably noted that Japan's nuclear power regulations must be overhauled through examination and deliberation based on lessons learned from past accidents, periodic reviews of associated laws and safety standards, and the latest scientific and technical knowledge, breaking with stopgap solution syndrome and patchwork responses.

Grasping and deeply understanding the concerns, interests, risk perceptions and local knowledge held by residents and stakeholders in the vicinity of power plant as well as the latest scientific knowledge and findings are important tasks in pre-assessment and risk appraisal activities in the governance process. In fact, these tasks are essential for regulatory authority in order to continuously execute and improve the governance process, and the omission is a very serious deficit to the governance. The International Atomic Energy Agency (IAEA) safety standards also call for "Requirement 21: establishing formal and informal mechanisms of communication with authorized parties on all safety related issues, conducting a professional and constructive liaison," and "Requirement 36: promoting to establish appropriate means of informing and consulting interested parties and the public about the processes and decisions of the regulatory body" (IAEA 2010). Nonetheless, these requirements have not been materialized in Japan. For the latter, it is particularly notable that the current Reactor Regulation Act does not legally establish a mechanism to collect and reflect opinions of local government, which is instead accomplished through nuclear safety agreements, that is not legal-binding, between local governments and power companies. Now broad consultations over the legal structure are necessary to ensure public hearing policy and the participation of local government in the regulatory process. Moreover, it is required to revisit to enable the Act on Special Measures Concerning Nuclear Emergency Preparedness to address all hazards and threats and/or multiple hazards in the context of radical reform of the national legal system for emergency preparedness and response.

Many of nuclear power related problems we face never can be technologically fixed; or rather these are more likely to be resolved by changing to societal mechanism enabling collaboration and deliberation. Social trust toward nuclear fraternity has been seriously eroded. So far the government and electric utilities used too many subsidies and economic incentives to reinforce the relationship with local government and residents in the siting and neighboring areas of power plant. This approach has already reached a limit. Recovering trust by deterrence such surveillance and sanctions fall likely into an infinite loop that creates a costly society. Additionally, the result is merely security through application of external force and does not build a genuine trustworthy relationship. In order to restore mutual trust or rebuild public relations, the extended perspective approving of shared thinking and collaborative efforts that raise the quality of social relationships is needed. Restoration of trust emerges from self-initiated action, and not from external leverage. "The major risks are social", but they are still poorly understood (Helbing 2010). Risk is a highly interdisciplinary phenomenon and it takes an integrated view from all of different perspectives to get it right (Morgan 2015). We should change the prevalent culture of avoiding open discussion of risks in Japan.

If bringing nuclear power plants back online as possible without corrective actions of risk governance deficits, nuclear power sector would undoubtedly have the potential of slow-developing catastrophic risks, which are endogenous, that is, arises from interactions and consequent changes with the system itself, rather than as a result of external factors (IRGC 2015). Challenges ahead for nuclear fraternity are to dare make corrective actions to deal with the deficits of risk governance, build a new societal mechanism in collaboration with stakeholders, and operate it under transparently where social responsibilities lay. There is "no one-size-fits-all" approach to gain social trust. The first step toward the reform depends entirely upon the nuclear fraternity's will. If not, history proves it will be reality in the not-so-distant future.

■ACKNOWLEDGEMENTS

Author would like to thank Professor Hideaki Shiroyama, Dr. Kota Juraku, Dr. Shin-etsu Sugawara for their contributions and insights. All conclusions and remaining errors are the sole response of the author. This work was supported by Japan Society for the Promotion of Science under grant for Scientific Investigation Research on the East Japan Mega-Quake.

■NOTE

1) The US Nuclear Regulatory Commission issued the order for interim safeguards and security compensatory measures on 25 February 2002, but concrete substances of safeguards described in Section B. 5. b of Attachment 2 of Federal Register 9792/Vo. 67 No. 32 were Official Use Only as security related information. After that, B. 5. b has been included in 10 CFR 50.54 (hh) (2), and Nuclear Energy Institute in nuclear industry issued "B. 5. b Phase 2 & 3 Submittal Guideline" on December 2006.

■REFERENCES

Ashby W. R. 1956: "An Introduction to Cybernetics," Chapman and Hall, London.
European Commission 2000: "The TRUSTNET Framework: A New Perspective on Risk Governance," Nuclear Science and Technology Project report EUR19136EN, Luxembourg.
Funabashi Y. and Kitazawa K. 2012: "Fukushima in review: A complex disaster, a disastrous response," Bulletin of the Atomic Scientists, 69(2), 9–21.
Helbing D. 2010: "Systemic Risks in Society and Economics," available at http://irgc.org/Project-Overview.219.html
International Risk Governance Council 2005: "Risk Governance towards Integrative Approach," IRGC White paper, Geneva.
International Risk Governance Council 2010: "Risk Governance Deficits: Analysis, illustration and recommendations," IRGC Policy Brief, Geneva.
International Atomic Energy Agency 2010: "Governmental, Legal and Regulatory Framework for Safety," Safety Standards Series No. GSR Part 1, Vienna.
International Risk Governance Council 2015: "Preparing for Future Catastrophes: Governance principles for slow-developing risks that may have potentially catastrophic consequences," IRGC Concept Note, Lausanne.
Juraku K. 2014: "Reproduced Chain of "Structural Disasters": Cases of Post-Fukushima Nuclear Governance in Japan," EASST 2014 Conference "Situating Solidarities", Nicolaus Copernicus University, Torun, Poland.
Juraku K. 2015: "Deficits of Japanese Nuclear Risk Governance Remaining After the Fukushima Accident: Case of Contaminated Water Management," Springer (to be published).
Kondo S. 2014: "Hearing Record by TEPCO Fukushima Nuclear Power Station Accident Investigation and Verification Committee," Cabinet Secretariat of Government of Japan, Available at http://www.cas.go.jp/jp/genpatsujiko/hearing_koukai/hearing_list.html, Accessed on 11th September 2014
Kondo S., Takeuchi K., Taniguchi T., Makino N., and Kitamura M. 2002: "Roundtable Discussion: Falsification Problem in Self-inspection of Nuclear Power Plant," Journal of AESJ, Vol. 44, No. 11, 776–82. (in Japanese)

Kugo A. 2013: "Initiatives of Japanese nuclear industry to improve nuclear safety after the Fukushima Daiichi Accident," Nuclear Safety and Simulation, Vol. 4. No. 2, 127–34.

Ministry of Economy, Trade and Industry 2014: "Proposals for Voluntary and Continuous Improvement of Nuclear Safety"

Morgan G. 2015: "IRGC 2003–2013 Interviews with IRGC Academics," International Risk Governance Council, Lausanne, 15–18, Available at http://www.irgc.org/wp-content/uploads/2014/05/IRGC-10-YEARS-WEB.pdf

Nuclear Regulatory Authority 2013: "Enforcement of the New Regulatory Requirements for Commercial Nuclear Power Reactors" (in Japanese)

Rebuild Japan Initiative Foundation 2012: "Investigation and Verification Report on the Fukushima Nuclear Power Station Accident" (in Japanese)

Suzuki T. 2011: "Deconstructing the zero-risk mindset: The lessons and future responsibilities for a post-Fukushima nuclear Japan," Bulletin of the Atomic Scientists 67(5), 9–18.

Taniguchi T. 1997: "Examination on Establishment of Safety Culture for Operating Nuclear Facilities," Denryoku Keizai Kenkyuu, Vol. 38, 31–45.

Taniguchi T. 2014: "Technology Assessment and Risk Governance: Challenges Ahead in Japan," presented at RISTEX Workshop on Technology Assessment, Tokyo.

The Japanese Government 2012: "Final Report by TEPCO Fukushima Nuclear Power Station Accident Investigation and Verification Committee" (in Japanese and English)

The National Diet of Japan 2012: "The official report of the Fukushima Nuclear Accident Independent Investigation Commission" (in Japanese and English)

Tokyo Electric Power Co., Inc. 2012: Fukushima Nuclear Accident Analysis Report. (in Japanese)

Tsuchiya T., Matsuura M., and Taniguchi T. 2014: "Is it possible to have a talk really among experts?: An attempt of Join-Fact-Finding on seismic and tsunami risks," presented at 12th Annual Meeting of Japanese Society for Science and Technology Studies.

日本の原子力界におけるリスクガバナンスの欠陥

谷口　武俊*

要　旨

　本稿では，福島原子力災害の以前・以後における原子力発電所の緊急事態対処準備及び過酷事故管理を取り上げ，国際リスクガバナンス協議会が指摘するリスクガバナンスの欠陥が観察される否かの検討を行った．要約すると次の通りである．第一に，緊急事態対処準備や過酷事故管理政策立案には幅広いリスク知識・情報を要するが，リスクに関連する知識基盤が不十分であった．第二に，利害関係者間のインターフェイス問題が深刻かつ根本的問題であった．この欠陥が早期警告シグナルの見落としや無視を引き起こした．第三に，複雑な社会システムにおける根本的で重要な変化や主体間の相互依存性への理解が欠如していた．第四は，法的システムの欠陥や縦割り的緊急時対応体制がリスクを悪化させ組織をリスク不感症にした．第五に，組織のリスク対応能力（専門能力・知識，組織統合，柔軟性，ネットワーク）醸成が不十分であった．福島事故の教訓及び課題は上述した欠陥を早急かつ真剣に是正することである．しかし福島事故後一部の欠陥は改善する方向にあるが重大な欠陥は今も手付かずの状態にある

2015年8月27日受付　2016年2月20日掲載決定
＊東京大学政策ビジョン研究センター教授，〒113-0033 東京都文京区本郷7-3-1，taniguchi@pari.u-tokyo.ac.jp

学会の活動(2014年11月〜2015年10月)

〈理事会〉

第67回理事会・第1回評議員会(2014年11月15日, 大阪大学にて)
出席者：評議員1名, 会長・理事12名, 監事2名, 事務局幹事1名. 総会議案について確認を行った. 次回の理事・監事選挙の実施・定数, 会費クレジットカード支払い決済の導入, 学会ロゴ事業の遅れについての報告がなされた. 予算案に関連して繰越金が多いことに対する改善策の検討を行い, 会員サービスの更なる向上を進めることを確認した(継続審議). ニュースレターの電子化について頭出しの議論を行った. 選挙管理委員会委員候補者の紹介があり, 総会に諮ることが確認された. 事務局担当理事より, 事務局の移転を本格的に検討するよう依頼があった. 評議員より, 学会誌の発行遅れの解消策, 学会活動の可視化, オープンアクセスジャーナル・e-journalの発行について検討を行うよう指摘された.

第68回理事会兼引き継ぎ理事会(2015年4月12日, 東京工業大学にて)

参加者：会長・副会長・新旧理事16名・監事2名. 議事に先立ち会長の選任を行い, 続いて副会長が指名された(会長・藤垣, 副会長・中島, 柴田). さらに, その他役職を以下のように決定した. 会計・中村(2015年度), 山口(2016年度), 学会誌将来計画委員会委員長・柴田, 学会法人化委員会・塚原, 柿内賞選考委員長・平田, 編集委員会担当・柴田, 渉外(国際会議担当)・標葉, 企画担当・中島, 事務局長・調. 事務局より会員増減(ほぼ変動なし)について報告がなされた. 年次大会・シンポジウムの準備状況が報告された. 編集委員長より学会誌12号の進捗状況が報告され, さらに13号の準備について検討を行った. 2016年度の大会校について検討し, 候補を選定した. 2016年度のシンポジウムに関連して, 日本哲学会より「科学と社会と研究公正」をテーマとしてシンポジウム共催の申し込みがあり, 検討の結果, 2016年度のシンポジウムとして共催を進めることを決定した. JSTよりサイエンスアゴラに対する後援・広報協力の依頼があり, 広報に協力するとともに, 後援については実質的な企画提供等を学会が準備できるよう努力し, それが実現する場合には後援することと決めた. 会費収入についての見通しが報告され, 2015年度会費は前年度と同じとすることを決定した.

〈年次研究大会〉

第13回年次研究大会

　第13回年次研究大会は, 平成26年11月14日(土)と11月15日(日)の二日間, 大阪大学豊中キャンパス(大阪府豊中市)で開催された. 参加者数は非会員を含め181名であった. セッションは最大5つが並行し, 合計27のセッション・ワークショップ, および大会実行委員会による特別セッションが実施された.

　初日は, 最初の2つの時間帯で各4セッションを実施した. 昼休みを挟んで午後は総会, 柿内賢信記念賞研究助成金授与式ののち, 特別セッション「中山茂氏の現代日本の科学・技術・社会研究の諸相(中山茂追悼セッション)」が行われた. その後, 同キャンパス内で懇親会を行った.

　二日目は, 4つの時間帯すべてが一般セッションおよびオーガナイズドセッションに当てられ, 合計19セッションが実施された.

〈編集委員会〉

第61回編集委員会(2014年11月16日, 大阪大学豊中キャンパスにて)

出席者：編集委員5名．11号の特集の進捗状況が報告された．テーマは「科学の不定性と東日本大震災」とする．遅くとも今年度中に発刊する．12号の特集として福島原発事故をテーマにすることにして，担当委員を決めた．執筆者について検討した．編集委員会メーリングリストで今後も連絡を取り合って，編集作業を早急に開始し，来年前半には原稿をそろえ，総会までの出版を目指すことにした．13号以降の編集方針について意見交換を行った．12号発行後の編集委員会体制について議論した．

第62回編集委員会兼引き継ぎ編集委員会（2015年4月12日，東京工業大学にて）
参加者：新旧編集委員12名．新委員選出の報告があった．12号編集について主に議論し，13号以降に関しての議論は，連休明けに開催する次回編集委員会で行うことにした．12号特集担当から，作業状況報告があり，その後意見交換を行った．特集が例えば「原子力について」では学会誌のテーマとしてあまりにも不十分なので，切り口，スタンスを明確にしてテーマを定める必要があるとの認識から，多くの意見が出され，特集のテーマを「福島原発事故に対するreflection（仮）」とすることにした．編集委員会の体制を議論し，委員長の継続，副委員長，事務局担当委員，理事会における編集担当を決めた．委員をメンバーとする新たなメーリングリストを立ち上げることにした．投稿原稿，書評原稿の状況報告があった．次回委員会開催について早急に日程調整を行うことにした．

第63回編集委員会（2015年5月16日，金沢工業大学虎の門キャンパスにて）
出席者：編集委員11名．昨年の年次研究大会で開催された特別セッションをベースに，12号小特集として「中山茂追悼（仮）」を組むことを承認した．12号の特集「福島原発事故に対するreflection（仮）」の進捗状況が担当委員から説明され，議論を行った．執筆候補者の確認を行い，執筆依頼を早急に発送することにした．8月末を原稿締め切りとして，年次研究大会の頃に刊行というスケジュールで進めていく．担当委員から，7月11日開催の学会のシンポジウム（東工大）と連動して，13号特集を組むことについて提案があり，これを承認した．理事会のもとにつくられた学会誌将来計画委員会の報告があった．この委員会から依頼があった場合は編集委員会として協力することとした．次回編集委員会を7月11日のシンポジウム前に開催することにした．

第64回編集委員会（2015年7月10日，東京工業大学蔵前会館にて）
出席者：編集委員10名．委員長から委員1名の辞任が報告された．12号特集の進捗状況が担当委員から報告され，議論を行った．20名以上から執筆承諾があった．特集のタイトルを現時点では「福島原発事故に対する省察」とし，提出された原稿を踏まえて，メーリングリストで議論することとした．小特集「中山茂追悼（仮）」の執筆予定者にすでに依頼できていることが報告された．13号の特集「イノベーション（仮）」に関して担当委員から執筆依頼状況が報告され，議論した．学会誌将来計画委員会進捗報告があり，論文カテゴリーの新設や学会誌の電子化について意見交換をおこなった．

『科学技術社会論研究』投稿規定

1. 投稿は原則として科学技術社会論学会会員に限る．
2. 原稿は未発表のものに限る．
3. 投稿原稿の種類は論文および研究ノートとする．論文とは原著，総説であり，研究ノートとは短報，提言，資料，編集者への手紙，話題，書評，その他である．

   論文
   　総説：特定のテーマに関連する多くの研究の総括，評価，解説．
   　原著：研究成果において新知見または創意が含まれているもの，およびこれに準ずるもの．

   研究ノート
   　短報：原著と同じ性格であるが研究完成前に試論的に速報的に書かれたもの（事例報告等を含む）．その内容の詳細は後日原著として投稿することができる．
   　提言：科学技術社会論に関連するテーマで，会員および社会に提言をおこなうもの．
   　資料：本学会の委員会，研究会などが集約した意見書，報告書，およびこれに準ずるもの．海外速報や海外動向調査なども含む．
   　編集者への手紙：掲載論文に対する意見など．
   　話題：科学技術社会論に関する最近の話題，会員の自由な意見．
   　書評：科学技術社会論に関係する書物の評．
4. 投稿原稿の採否は編集委員会で決定する．
5. 本誌に掲載された論文等の著作権は科学技術社会論学会に帰属する．
6. 原稿の様式は執筆要領による．なお，編集委員会において表記等をあらためることがある．
7. 掲載料は刷り上り10ページまでは学会負担，超過分（1ページあたり約1万円）については著者負担とする．
8. 別刷りの実費は著者負担とする．
9. 著者校正は1回とする．
10. 原稿は，「投稿原稿在中」と封筒に朱書のうえ，下記宛に書留便にて送付すること．

    科学技術社会論学会事務局
    　　〒162-0801　東京都新宿区山吹町358-5　アカデミーセンター
    　　電話　03-5937-0317
    　　Fax　03-3368-2822

『科学技術社会論研究』執筆要領

1. 原稿は和文または英文とし，オリジナルのほかにコピー2部と，投稿票，チェックリスト各1部などを書留便にて提出する．投稿票とチェックリストは，学会ホームページから各自がダウンロードすること．なお，掲載決定時には，電子ファイルによる原稿を提出すること．
2. 投稿原稿（図表などを含む）などは返却しないので，投稿者はそれらの控えを必ず手元に保管すること．
3. 原稿は，原則としてワード・プロセッサを用いて作成すること．和文原稿は，A4用紙に横書きとし，40字×30行で印字する．英文原稿は，A4用紙にダブルスペースで印字する．
4. 原稿の分量は以下を原則とする．論文については，和文は16000字以内，英文は8000語以内．研究ノートについては，和文は8000字以内，英文は4000語以内．いずれも図表などを含む．
5. 総説，原著，短報には，和文・英文原稿ともに，400字程度の和文要旨，200語以内の英文抄録と，5個以内の英語キーワードをつける．
6. 原稿には表紙を付し，表紙には和文表題，英文表題，英語キーワード，英文抄録のみを記載する．表紙の次のページから，本文を記述する．原稿の表紙および本文には，著者名や著者の所属は記載しない．
7. 図表には表題を付し，1表1図ごとに別のA4用紙に描いて，挿入する箇所を本文の欄外に明確に指定する．図は製版できるように鮮明なものとする．カラーの図表は受け付けない．
8. 和文のなかの句読点は，いずれも全角の「．」と「，」とする．
9. 本文の様式は以下のようにする．
   A．章節の表示形式は次の例にしたがう．
      章の表示……1．問題の所在，2．分析結果，など
      節の表示……1.1　先行研究，1.2　研究の枠組み，など
   B．外国人名や外国地名はカタカナで記し，よく知られたもののほかは，初出の箇所にフルネームの原語つづりを（　）内に添えること．
   C．原則として西暦を用いること．
   D．単行本，雑誌の題名の表記には，和文の場合は『　』の中に入れ，欧文の場合にはイタリック体を用いること．
   E．論文の題名は，和文の場合は「　」内に入れ，欧文の場合は"　"を用いること．
   F．アルファベット，算用数字，記号はすべて半角にすること．
   G．注は通し番号1)　2)　…を本文該当箇所の右肩に付し，注の本体は本文の後に一括して記すこと．
10. 注と文献は，分けて記載すること．
11. 引用文献の提示方法は，原則として，次の〔1〕または〔2〕のどちらかの形式に従うこと．
    〔1〕文献はすべて本文中で示し，文献を示すためだけの注は用いない．
       ［本文］
       STS的研究の意義は，次のような点にあると指摘されている（Beck 1986, 28; Juskevich and Guyer 1990, 876-7）．
       しかし，ペトロスキ（1988, 25）も強調しているように[1]，……
       ［注］
       1）ただし，……の点に限れば，佐藤（1995, 33）にも同様の指摘がある．
    〔2〕文献を示すためにも注を用いる．

［本文］

STS的研究の意義は，次のような点にあると指摘されている[1]．

しかし，ペトロスキも強調しているように[2]，……

［注］

1）Beck（1986, 28）; Juskevich and Guyer（1990, 876-7）．

2）ペトロスキ（1988, 25）．ただし，……の点に限れば，佐藤（1995, 33）にも同様の指摘がある．

12. 文献は，原則としてアルファベット順に和文欧文の区別なく並べる．

［例］

Beck, U. 1986: *Risikogesellschaft, Auf dem Weg in eine andere Moderne*, Suhrkamp；東廉，伊藤美登里訳『危険社会：新しい近代への道』法政大学出版局，1998.

Juskevich, J. C. and Guyer, C. G. 1990: "Bovine Growth Hormone: Human Food Safety Evaluation," *Science*, 249（24 August 1990），875-84.

丸山剛司，井村裕夫 2001：「科学技術基本計画はどのようにしてつくられたか」『科学』71(11)，1416-22.

ペトロスキ，H. 1988：北村美都穂訳『人はだれでもエンジニア：失敗はいかにして成功のもとになるか』鹿島出版会；Petroski, H. *To Engineer is Human: The Role of Failure in Successful Design*, St. Martin's Press, 1985.

佐藤文隆 1995：『科学と幸福』岩波書店．

Weinberg, A. 1972: "Science and Trans-Science," *Minerva*, 10, 209-22.

Wynne, B. 1996: "Misunderstood Misunderstanding: Social Identities and Public Uptake of Science," Irwin, A. and Wynne, B.（eds.）*Misunderstanding Science*, Cambridge University Press, 19-46.

13. 同一著者の同一年の文献については，Jasanoff 1990a, Jasanoff 1990bのようにa, b, c…を用いて区別する．

編集後記

『科学技術論研究』の12号をお届けします．前号の特集「科学の不定性と東日本大震災」につづいて，本号では「福島原発事故に対する省察」を特集しています．特集は神里達博委員と寿楽浩太委員に担当していただきました．特集にご寄稿ないしご協力していただいた方々にはこの場を借りて，私からも御礼申し上げます．

福島原発事故に向き合う多様な論考を学会誌に掲載でき，東日本大震災・福島原発事故の発生から5年以上が経過した時点ではありますが，「特に明確に自己言及を意識した省察」を科学技術社会論学会として記録し，世に問うことができたのではないでしょうか．

この特集には多くの論考を寄せていただき，それだけで250ページを超えることになり，異例なことですが，特集のみで本号を刊行することにいたしました．自由投稿論文や書評を掲載できませんでしたが，現在編集が進行中の13号に掲載することでご理解いただきたく存じます．13号は本年秋には刊行の予定です．

学会誌の刊行の遅れを回復することを目指しましたが，委員長である私の力不足でそれができませんでした．学会誌へ投稿していただいた皆様，会員の皆様にお詫び申し上げます．学会誌の刊行体制の見直しに関しては，理事会において熱心に検討されており，早急にそれが実現することを期待しています．

（黒田光太郎）

編集委員会委員

綾部広則（副委員長）　柿原泰　神里達博　黒田光太郎（委員長）　柴田清
寿楽浩太　杉原桂太　土屋智子　中島貴子　夏目賢一　本堂毅

http://jssts.jp に当学会のウェブサイトがあります．
当学会に入会を御希望の方は，ウェブサイトをご参照いただくか，下記の事務局までお問い合わせください．

福島原発事故に対する省察　　科学技術社会論研究　第12号

2016年5月30日発行

編　者　科学技術社会論学会編集委員会
発行者　科学技術社会論学会　会長　藤垣裕子
　　　　事務局：〒162-0801　東京都新宿区山吹町358-5　アカデミーセンター

発行所　玉川大学出版部
　　　　194-8610　東京都町田市玉川学園6-1-1
　　　　TEL　042-739-8935
　　　　FAX　042-739-8940
　　　　http://www.tamagawa.jp/up/
　　　　振替　00180-7-26665
ISSN 1347-5843

ISBN 978-4-472-18312-6　C3040　Printed in Japan　印刷・製本　クイックス